JN309085

海野 肇　Hajime Unno
中西一弘 [監修]　Kazuhiro Nakanishi
丹治保典　Yasunori Tanji
今井正直　Masanao Imai
養王田正文　Masafumi Yohda
荻野博康 [著]　Hiroyasu Ogino

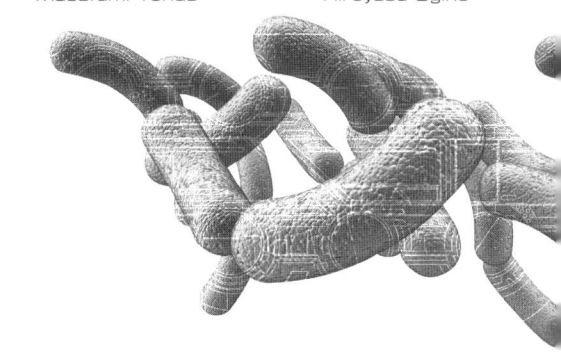

BIOCHEMICAL ENGINEERING

生物化学工学 第3版

講談社

■監修者一覧

海野　　肇　東京工業大学名誉教授
中西　一弘　中部大学　応用生物学部　教授/岡山大学名誉教授

■執筆者一覧

丹治　保典　東京工業大学　大学院生命理工学研究科　教授
今井　正直　日本大学　生物資源科学部　教授
養王田正文　東京農工大学　大学院工学研究院　教授
荻野　博康　大阪府立大学　大学院工学研究科　教授

はじめに

　本書を手にした学生の多くは生物学を実学としてとらえ，生物や生物の機能を人間生活に役立てることに関心を抱いていると思う．そのためには生物現象の理解だけでは不十分である．これは化学反応だけを理解しても何一つ化学製品を作ることができないことと類似する．

　生物化学工学の生みの親である化学工学は，20世紀はじめに石油関連工業の化学プラントを設計，製作，そして運転するための実学としてアメリカで誕生した．化学工学は物質や熱，運動量の移動現象に着目した移動現象論（transport phenomena），化学反応の時間変化（速度）に着目した反応速度論（chemical kinetics），そしてさまざまな操作を論ずる単位操作（unit operation）を基礎とする．一つのプラントや工場には，原料にさまざまな変化を与え製品を得るための装置がたくさん配置されている．そうした装置の中では沈降，吸着，撹拌，蒸留，抽出，乾燥，晶析…などの操作が原料に施される．これら個々の操作を合理的に実行するための体系が単位操作である．一方で，プラントの設計・製作・運転をするためには個々の操作を最適化するだけでは不十分である．すべての操作を統合し，制御することが要求され，それらを担うのがシステム工学（systems engineering）と制御工学（control engineering）である．このような化学工学の分野で培われた方法論は，その多くが生物学を工学へ発展させる際に有用な手段となる．

　本書は序章に引き続き，第1章：生物化学工学の基礎，第2章：代謝と生体触媒，第3章：生物化学量論と速度論，第4章：バイオリアクター，第5章：バイオセパレーション，第6章：バイオプロセスの実際，から構成される．本書を教科書として講義が行われることもあると思うが，本書では次の二つの場合を想定している．バイオ系の学科の学生を対象とする場合と，化学工学や物質工学などバイオと直接関係のない学科の学生を対象とする場合である．バイオ系の学科の学生は生命現象に関わる知識は豊富だが，それを工学に発展させるための知識に欠ける場合が多い．そこで1章において，化学工学の基礎的項目をとりあげ，3章以降の理解を助ける工夫をした．一方，化学工学科などの学科に所属する学生は，バイオの知識に欠ける場合が多い．そこで，2章では遺伝子工学や生化学，細胞工学に関連する内容の充実を図った．したがって，化学工学科の学生は1章の内容を，バイオ系の学科の学生は2章の内容をすでに履修

はじめに

している可能性がある．その場合はそれぞれの章を復習の教材としてとらえて欲しい．3章，4章は前版にもあった内容であるが，重要な部分は残し，構成の変更や新たな項目の追加を行った．5章は新たに設けた章であり，バイオプロセスを構成する単位操作の中でも特に重要と思われるバイオセパレーションにかかわる主要単位操作をとりあげた．最終章である6章では各執筆者が注目している最先端の技術やプロセスを紹介した．もっとも，最先端はすぐに最先端でなくなるほどにこの分野の進展は著しい．

原則として序章・6章：全員，1章：丹治，2章：養王田，3章：丹治，4章：荻野（4.5節は今井が担当），5章：今井がそれぞれ分担し，前版の著者であった海野と中西が監修をした．出版に際しては複数回の校正を行ったが，その都度，加筆や修正の必要がある項目が散見された．まだ誤りや思い違いが含まれていることを懸念している．読者から忌憚のないご意見を賜れば幸いである．

本書の作成に際しては，理解を助けるための写真や図表を多くの企業ならびに研究所の方々のご好意により提供いただいた．また，先達の著した図表を，若干の改変を含め引用させていただいた．また講談社サイエンティフィクの五味研二氏には本書の構成や出版に至るまでのスケジュール管理など，多大のご尽力をいただいた．ここにあわせて厚く御礼を申し上げる．

2011年9月

丹治　保典
今井　正直
養王田正文
荻野　博康

目　次

序章 ··· 1
　生物化学工学の位置付け ·· 1
　生物化学工学の変遷 ·· 2
　プロセスフローシート ·· 4
　スケールアップ ·· 5
　バイオプロセスの構成 ·· 6
　バイオプロセスの実際 ·· 8
　　医療・医薬分野 ··· 8
　　食品分野 ·· 11
　　工業分野 ·· 16
　　環境分野 ·· 19

1章　生物化学工学の基礎 ·· 23
　1.1　単位 ··· 23
　1.2　移動論 ·· 25
　　1.2.1　収支 ··· 25
　　1.2.2　拡散と対流 ··· 26
　　1.2.3　物質と熱のフラックス ··································· 27
　1.3　運動論 ·· 29
　　1.3.1　粘度 ··· 29
　　1.3.2　流体の流れ ··· 31
　　1.3.3　固体粒子の沈降 ·· 34
　演習問題 ·· 37

2章　代謝と生体触媒 ··· 39
　2.1　細胞と生体分子 ·· 39
　　2.1.1　生物の分類と細胞 ·· 39
　　2.1.2　細胞を構成する要素 ····································· 40
　　2.1.3　細胞を構成する分子 ····································· 42
　2.2　セントラルドグマと代謝 ······································· 50
　　2.2.1　ゲノム，セントラルドグマ，タンパク質生合成 ······ 50
　　2.2.2　代謝 ··· 57

- 2.3 酵素 61
  - 2.3.1 酵素の分類と名称 62
  - 2.3.2 酵素活性 62
  - 2.3.3 補因子 62
- 2.4 微生物 64
  - 2.4.1 微生物の分類と特徴 64
  - 2.4.2 微生物の環境と生理的特性 66
  - 2.4.3 微生物の培養 68
- 2.5 動物細胞と植物細胞 69
  - 2.5.1 動物細胞 69
  - 2.5.2 植物細胞 71
- 2.6 育種と遺伝子組換え技術 73
  - 2.6.1 有用微生物, 酵素の探索 73
  - 2.6.2 変異 74
  - 2.6.3 遺伝子組換え 74
  - 2.6.4 代謝工学 87
- 演習問題 90

3章 生物化学量論と速度論 93
- 3.1 生物化学量論 93
  - 3.1.1 細胞組成と物質基準の収率因子 93
  - 3.1.2 増殖の生物化学量論 97
  - 3.1.3 基質の燃焼熱とエネルギー基準の収率因子 98
  - 3.1.4 ATP生成基準の収率因子 101
- 3.2 酵素反応の速度論 102
  - 3.2.1 Michaelis-Menten の式 103
  - 3.2.2 動力学定数の算出法 106
  - 3.2.3 阻害剤の反応機構 108
  - 3.2.4 基質阻害 111
  - 3.2.5 アロステリック酵素に対する速度式 112
  - 3.2.6 酵素活性の温度・pH 依存性 112
- 3.3 細胞増殖の速度論 116
  - 3.3.1 増殖速度 117
  - 3.3.2 増殖曲線 119
  - 3.3.3 基質消費速度 120
  - 3.3.4 代謝産物の生成速度 121

演習問題･･ 124

4章　バイオリアクター･･････････････････････････････ 127
　4.1　バイオリアクターの種類と特徴･････････････････････ 127
　　4.1.1　槽型のバイオリアクターを用いた回分操作･･････････ 127
　　4.1.2　槽型のバイオリアクターを用いた連続操作･･････････ 128
　　4.1.3　管型のバイオリアクターを用いた連続操作･･････････ 129
　　4.1.4　槽型のバイオリアクターを用いた流加操作･･････････ 130
　4.2　バイオリアクターの基本設計――設計方程式･･････････ 131
　　4.2.1　回分バイオリアクター･･････････････････････････ 132
　　4.2.2　連続槽型バイオリアクター･･････････････････････ 132
　　4.2.3　管型バイオリアクター･･････････････････････････ 133
　　4.2.4　流加バイオリアクター･･････････････････････････ 134
　4.3　基本的なバイオリアクター･････････････････････････ 134
　　4.3.1　回分バイオリアクターを用いた酵素反応･･････････ 134
　　4.3.2　流通バイオリアクターを用いた酵素反応･･････････ 136
　　4.3.3　流加バイオリアクターを用いた酵素反応･･････････ 137
　　4.3.4　回分バイオリアクターを用いた微生物反応････････ 137
　　4.3.5　連続槽型バイオリアクターを用いた微生物反応････ 139
　4.4　種々のバイオリアクター･･･････････････････････････ 142
　　4.4.1　固定化生体触媒を用いたバイオリアクター････････ 142
　　4.4.2　リサイクルを伴う微生物バイオリアクター････････ 153
　　4.4.3　通気を伴う微生物バイオリアクター･･････････････ 156
　　4.4.4　バイオリアクターのスケールアップ･･････････････ 158
　　4.4.5　バイオリアクターの制御････････････････････････ 160
　4.5　滅菌操作･･･ 161
　　4.5.1　加熱滅菌･･････････････････････････････････････ 162
　　4.5.2　フィルター滅菌････････････････････････････････ 167
　　4.5.3　高圧滅菌･･････････････････････････････････････ 168
　　演習問題･･ 169

5章　バイオセパレーション･････････････････････････ 171
　5.1　バイオセパレーションの特徴と目的･･･････････････････ 171
　　5.1.1　生物化学工学におけるバイオセパレーションの位置付け･･ 171
　　5.1.2　バイオセパレーションの特徴････････････････････ 172
　　5.1.3　バイオセパレーションの基本原理････････････････ 175

目 次

- 5.2 細胞の破砕 …………………………………………………………… 176
- 5.3 固体成分の分離 ……………………………………………………… 178
  - 5.3.1 沈降分離と遠心力の利用 ……………………………………… 178
  - 5.3.2 ろ過 ……………………………………………………………… 181
- 5.4 吸着 …………………………………………………………………… 184
  - 5.4.1 吸着操作の種類と特徴 ………………………………………… 184
  - 5.4.2 吸着平衡 ………………………………………………………… 185
- 5.5 膜分離 ………………………………………………………………… 187
  - 5.5.1 膜分離の特徴 …………………………………………………… 187
  - 5.5.2 膜の透過流束 …………………………………………………… 189
  - 5.5.3 濃度分極と阻止率 ……………………………………………… 190
  - 5.5.4 膜分離のモジュール …………………………………………… 192
  - 5.5.5 膜透過の輸送現象 ……………………………………………… 194
- 5.6 抽出 …………………………………………………………………… 196
  - 5.6.1 抽出操作の種類と特徴 ………………………………………… 196
  - 5.6.2 抽出装置 ………………………………………………………… 196
  - 5.6.3 三角図表の利用 ………………………………………………… 199
  - 5.6.3 超臨界抽出 ……………………………………………………… 201
- 5.7 電気泳動 ……………………………………………………………… 202
- 演習問題 …………………………………………………………………… 206

6章 バイオプロセスの実際 ………………………………………………… 209

- 6.1 バイオプロセスの実用化 …………………………………………… 209
- 6.2 動物細胞利用プロセス ……………………………………………… 209
- 6.3 ファインケミカル製品の生産プロセス——ジルチアゼムの
  製造プロセス ………………………………………………………… 216
- 6.4 バイオリアクターの改良——気泡を使ったバイオプロセス …… 221
- 6.5 超臨界流体を用いたプロセス ……………………………………… 224
  - 6.5.1 超臨界流体を用いた抽出 ……………………………………… 224
  - 6.5.2 超臨界流体を用いた滅菌 ……………………………………… 227
- 6.6 新しい乾燥・脱水プロセス——食品および廃棄物に対して …… 227
- 6.7 まとめ ………………………………………………………………… 229

演習問題の略解とヒント ………………………………………………… 230
参考書 ……………………………………………………………………… 235
索 引 ……………………………………………………………………… 239

記号リスト

C：濃度
d：粒子の直径
D：拡散係数あるいは希釈率
H：Henry 定数
ΔH：熱量，エネルギー
k_{+1}：基質と酵素の結合速度定数
k_{-1}：酵素-基質複合体の解離速度定数
k_{+2}：生成物の生成速度定数
K_m：Michaelis 定数
n：物質量（単位 mol）
Δn：物質の変化量
N：フラックス（流束）
p：分圧
q：単位あたりの反応熱量
q_{O_2}：菌体濃度に対する酸素の摂取速度
q_{CO_2}：菌体濃度に対する二酸化炭素の生成速度
Q：反応熱量
r：反応速度
Re：レイノルズ数
RQ：呼吸商
t_d：倍加時間
T：温度
u：流速
v：反応器に流入する溶液の体積流量
V：反応器の容積
V_max：Michaelis–Menten の式における最大反応速度
W：質量

記号リスト

x：モル濃度
Y：収率および収率因子
  $Y_{X/O}$：酸素消費量を基準とした収率因子　など
μ：溶媒の粘度
μ_r：比増殖速度
$\mu_{r,max}$：最大比増殖速度
ρ：密度
τ：空間時間（あるいはずり応力）

参考：下付き文字

E：酵素（enzyme：E）
  C_E：酵素の濃度；C_{E0}：酵素の全濃度　など
P：生成物（product：P）
  r_P：生成物の生成速度　など
S：基質（substrate：S）
  C_S：基質濃度；C_{S0}：基質の初濃度　など
X：細胞，菌体
  W_X：菌体の乾燥質量　など
ES：酵素−基質複合体
EI：酵素−阻害剤複合体
ESI：酵素−基質−阻害剤複合体

序章

生物化学工学の位置付け

　万能の天才とよばれるレオナルド・ダ・ヴィンチが偉大な芸術家である一方で，科学者でもあり，工学者でもあり，解剖学者でもあったことはよく知られている．古代ギリシャから記録として残る学問体系には，近年にいたるまで一定の対象が存在しなかった．しかし，産業革命に端を発する学問対象の急拡大によって，学問体系はどんどん細分科していった．このように細分科した学問体系を科学ととらえることもできる．生物化学工学（biochemical engineering）と分科された体系がはじめて用いられたのは第二次世界大戦直後の1949年である．

　生物化学工学は三つの言葉，生物（biology），化学（chemistry），工学（engineering）からなる．それぞれの言葉と，組み合わせによってできる言葉の意味を考えると生物化学工学がもつ意味を類推することができる．学問には階層が存在するが，その階層をピラミッド構造で示すと図1のように表すことができる．物理は数学によって，化学は物理によって，そして生物は物理と化学の原理・原則によって支配されている．もっとも下層に存在するのが生物の一種である人間にかかわる体系であり，工業，農

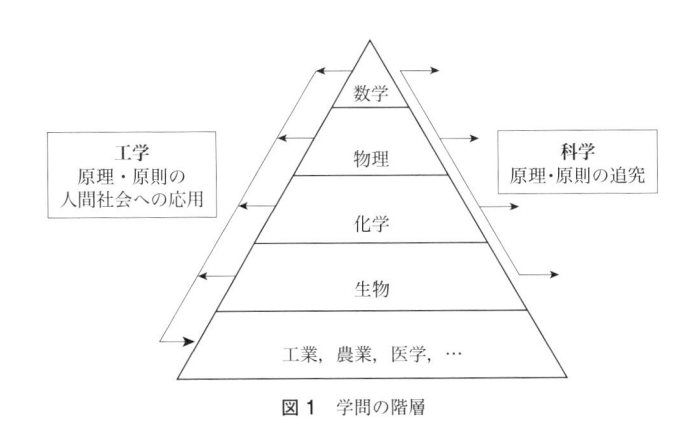

図1　学問の階層

業，医学などが挙げられる．ある学問体系を真に理解したいならその上の階層に位置する学問体系を理解することが求められる．たとえば，生物の現象を理解するなら化学を理解する必要があろう．生物はさまざまな化学物質から構成され，生命現象は化学反応の組み合わせで生じる．したがって，生命現象も化学の法則に従う．さらに，化学結合と分子の微細構造は物理の法則である量子力学によって決定されるが，量子論は数学的理論体系の一つである．

科学と対をなすのが工学である．科学を「原理・原則を追究する学問体系」と位置付けるなら，工学は「科学によって見出された原理・原則を人間社会に利用しようとする学問体系」と定義できる．生物そのものや生物の機能を人間社会に利用しようとする体系が生物工学（bioengineering）であり，化学の知見を人間社会に利用しようとするのが化学工学（chemical engineering）である．生物工学と化学工学には共通性と異質性がある．階層の上位にある学問体系である化学工学を理解することは生物工学の特異性を理解するうえで必要不可欠となる．

生物化学工学の変遷

いうまでもなくすべての動物にとっての食料は生物である．人間は食料としての生物を狩猟や採取だけで獲得するのではなく，牧畜や農業によってより効率良く計画的に得る術を獲得した．さらに食料としての生物を改良することにより，その生産性を飛躍的に向上させることを可能とした．

生物種を改良することを育種（breeding）とよぶ．育種には旧来の方法である品種改良と遺伝子工学の手法を用いる分子育種（molecular breeding）がある．普段食料としている家畜や穀物，果物などはその多くが品種改良によって人為的に創造された生物種である．品種改良とは人間にとって有利な形質，たとえば耐寒性，耐虫性，多産性，多収穫性をもった種を交配により掛け合わせ，複数のすぐれた形質をもち合わせた種を人為的に創造する方法であり，時間と根気を要する．突然変異と自然選択が自然界における進化の源であるとするなら，品種改良は人為的変異と人為的選択により人間にとって都合の良い生物種を創造する手法と定義できる．一方，分子育種は1970年代に始まった遺伝子工学の手法を用い，遺伝子を導入したり融合したりすることにより，数日間で異種生物やその細胞に目的とする形質を導入する方法である．分子育種の詳細は2章において述べる．

今から4000～5000年前の古代エジプトにおいて，ビールの元祖ともいえる麦を使った発酵飲料を製造していたという記録が残っている．日本においても縄文人の生活跡

から木の実や魚などを用いた発酵食品が食されていたことがわかっており，平安時代には味噌という文字が使用されているという記録もある．人間は発酵が微生物による生物変換であることを知る以前からその恩恵にあずかってきたといえる．細菌学の父とよばれるフランスのルイ・パスツール（Louis Pasteur，1822～1895年）は食物の腐敗の原因は細菌の増殖であることを発見し，それまで信じられていた「生命の自然発生説」を完全に否定した．パスツールはさらにアルコール発酵は酵母の働きによることを発見し，また，弱毒化した微生物を接種することで免疫を獲得できることも示した．また牛乳などの液体を約60℃で数十分間加熱することにより腐敗を防げることを示した．この方法は現在でも低温殺菌法として牛乳の殺菌に用いられている．

　パスツールのライバルであったドイツのコッホ（Heinrich Hermann Robert Koch，1843～1910年）はシャーレを用いた寒天培地を発明し，炭疽菌，結核菌，コレラ菌などを次々と純粋培養することに成功した．コッホは感染症の原因病原体は以下に示す4つの条件を満たす必要があることを示した（コッホの四原則，1884年）．
（1）特定の感染症に罹患した個体から特定の微生物が見出される．
（2）その微生物は感染個体から純粋分離できる．
（3）純粋分離された微生物を健康な感受性個体に接種させると同一の病気を発症する．
（4）発症個体から同一の微生物を分離することができる．
コッホの功績により感染症を抑制するための標的が明確になった．

　イギリスの細菌学者アレクサンダー・フレミング（Alexander Fleming，1881～1955年）は黄色ブドウ球菌が一面に増殖している寒天培地に青カビが偶然混入した際，カビの周辺に透明な阻止円（細菌の増殖が抑制される領域）が形成されることを観察した．その後1929年に，青カビの液体培地には抗菌作用を示す物質が含まれていることを見出した．その抗菌物質は青カビの属名 *Penicillium* にちなみペニシリン（penicillin）と命名された．ペニシリンの発見から実用化までにはさらに10年以上の歳月を要することになる．1940年にH. W. フローリー（Howard Walter Florey）とE. B. チェーン（Ernst Boris Chain）によってペニシリンGが単離されると翌年には臨床でその効果が立証され，第二次世界大戦中には多くの患者を感染症から救った．その後，フレミングが見つけ出した菌よりもペニシリンの生産性にすぐれた菌が分離され，さらに培養方法の改良により，より効果の高いペニシリンが安価で大量に生産されるようになった．ペニシリンの開発に関しては第二次世界大戦以前が科学の時期であり，それ以降は工学の時期といえる．これは生物化学工学が誕生した時期と重なる．

プロセスフローシート

　さまざまな装置を用い，その中で原料に生物学的変換を与え，原料の状態や組成を順次変化させて有用な製品を生産する一連の工程をバイオプロセス（bioprocess）という．バイオプロセスといっても生物的処理だけではなく，物理的処理や化学的処理も含まれる．むしろ物理的あるいは化学的処理をするための装置のほうが多く，経費がかかる場合が多い．バイオプロセスを装置と物質の流れによって図示したものをプロセスフローシート（process flow sheet）という．図2にステロイドホルモンの一種であるアンドロスタジエンジオン（ADD）製造のプロセスフローシートを一例として示す．ステロイドホルモンは以前，天然物から抽出した原料をもとに製造されていたが，原料の枯渇や人件費の高騰によるコストアップを契機に，人工的に合成されるようになった．ADDはさまざまな女性ホルモンの中間体である．女性ホルモンは月経調整剤，

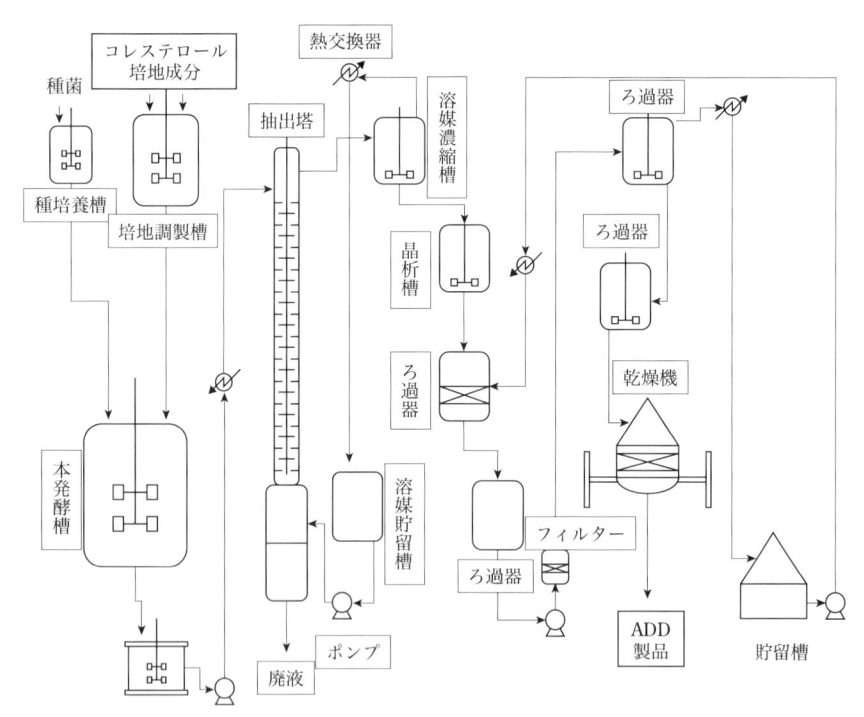

図2 ステロイドホルモン製造のプロセスフローシート
［化学工学会編, バイオセパレーションプロセス便覧, 共立出版（1996）を一部改変］

避妊薬，養毛剤などに用いられる．ADDの製造プロセスは大きく分けて培地および種菌の調製工程，発酵工程，分離・精製工程からなる．

コレステロールをADDに変換することのできる種菌は自然界からはじめに分離された．この段階をスクリーニング（screening）とよぶ．世界中いたる所から土壌などの試料を取り寄せ，数千・数万の菌体からすぐれた特性を示す菌体を選び出す工程を指す．自然界から選択された菌体にはその後，分子育種法によりさらなる改良が加えられる．このようにして創造された種菌は大事に冷凍保存される．製造工程では冷凍保存された菌を試験管で培養し，次にフラスコ培養，種培養槽による培養と順次培養の規模を拡大する．途中の操作を省き，大容量の培地に少量の種菌を接種すると培養時間が長くなり，その間に培地成分の変質などが発生する．一方，本培養に用いる培地には原料であるコレステロールやさまざまな栄養素，泡の発生を抑える消泡剤，水が加えられ，最後に加熱滅菌される．本発酵槽以降のプロセスはすべて発酵培地から製品であるADDを分離・精製するためのプロセスである．7日間の本培養で約2％のADDを含む培養液が得られる．分離・精製プロセスは培地からADDを分離するための回転円盤式抽出塔，菌体や不純物を除くためのフィルター，ADDを結晶化するための晶析槽，結晶のろ過装置，乾燥機など化学工学の分野で多く用いられる装置を使用する．分離・精製に用いる装置は抽出，ろ過，晶析，乾燥などの機能を有し，それぞれの操作を単位操作（unit operation）とよぶ．これら分離装置の原理や装置の詳細は「5章　バイオセパレーション」で述べる．実際に工場を見学するとわかることだが，工場の敷地にはさまざまな装置が配列されており，装置間にはたくさんのパイプが連結され，流体を流すためのポンプが配置されることでパイプの中を流体が流れる．また，固体はベルトコンベアーなどで運ばれる．流体の流れ方や，流体を流すために必要な動力の計算方法は「1章　生物化学工学の基礎」で述べる．

スケールアップ

製造規模を拡大することをスケールアップ（scale-up）とよぶ．スケールアップすると製品量あたりの設備費を減らすことができる．設備は鋼板などの面を加工して作る．したがって，反応器の設備費は面積に比例し，面積は長さの2乗に比例する．一方，一つの反応器（reactor）で製造できる製品量は反応器の容積に比例し，容積は長さの3乗に比例する．したがって，設備費はスケールの2/3乗（約0.7乗）に比例する．このことをスケールメリットまたは0.7乗則とよぶ．たとえば反応器の容積を10倍，100倍，1,000倍と増やすと，設備費は5倍，25倍，125倍と増加する．

$$10^{0.7} \fallingdotseq 5$$
$$100^{0.7} \fallingdotseq 25$$
$$1000^{0.7} \fallingdotseq 125$$

　1,000倍にスケールアップすることで製品量あたりの設備費（設備費÷反応器の容積）は約 1/8（= 125/1000）に減らすことができる．科学を工学へ発展させるためには，製品を大量に，かつ安価に製造する技術の確立が必要であり，スケールアップは有効な手段となる．なお，スケールメリットには大量に原料を購入することによる原料単価の減少や労務費の削減など，経済的効果も含まれる．ただし，医薬品などの多品種少量生産を基本とする製品の製造では必ずしもスケールメリットを追求できるとはかぎらない．

バイオプロセスの構成

　バイオプロセスは便宜的に上流，中流，下流プロセスに分けることができる（図3）．プロセスの中核をなすのが中流プロセスで，バイオリアクター（酵素や細胞を用いて反応を行う反応器，4章で詳述）において原料を生物機能により変換する工程である．一方，バイオリアクターに至るまでの各種調製プロセスは上流プロセス（up-stream process），目的産物を分離・精製するプロセスは下流プロセス（down-stream process）と位置付けられる．三つのプロセスは相互に関連しており，プロセス全体としての効率を上げるために各プロセスの仕様が調整される．

　すべての生体反応はタンパク質である酵素に触媒されて進行する．酵素は特定の物質による特定の反応にのみ関与し，その反応速度を高める．しかし，酵素自身は反応

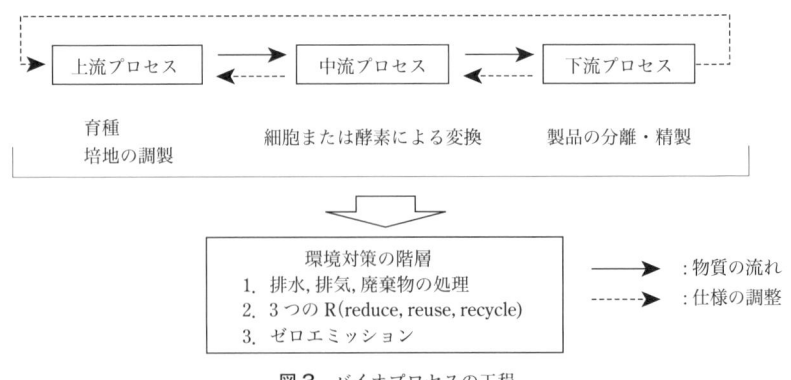

図3　バイオプロセスの工程

終了後にはもとに戻る．酵素のこの機能は，通常の化学触媒と同じであることから，生体に由来する触媒という意味で生体触媒（biocatalyst）とよばれる．生体触媒は単離された酵素に限ることなく，生きたままの微生物細胞，動植物細胞や組織，さらには個体などにまでわたっている．これらは，反応の過程では複雑な多数の反応を伴っており，増殖やそれに伴う細胞内物質の分布などの変化のため，完全に反応前の状態に戻らないことも多い．しかしながら，応用する機能の面から見る限り，一連の反応過程終了後にも最初の機能が維持されているので，微生物や動植物細胞なども触媒の一種とみなし，これらを総称して生体触媒とよんでいる．

バイオリアクターで生成したバイオプロダクト（bioproduct）は，一般に次に示すような性質をもっている．

・培養液中の濃度が低い．
・物理的，化学的に類似な物質が混在することが多い．
・機能は温和な条件下で発現されるものが多い．
・熱，pH，外力などによって容易に変性するものが多い．
・ヒトの生命に直接かかわる物質が多い（医薬品，食品など）．

生産物がタンパク質である場合は，活性を維持する温和な分離法をとらなければならない．生理活性の高い微量物質の分離・精製においては，その収率が重要なプロセス要因となる．目的仕様を満足する分離精度を得るためには，何段階かの分離・精製手段を組み合わせることが余儀なくされる．バイオプロダクトの分離に限定されることではないが，分離プロセスの効率は各分離ステップの効率の積で与えられる．このため，仮に個別の分離効率（separation efficiency）が高くても，分離ステップ数が多いと，設備費がかさむだけでなくプロセス全体の効率は低くなってしまう．たとえば個別のステップの分離効率が 0.95 であっても，5 段階のステップを踏むと全効率は 0.77 となってしまう．個別の分離効率を向上させることはもちろん重要であるが，プロセスの改変を行って所要ステップ数を減少させることができれば，その効果は非常に大きい．たとえば上記の 5 段階プロセスを 3 段階にできたとすると，全効率は 0.77 から 0.86 に向上する．

工場において製品を大量に製造する際は，製品の製造と並行して環境対策を講じる必要がある．環境対策は図 3 に示すように 3 つの階層をもつ．最初の段階が製造プロセスで副生する排水，排気，廃棄物の処理である．1950 年代後半から始まった高度経済成長期には製品以外の副生物を煙突や排水溝を通し工場外に排出したため，大気汚染・水質汚濁などのさまざまな公害問題を引き起こした．その後，公害対策が進展し，1967 年に公害対策基本法が制定され，1971 年には環境庁が発足した．有害物の

排出は厳しく規制され，さまざまな処理装置により排水，排気，廃棄物に含まれる有害物質の濃度は基準値を下回るように処理された後，排出されるようになった．

循環型経済システムを構築するために提案されたのが3Rの考え方である．3Rとは，reduce（発生抑制），recycle（再資源化），reuse（再利用）の頭文字に由来する．製造工程におけるreduceとは，同じ量の製品を作る際には使用する原料や水，エネルギーを極力少なくすることを指し，製品に付随する包装材料の削減なども含まれる．recycleとは廃棄物を再利用することであり，原料として再利用するのが「マテリアルリサイクル（material recycle）」，廃棄物を燃焼しその熱を熱源や発電に使用するのが「サーマルリサイクル（thermal recycle）」である．reuseは廃棄物を洗浄したり，再び機能を付加したりすることで再利用することを指す．工場で使用する水も処理することで再利用が可能である．わが国における工業用水の循環再利用率は約77％に達する．

ゼロエミッション（zero emission）とはある工場や事業所から排出される廃棄物や副産物を，他の工場や事業所の原料に利用することで，対象とした地域や集団から排出される廃棄物を減少させ，究極的にはエミッション（排出）をゼロにすることをめざす活動を指す．たとえば食品工場で発生する食品残渣は家畜のエサとして利用でき，家畜の糞尿は微生物を用いた発酵処理（コンポスト化）を施すことで堆肥として利用できる．このように食品工業と畜産および農業をうまくつなげることでゼロエミッションが実現できる．

持続可能な循環型社会を構築するためには3Rやゼロエミッションの実践が必要であり，企業や大学を含む事業所はその責任を有する．そこで，各企業や事業所が適切に環境マネジメントを実施しているかどうかを判断するために，国際規格認証機構（ISO: International Organization for Standardization）によって国際統一規格ISO14001（環境マネジメントシステム規格）が1996年に制定された．

バイオプロセスの実際

各論に入る前に，生物化学工学がどのような分野で応用されているかを理解するために，医療・医薬，食品，工業，環境分野の4つに分け，それぞれの分野で代表的なバイオプロセスを取り上げ概観する．

医療・医薬分野

生物化学工学は医薬品の生産において大きく貢献している．上述のようにフレミ

表 1 代表的な抗生物質

分類	種類
抗細菌性抗生物質	β-ラクタム抗生物質（ペニシリン，セファロスポリン），アミノグリコシド抗生物質，クロラムフェニコール，テトラサイクリン，マクロライド抗生物質，リンコマイシン，ペプチド抗生物質，アントマクロライド抗生物質，デプシペプチド抗生物質，フシジン酸，ノボビオシン，ホスホマイシンなど
抗真菌性抗生物質	ポリエン抗生物質，グリセオフルビンなど
抗腫瘍性抗生物質	アクチノマイシン，マイトマイシン，アントラサイクリン，オーレオリン酸誘導体，ブレオマイシンなど

グによるペニシリンの発見により，多くの人が助けられた．しかし，フレミングが最初に発見した青カビではペニシリンの生産量が少なく，大量生産に必要な深部培養にも適していなかったので，ペニシリン大量生産株の獲得や大量培養技術，分離・精製技術が開発されなければ多くの人を救うことはなかった．現在世界最大の医薬品メーカーとなったファイザー社は，クエン酸生産で培われた深底タンク発酵技術を利用することでペニシリンの大量生産に成功した．その技術は多数の会社に供与され，第二次世界大戦中には 25 万人以上の患者を治療するペニシリンの生産技術が確立している．ペニシリンの精製に成功し，大量生産技術の基盤を作ったフローリーとチェーンもフレミングと一緒にノーベル生理学・医学賞を受賞している．このことからもわかるように，医薬品の開発では薬効のある物質の開発と同時に，その生産技術の開発が重要である．表 1 は現在生産されている主要な抗生物質の例である．

抗生物質以外ではホルモンなどのバイオ医薬品生産において生物化学工学は大きな役割を担っている．インスリンは，膵臓に存在するランゲルハンス島の β 細胞から分泌されるペプチドホルモンであり，血糖値の恒常性維持に重要な役割を担っている．インスリンは血糖値を低下させる効果を有することから，糖尿病の治療に重要である．遺伝子組換え技術が開発されるまでは，インスリンを生産することが不可能であり，豚などのインスリンが利用されていた．現在では遺伝子組換え技術により，酵母や大腸菌での大量生産が可能になり，多くの糖尿病患者が救われている．それ以外にもヒト成長ホルモンなどのさまざまなタンパク質医薬品が開発され，病気の治療に用いられている．表 2 は，生産されている主要なバイオ医薬品のリストである．これらにおいても，遺伝子組換え体の大量培養技術と目的タンパク質の精製技術が開発されたことで，多くの患者の治療に使うことが可能になっている．遺伝子組換えはおもに大腸菌を用いた技術として開発されたが，ヒトのタンパク質の多くは，大腸菌の中では機能をもった状態で生産できない場合が多い．このため，培養細胞を用いた生産技術の

表2 代表的な遺伝子組換えバイオ医薬品

名称	生産ホスト	作用と対象となる疾患
インスリン	大腸菌	糖尿病
ヒト成長ホルモン	大腸菌	成長ホルモン分泌不全低身長症
インターフェロンα	大腸菌	C型肝炎ウイルスによる肝炎
インターフェロンβ	ヒト線維芽細胞	腫瘍
インターフェロンγ	大腸菌	腫瘍
G-CSF	大腸菌/CHO細胞	がん化学療法による好中球減少症など
エリスロポエチン	CHO細胞	慢性腎不全に伴う貧血
ヒト血清アルブミン	酵母	アルブミンの喪失（熱傷，ネフローゼ症候群など）およびアルブミン合成低下（肝硬変症など）による低アルブミン血症，出血性ショック
t-PA（ヒト組織プラスミノーゲン活性化因子）	CHO細胞	急性心筋梗塞における冠動脈血栓の溶解
血液凝固第VIII因子		血友病
B型肝炎ワクチン	酵母	B型肝炎
抗体医薬	CHO細胞	腫瘍など（6章参照）

開発が重要であった．

エリスロポエチンは最も成功したバイオ医薬品の1つである．現在でも世界の医薬品の売り上げのトップ10に入っており，年間で50億ドル以上の売り上げがある（2008年度）．エリスロポエチンは腎臓で生産されるホルモンであり，赤血球の産生を促進する作用があるので，腎不全の患者の貧血の治療に用いられている．エリスロポエチンを生産する際の問題はエリスロポエチンが糖タンパク質であり，機能を発現するには糖が必須なことである．このため大腸菌での生産が不可能であり，動物細胞であるCHO細胞を用いて生産されている．大量のタンパク質を動物細胞で生産することは生物化学工学にとって大きなチャレンジであったが，6章で紹介するような技術により大量のエリスロポエチンを適切なコストで生産できるようになった．

また，G-CSFは白血球の一種である好中球の産生を促進する作用があり，化学療法などで好中球が減少したがん患者の治療などに用いられている．G-CSFも世界で年間30億ドル程度の売り上げがある代表的なバイオ医薬品である．G-CSFも糖を含むタンパク質であるが，糖が機能に必須でないことから，おもに大腸菌で生産が行われている．大腸菌を用いた場合は，動物細胞よりも生産は容易である．しかし，大腸菌で生産されたG-CSFは正しい構造をとらず，変性，凝集した状態で生産されるので，可溶化して精製した後に，正しい構造へ再構築することが必要である．また，大腸菌に含まれる発熱物質（パイロジェン）の除去も必要なので，精製方法の開発も含めた下流プロセスの開発が重要であった．

また，6章で詳しく解説するが，現在最も注目されているのが抗体医薬である．すでに，2008年度の段階で医薬品売り上げランキングで上位20の中に6つが入るほどになっている．抗体医薬の開発においても生物化学工学は重要な役割を担っている．

食品分野

　食品産業は医薬品・化粧品と並んで生物化学工学の応用分野の中心的な産業分野である．そもそも，人類にとって生物とのかかわりは食糧の確保に始まり，その保存や加工技術，また各地の食糧の交換に伴う輸送手段の開発に及んでいる．先にもふれたように，19世紀半ばにパスツールによって微生物と発酵現象との関係が明らかにされ，現在では微生物の機能制御が分子レベルで説明され，長い歴史の中で蓄積されてきた伝統的な発酵技術に関する膨大な経験を生かす形で，新たな技術開発が行われている．

　醸造食品への微生物の直接的な利用の例としては，パン酵母が最も古く，紀元前4000年には利用されていたといわれている．酒類の製造では炭素源として麦を用いたメソポタミアやエジプトに起源をもつビールと，米，きび，あわなどの穀類を用いる日本を含む東南アジアに起源をもつ醸造酒がその代表である．いずれもデンプンの

図4　現在使われているビール製造用の発酵タンク　[キリンホールディングス(株)提供]
　　　ビールは大量発酵生産の代表で，一度に数百 m^3 もの発酵が行われる．右下の自動車と比較してみると発酵タンクの大きさがわかる．

糖化，糖の乳酸発酵，酵母菌によるアルコール発酵という過程を経て製品となる．

現在利用されているビール発酵タンクの写真を図4に示す．大きさは500 m^3 にも達しており，最適な生産条件の探索，操作方法，反応器の設計においては生物化学工学の基礎が欠かせない．一方で日本酒は，杜氏とよばれる熟練した専門技術者がそのノウハウを伝承し，原料の調製，発酵過程の調整，製品化までを一手に引き受けてきた．最近では杜氏のノウハウと生物化学工学の知見を組み合わせて，バイオプロセスの制御システムとしてとらえる試みもなされている．

しょうゆも代表的な醸造食品の一つである．しょうゆ製造プロセスの特徴はコウジ

図5 しょうゆコウジ菌の製造装置［キッコーマン(株)提供］
旧来の方法 (b) では，平板状の木製容器（コウジ蓋）にコウジ材料を数 cm 以下の薄い層状に敷き，自然換気あるいは表面強制換気を行って発酵させていた．(a) は大規模生産方式の回転円盤式連続発酵装置である．底面から通気を行い，センサーで層内温度や湿度を検知して制御が行われる．コウジ材料の厚さも (b) に比べて数倍〜10倍程度にすることができる．

菌の調製にある．コウジ菌の醸成過程は，小麦と大豆の成分を熱変性させたものを原料とする固体培養である．固体培養は液体培養に比べて，すべての菌の環境を均一に維持することが難しい．品質が均一なコウジ菌を大量生産するには，きめ細かい制御と連続的な処理が求められる．図5(a)はこの要求に応えるために開発されたしょうゆコウジ菌の連続回転式製造プラントである．

食酢はアルコールを酸化する微生物の物質変換機能により生産される．この酸化過程では大量の酸素が必要である．この場合，生産される酢酸により培地のpHが下がるため雑菌汚染されにくい．工業的に用いられる酢酸菌は糸状菌であり，古来，その形態を維持することが酢酸の生産において重要であった．そのため，培地を底の浅い容器に入れて酸素を十分に供給できるようにしつつ，菌の形態を保つことができる図6(b)のような静置培養法がとられてきた．この方法では，酸素の供給は分子拡散だけに頼る表面からの供給のみにより行われるため，生産性は表面積の大きさで決まってしまう．そのため，酸素供給速度を大きくし，かつ，菌の生産能力を維持する図6(a)に示すアセテータとよばれるバイオリアクターが開発されている．

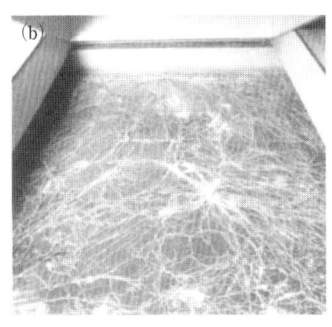

図6 食酢発酵用バイオリアクター［(株)中野酢店提供］
酢酸発酵は大量の酸素を要求する．伝統的には，アルコールと種酢（酢酸菌）を混合した原料液を，底の浅い木製の容器に入れて静置発酵させる(b)．酸素は培養液の表面からのみ供給されるので，生産速度に限界がある．酢酸の大量生産のためには，酸素供給速度をいかに大きくするかが技術のポイントとなる．(a)はこの目的で開発された，アセテータとよばれる大型深部発酵型のバイオリアクターである．

序章

　このように，多くの食品は生命から生命へのリレーの営みとして製造されていることが理解できる．無機物のみで生命の維持は決して望めず，生命活動の中で生じる有機物こそが，他の生命を養うのに必須であることが理解できるだろう．食品の改質・加工技術は上記の発酵の例にとどまらず，お互いの生命活動に深く依存しており，多くの経験を積み上げて今日の食品産業となり，現在も最適化に向かって改善され続けている．

　食品産業では上で述べたような生物資源の生産と改質を扱う上流プロセスだけでなく，最終的な商品として安全に提供するための滅菌や殺菌技術や，各成分に対する最適な分離手法の適用と精製を行う下流プロセスにおいても，生物化学工学の恩恵に深く浴している．

　分離手法の詳細については，「5章　バイオセパレーション」において述べるが，以下にはその代表例を示す．図7は，アミノ酸の一種であるL-リシンとL-グルタミ

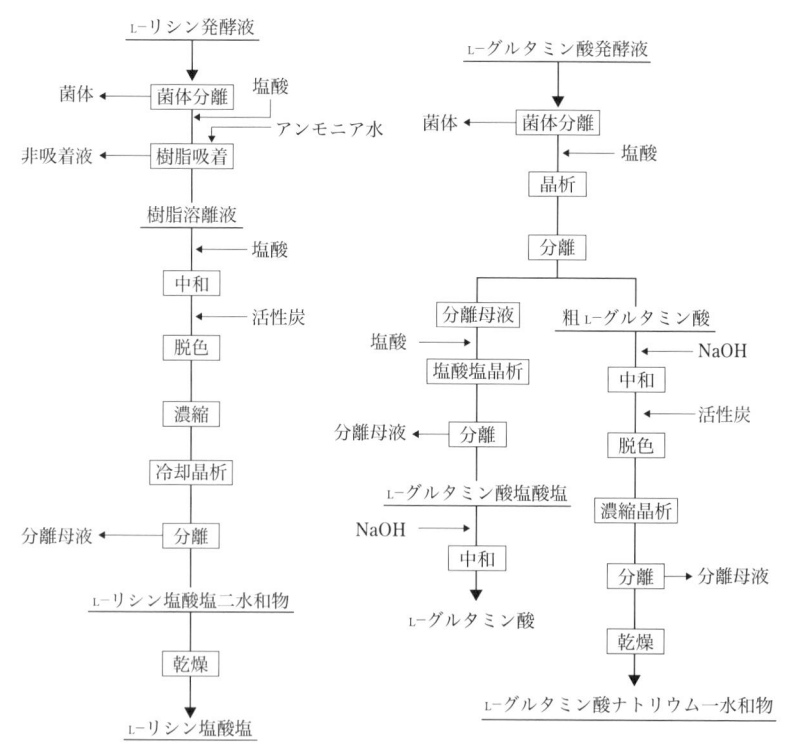

図7　アミノ酸の分離プロセス
［古崎新太郎，バイオセパレーションプロセス，コロナ社（1993），p.163，図6.1］

表3 大きさ，密度差による分離方法および食品への応用例
[化学工学会編，バイオセパレーションプロセス便覧，共立出版（1996），p.18，表1]

系	分離手法	装置の型	食品への応用例
固固	ふるい	回転ふるい，振動ふるい	ブドウ糖粉末
	分級	重力型，遠心力利用型，複合型	小麦粉の製粉
固液	圧搾	バッチ式	もろみの分離
		連続式（スクリュープレス，ローラープレス）	果物の搾汁
	ろ過	加圧式	果汁の清澄化，発酵液の除菌
		真空式（オリバー式など）	発酵液の除菌
		遠心式（押し出し式，スクリュー式）	ショ糖結晶の回収，脱水
	沈降	遠心型（円筒，分離板，デカンター型）	果汁の清澄化
		シックナー	排水処理
液液	沈降	遠心型（シャープレス型）	油脂の脱酸工程，クリームの分離

ン酸の分離プロセスである．図に示すようにアミノ酸の分離には，イオン交換樹脂による吸着および晶析が用いられる．基本的には，目的物と目的物以外の大きさ，密度差，溶解度などの基礎物性の違いを利用して分離手法を組み立てていく．表3には，大きさ，密度差を利用した分離法の食品への応用例について示した．それぞれの方法の詳細については5章を参照いただきたい．

食品産業とそれを取り巻く現況は多くの改善の余地を残している．まず食品の安全性に関して，科学的な根拠に基づくべき安全性がタイムリーな情報として適正に機能しない場合があるという問題がある．人々の安心の根拠となるべき役割を果たし得ずに，逆に人々の不安と社会的な不安感を招いているという現実がある．生物化学工学の成果を的確に活かすためには社会的営みのうえで不可避の責任を伴うということを本書においても強調したい．

また食品は嗜好性が高く，多品種少量生産の形態をとることが多い．そのため蓄積された技術の適用範囲が狭く，その適用が短期的にとどまる．石油化学を代表とする一般の化学工業と比べて，必然的に産業規模は小さい．高コストが許される医薬品開発などと異なり，廉価な価格提供が望まれる食品産業の研究基盤の整備は他分野からの技術導入に頼る傾向がある．今後は産業界の一致した協力と政策的な支援が必要である．

最近は健康志向という風潮もあり，単に食欲を満たすものという役割から，予防医学的な観点からの健康に有益なものという役割への期待感が高まっている．さらに，食品として用いられている物質は生体適合性に優れており，持続的に再生産可能な資源として食品以外としても多角的な活用が検討されている．たとえばアルギン酸やキトサンなどの食品に付随する非食性の成分が，環境負荷の少ない資源として注目され

ている．

　また，日本の食の自給率は40％未満であり，先進国で最低となっていることは広く知られている．これだけ輸入に頼っている現況にもかかわらず，食品由来の廃棄物が年間2,000万トンに達している事態はもはや異常ともいえるであろう．食品の平均単価を1g＝1円としても，年間20兆円にも換算される無駄が発生している．二酸化炭素の排出権取り引きも検討されている昨今，海外からの輸入品を無駄にするということは生物資源の無駄にとどまらず，地球温暖化という観点からも大きな課題である．

　そして，社会的構造の変化に伴う特殊用途の食品の開発も検討されるべき課題である．高齢者の嚥下機能の低下に配慮した誤嚥のない食品の提供，地震や干ばつなどの自然災害あるいは社会的な戦乱による被災者の迅速な救済のための長期保存性に優れた避難食の開発，量的には少ないが宇宙食の開発も話題性に富む研究課題である．技術的な努力とともに政策的な支援によって，食糧自給率の向上を継続的に目指す必要がある．

工業分野

　現在，ステロイド，抗生物質前駆体，炭水化物誘導体，アミノ酸，アルカロイドなど広範な化合物が酵素や微生物を用いた生物変換法で製造されている．すべての生物反応を触媒しているのは酵素であるが，細胞には多種多様の酵素が存在するため，微生物などの細胞を触媒として用いることも可能である．特に，補酵素を必要とする酵素反応において単離した酵素を触媒に用いるためには，補酵素再生系など補酵素を安価に調製する方法の確立も必要となる．そのため，多くのステップを必要とする反応では，多種の酵素を個別に調製するより，多種の酵素を含む細胞を用いたほうが経済的であることが多い．しかし，細胞を触媒として用いた場合，細胞由来の種々の不純物が混入するおそれがあり，不純物を取り除く方法の確立が必要となる．たとえば，アミド結合を加水分解するアミダーゼを用いて，N-アセチル誘導体のラセミ混合物からL体のアミノ酸を生産でき，また穀物に含まれるデンプンを原料として，アルコールや有機酸などを生産できるが，このような場合，反応は多段階となるため，微生物自体を触媒として用いるほうが経済的に望ましい．

　一方，多くの化合物は化学合成法でも生産可能なことが多く，化学合成法と微生物や酵素を用いた生物変換法の選択に際しては，資源，エネルギー，環境負荷，あるいは経済的側面から検討する必要がある．化学合成法より生物変換法が勝っている例としては，アクリルアミドや，各種ステロイドおよびステロール誘導体の生産プロセスが挙げられる．以下にこれらについて紹介する．

・アクリルアミド

　アクリルアミドは産業上重要な種々の高分子のモノマーとして年間約60万トン生産されている．アクリルアミドは図8に示すように，アクリロニトリルからの水和反応により合成されるが，従来は，図9(a)に示すように，主として銅触媒を用いた化学合成法で生産されていた．しかし，銅触媒の調製や再生が容易ではない，未反応原料の回収が必要である，有害な副産物を生成する，重合を起こさないように厳密に制御する必要がある，消費エネルギーが高いなどの欠点を有していた．そのため近年では，微生物を用いた生物変換法に置き換わりつつある．生物変換法では，図9(b)に示すように，微生物が有するニトリルヒドラーゼの作用によって，アクリロニトリルからアクリルアミドが生成される．

・ステロイドやステロール誘導体

　ステロイドやステロール誘導体は種々の生理活性を有しており，医薬品としてきわめて重要である．たとえば，図10に示すように，ステロールを構成する特定の炭素にヒドロキシ基を導入することにより，数多くの誘導体が生成される．また，ヒドロキシ基がステロイド環の平面の上側（β）と下側（α）のどちらに導入されるかによっ

$$CH_2=CH-CN + H_2O \rightarrow CH_2=CH-CO-NH_2$$

図8　アクリロニトリルからの水和反応によるアクリルアミドの合成

(a) 銅触媒を用いた化学合成法

アクリロニトリル+水 → 100℃での水和反応 ← 銅触媒の調製 → 銅触媒の分離 → 未反応アクリロニトリルの分離 → 銅イオンの除去 → アクリルアミド

(b) 微生物を用いた生物変換法

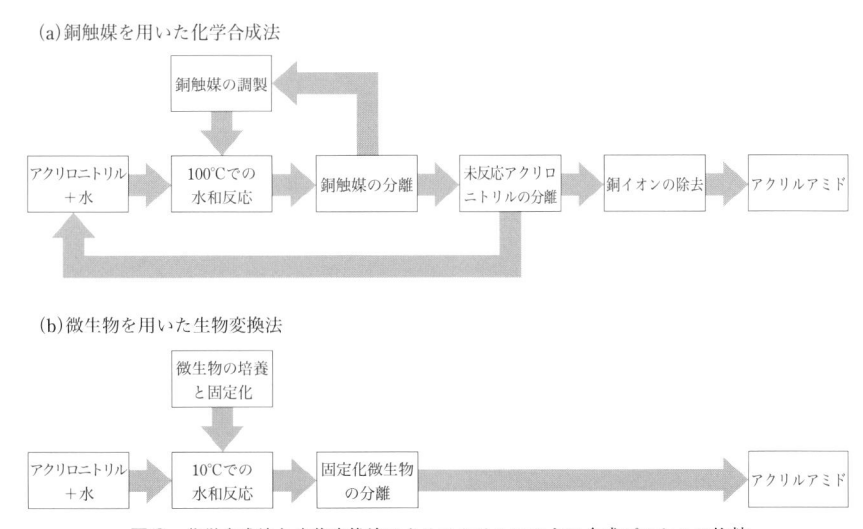

アクリロニトリル+水 → 10℃での水和反応 ← 微生物の培養と固定化 → 固定化微生物の分離 → アクリルアミド

図9　化学合成法と生物変換法によるアクリルアミドの合成プロセスの比較

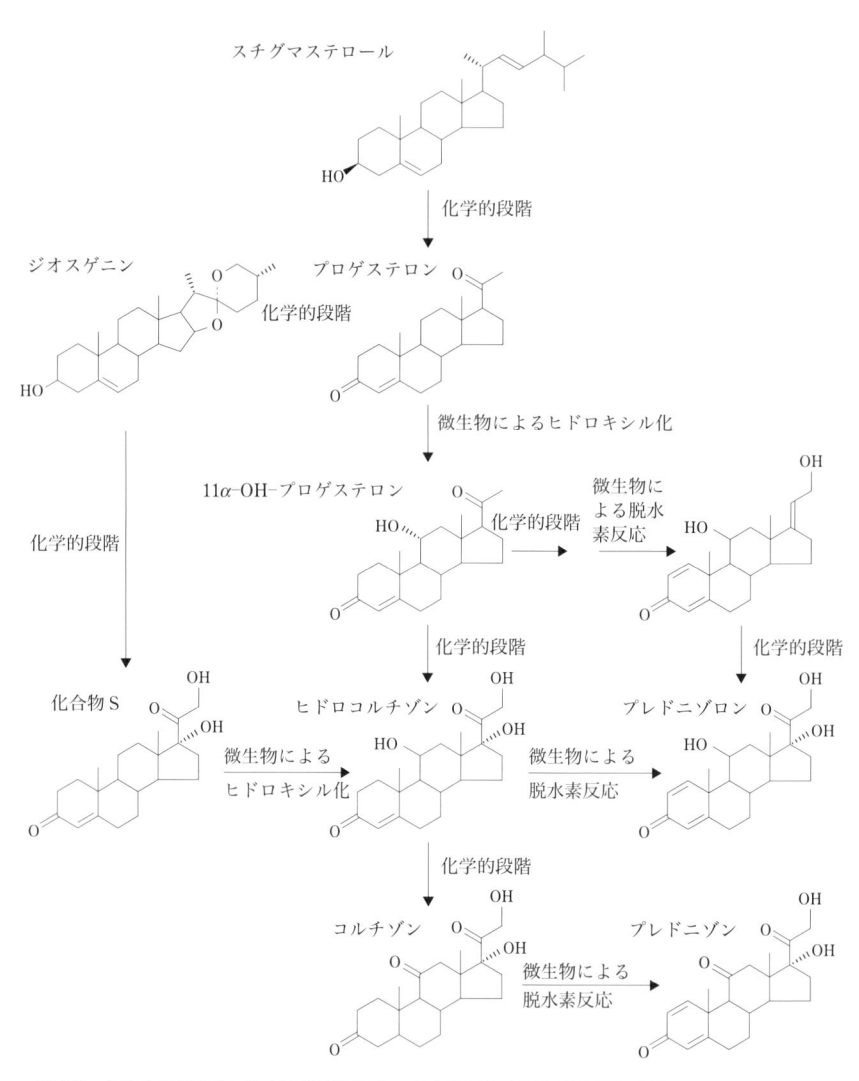

図10 化学合成法あるいは生物変換法によって合成される種々のステロイド
[S. B. Primrose 著，山崎常行監訳，モダンバイオテクノロジー，ユリシス・出版部（1990）より改変］

て，生理活性も異なる．そのため，ステロールから特定の構造を有するステロール誘導体を化学合成法で合成するには多段階の反応が必要であり，収率も低い．一方自然界には，特定の炭素に特定の方向にヒドロキシ基を付与できる酵素や，特定の環の芳香化や，特定の二重結合およびケトン基を還元する酵素の存在が知られている．望ま

しい活性と安定性を有する酵素を見出すことができれば，少ない工程で特定のステロール誘導体を合成することが可能となる．

たとえば，リウマチ様関節炎の治療薬として発見されたコルチゾン（1 g）は以前，牛の胆汁から精製されるデオキシコール酸（615 g）を原料として，31 工程を経た化学合成法で生産されていた．コルチゾン 1 g の市場価格は 200 ドルであった．その後，プロゲステロンの C11 位の炭素に α ヒドロキシ基を導入する酵素が見出され，31 工程の製造プロセスを 11 工程に短縮することが可能となり，コルチゾン 1 g の市場価格は 6 ドルに低下した．また，原料をデオキシコール酸から植物性ステロールであるジオスゲニンやスチグマステロールにすることにより，コルチゾン 1 g の市場価格は 46 セントまで低下した．

環境分野

日本人 1 人が 1 日に使用する水の量は平均約 300 L で，世界平均の約 3 倍である．ほぼ同量の水が下水となり，下水道を経て排水処理場に運ばれ処理された後，河川へ放流される．このような下水道の恩恵にあずかる人口の割合（下水道処理人口普及率）は 2007 年には 70％に達した．排水処理は我々の生活に必須なバイオプロセスであり，生物化学工学的な工夫が多くなされている．

下水には髪の毛，トイレットペーパー，土砂，大便などの固形物や可溶性の有機物などが含まれる．排水処理はこれらを物理的，化学的および生物学的に除く操作である．排水の処理工程は大きく 4 つに分けることができる（図 11）．固形物のほとんどはスクリーンや重力沈降などの物理的処理により除かれる．下水に含まれる可溶性有機物は生物的処理より二酸化炭素および水に酸化分解されるか，微生物体に変換される．物理的処理と生物的処理で発生した固形物は余剰汚泥（excess sludge）となりその減容化と有効利用が求められている．さらに，下水に含まれる窒素やリンを除くプロセスが高度処理と位置付けられる．このような処理を受けた処理水は最後に次亜塩素酸（ClO^-）により殺菌処理を施され，河川へ放流される．

生物的処理が行われるばっ気槽はバイオリアクターの一つであり，都市下水処理場の場合，水深が約 5 m の大きな水槽である．ばっ気槽下部からは散気管を通し，空気が供給され，水槽には活性汚泥（activated sludge）が入れられている．活性汚泥は図 12 に示すようにウイルス，バクテリア，原生動物，後生動物など，さまざまな微生物から構成され，微生物どうしがくっつき合ってフロック（floc）とよばれる塊を形成している．溶解性の有機物は活性汚泥を構成する微生物にとってのエサ（基質）として取り入れられるか，微生物により酸化され，二酸化炭素や水へ変換される．も

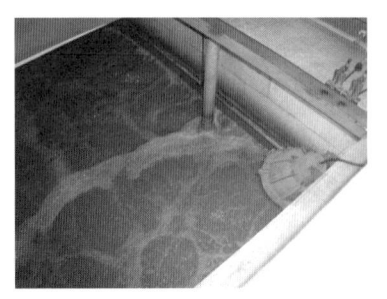

ばっ気槽

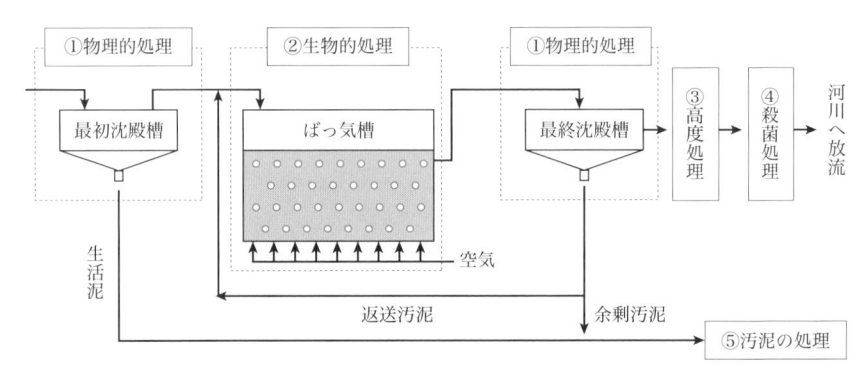

図11 排水処理のプロセスフローシート

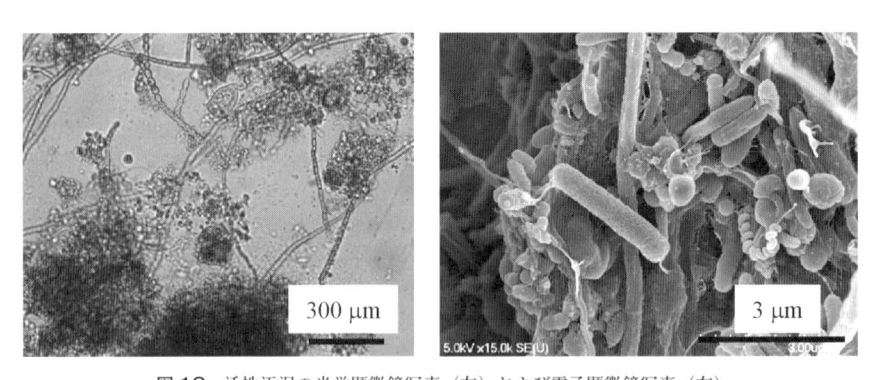

図12 活性汚泥の光学顕微鏡写真(左)および電子顕微鏡写真(右)

し,排水を処理せず河川へ放流すると,溶解性の有機物が河川の微生物により代謝され,その際,水に溶けた酸素を消費し,溶存酸素が減少する.嫌気性微生物を除くほとんどの水棲生物は,溶存酸素を呼吸に用いるので,溶存酸素の減少は水棲生物の死を招く.

排水処理プロセスでもっともエネルギーを消費するのが，ばっ気槽へ空気を送るための送風装置である．空気には約 21％の酸素が含まれるが，酸素は水に溶けにくく，20℃における大気圧下での飽和溶解濃度は 8.84 g·m^{-3} にすぎない．水に溶けにくい酸素を培地にいかに効率良く供給するかを考えるには，気相から液相への酸素の移動過程を知り，移動速度を定量化する必要がある．生物化学工学の出番である．詳細は「4章　バイオリアクター」でふれる．

　活性汚泥による処理を終えた水は最終沈殿槽へ導かれ，固形分と処理水に分けられる．処理水は殺菌後放流されるかさらに高度処理が施される．高度処理とは排水に含まれる窒素やリンを取り除くプロセスである．ばっ気槽だけでは窒素やリンを除くことができない．窒素やリンを排水から除くためには硝酸化菌，脱窒菌，リン酸蓄積菌などの特殊な機能をもった微生物を利用する必要があり，それらの特性を理解したうえで装置を設計する必要がある．また，窒素やリンは貴重な資源でもある．単に排水から除くのではなく，うまく回収し，循環して利用するバイオプロセスの開発が望まれる．

　最終沈殿槽で分離された活性汚泥は返送汚泥として再び活性汚泥槽へ循環される．このような汚泥の循環によりばっき槽の活性汚泥濃度は一定に保たれる．全国の下水処理場で発生する余剰汚泥の総量は約 7,400 万トン（2003 年度下水道統計）に達する．一般に余剰汚泥は脱水した後，補助燃料を使用して焼却処理される．汚泥および補助燃料の燃焼により二酸化炭素が発生する．余剰汚泥を有機物資源としてとらえると，肥料への転換やメタン発酵によるバイオガスの製造原料になる．余剰汚泥の減容化とその有効利用法の開発はゼロエミッションの理念と一致し，生物化学工学者が取り組むべき課題の一つである．

第1章 生物化学工学の基礎

> 序章で述べたように，生物化学工学では学問体系において一つ上の階層に位置する化学工学的考え方や手法が多く取り入れられているので，まず最初にそれらを理解することが重要である．化学工学の講義をすでに受けている学生であれば本章は読み飛ばすか，復習のために使用してもよい．また，もっと深く化学工学を学びたい場合は，化学工学，流体力学，移動論，反応速度論，単位操作などに関する書籍を読むことを勧める．

1.1 ■ 単位

さまざまな物理現象や化学現象を定量的に扱うためには，物理量や化学量を客観的に表現し比較する必要がある．たとえば大腸菌と人間および日本列島の大きさを比べるのなら，それぞれの長さを比較すればよい（図1.1）．大腸菌の大きさは幅が約0.5 μm，分裂直前の長さは1.5～2.0 μmである．長さ1.7 μmは数値「1.7」と位取り「μ」，および単位「m」の三つから構成される．位取りは3乗ごとの指数で表され，10^3（キロ，

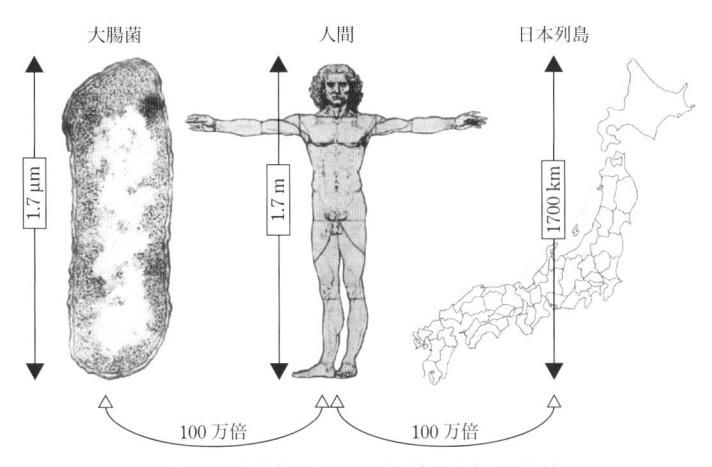

図 1.1　大腸菌－人間－日本列島の大きさの比較

表 1.1　代表的な誘導単位

物理量	定義	基本単位の組み合わせ	慣用記号
速度	長さ÷時間	$m \cdot s^{-1}$	
流量	体積÷時間	$m^3 \cdot s^{-1}$	
加速度	速度÷時間	$m \cdot s^{-2}$	
運動量	質量×速度	$kg \cdot m \cdot s^{-1}$	
力	質量×加速度	$kg \cdot m \cdot s^{-2}$	N（Newton）
圧力	力÷面積	$kg \cdot m^{-1} \cdot s^{-2}$	Pa（Pascal）
エネルギー	力×距離	$kg \cdot m^2 \cdot s^{-2}$	J（Joule）
動力	エネルギー÷時間	$kg \cdot m^2 \cdot s^{-3}$	W（Watt）

kilo：k），10^6（メガ，mega：M），10^9（ギガ，giga：G），10^{12}（テラ，tera：T），および 10^{-3}（ミリ，milli：m），10^{-6}（マイクロ，micro：μ），10^{-9}（ナノ，nano：n），10^{-12}（ピコ，pico：p）がよく用いられる．

　数値を示す際は有効数字の桁数（有効桁数）を十分考慮する必要がある．有効数字とは測定精度を考慮したうえで信頼のおける数値を指し，たとえば「長さ 50 m」という場合は有効桁数が 2 桁，「長さ 50.00 m」という場合は有効数字が 4 桁になり，50.00 m のほうがより精度の良い値である．有効数字の最小桁には誤差が含まれる．50.00 m の距離を 17.3 秒で歩いた際の平均速度を電卓で計算すると $2.89017341\cdots\ m \cdot s^{-1}$ と出てくる．電卓の計算値をそのまま記載した実験レポートをよく受け取る．しかし，測定精度の悪い値と良い値を掛け合わせると，答えの精度は精度の悪い値と同一となる．この場合，時間の有効桁数である 3 桁が速度の有効桁数となる．したがって，計算値の 4 桁目を四捨五入した $2.89\ m \cdot s^{-1}$ が測定精度を考慮した速度である．

　単位は基本単位と誘導単位に分けることができる．基本単位はこれ以上分けることのできない独立した物理量に対して定義され，国際単位系（SI: The International System of Units）では，長さ [m]，質量 [kg]，時間 [s:秒]，電流 [A]，温度 [K]，物質量 [mol]，および光度 [cd] の七つの基本単位が使用される．バイオの分野でよく出てくるタンパク質などの分子の大きさを表す単位としてはダルトン（Dalton, Da）が用いられる．Da は分子 1 個の質量を表し，炭素 12 原子（^{12}C）の質量の 12 分の 1 を基準としている．DNA や RNA の大きさは塩基対の数で表すことが多く，単位としては塩基対（base pair, bp）が用いられる．

　誘導単位は基本単位の組み合わせで定義される．生物化学工学の分野でよく使われる誘導単位を表 1.1 に示す．大気圧は場所や気象条件によって異なるが，海面での平均大気圧を標準大気圧と定め，この値を 1 気圧（= 101325 Pa，0.101325 MPa）とし

表 1.2 乾燥空気の組成

物質名	体積分率（ppmv）
N_2	780,840
O_2	209,460
Ar	9,340
CO_2	403（2016 年，平均値）
Ne	18
He	5.2
CH_4	1.8
Kr	1.1
H_2	0.5
Xe	0.09

ている．圧力は質量×加速度÷面積に分けることができる．大気圧をこの三つの物理量に分けると面積は基準値である $1\,m^2$，加速度は重力加速度（$9.80665\,m \cdot s^{-2}$）を指し，残る質量は $10332.3\,kg$ と計算される．質量の値は地球表層の $1\,m^2$ 上空に存在する空気の質量を示す．したがって，大気圧は単位面積あたりの大気にかかる重力（大気と地球の引力）と定義できる．

着目対象が全体に占める割合を示すのに分率が慣用的に用いられる．全体を 100 としたのが百分率であり％を用いる．全体を 100 万としたのが ppm（parts per million），全体を 10 億としたのが ppb（parts per billion）である．気体の割合は体積分率で，液体や固体の分率は重量分率で表すことが多い．乾燥空気に含まれる主要 10 成分の体積分率（ppmv）を表 1.2 に示す．空気を構成する成分は生物の作用により生成/消費される成分（N_2，O_2，CO_2，CH_4，H_2）と不活性な希ガス（Ar，Ne，He，Kr，Xe）に大きく分けることができる．なお二酸化炭素の濃度は季節変動を繰り返しながら年平均約 1.6 ppmv 上昇し続けている．空気を構成する主要 3 成分のおおよその体積百分率，窒素は 78％，酸素は 21％，アルゴンは 1％を覚えておくと便利である．

1.2 ■ 移動論

1.2.1 ■ 収支

着目した領域に流入する量，流出する量，およびその中で変化する量を明らかにすることを収支（balance）を取るという．着目する領域は一つの反応器であったり，プロセスであったり，工場全体であったりする．収支を取る対象には以下の四つが挙

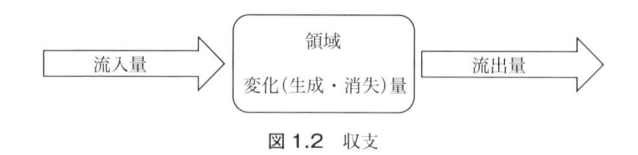

```
          ┌─────────┐
  流入量  │  領域   │  流出量
 ──────▶ │変化(生成・│ ──────▶
          │消失)量  │
          └─────────┘
```

図 1.2　収支

げられる．

- 物質収支（material balance，mass balance ともいう）
- エネルギー収支（energy balance）
- 運動量収支（momentum balance）
- 経済収支（economic balance）

たとえば自分の財布を着目する領域とし，経済収支を取るなら，流入量は親からの仕送り，奨学金，バイトの収入などが挙げられ，流出量は学費，食費，家賃などになる．もし流入量が流出量より多ければその差が変化量になり財布にたまる．このことを式で表すと次のようになる．

$$\text{流入量} - \text{流出量} = \text{変化量（生成または消失量）} \tag{1.1}$$

この式を収支式とよぶ．

収支には時間の項が必ず含まれる．式(1.1)に示した収支でも，基準が1週間か1年かによって式の中身が異なる．したがって，各項は単位時間あたりの量として表される．実際の収支式は代数方程式や微分方程式で表し，方程式を解くことで任意の時間における着目変数の値を予想することができる．

着目した領域における変化がない状態を定常状態（steady state）とよぶ．着目変数を x，時間を t とするなら定常状態は次式で定義される．

$$\frac{dx}{dt} = 0 \tag{1.2}$$

上式で右辺がゼロでない場合は非定常状態である．

1.2.2 ■ 拡散と対流

単位断面積，単位時間あたりに通過する物理量をフラックス（flux：流束）とよぶ．フラックスを流速と訳している教科書があるが，流れの束である流束が正しい．フラックスには流れに乗って一律に運ばれる対流のフラックス（convection flux）と，勾配に沿った拡散のフラックス（diffusion flux）がある．対流のフラックスは基準面における物理量に流速を掛けた値として求めることができる．拡散のフラックス N は，

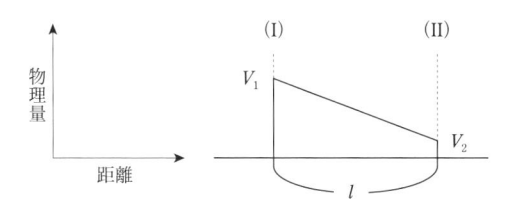

図 1.3 拡散のフラックス

基準面 I および II における物理量の差 $V_1 - V_2$ を距離 l で割った勾配に比例し(図1.3),次式のように定義される.

$$N = k\frac{V_1 - V_2}{l} = \frac{1}{R}\frac{V_1 - V_2}{l} \tag{1.3}$$

式(1.3)における比例定数 k は移動係数であり,その逆数 R は抵抗である.着目すべき物理量には物質量,熱量,運動量などがある.以下に,それぞれの物理量に対応する対流と拡散のフラックスを紹介する.

1.2.3 ■ 物質と熱のフラックス

物質移動のフラックス N_m [mol·m^{-2}·s^{-1}] は単位断面積を単位時間に移動するフラックスである.流れに伴う物質移動のフラックス(対流フラックス)は濃度 C [mol·m^{-3}] と流速 u [m·s^{-1}] の積として次式で定義される.

$$N_m = Cu \tag{1.4}$$

パイプを流れる流体や,かき混ぜることによって発生する渦に乗って運ばれるのが対流のフラックスである.

一方,拡散のフラックスは次式で定義される.

$$N_m = -D\frac{dC}{dl} \tag{1.5}$$

式(1.5)は Fick の第1法則とよばれ,比例定数の D [m^2·s^{-1}] は拡散係数である.右辺にマイナスの符号が付いているのはフラックスの方向と濃度勾配が逆だからである.コップに高濃度の食塩水を入れ,その上に水をゆっくり注ぐと,はじめは混ざらず境界面を形成する.しかし両者の濃度勾配に基づく拡散のフラックスにより食塩水の食塩が水の相へ移行し,やがて両者は混合し均一な濃度となる.一方,スプーンでかき混ぜると水の対流が生じ,速やかにコップの中の食塩濃度は均一になる.このように,流れによるフラックスは拡散によるフラックスより大きい.

熱量のフラックス N_h [J·m^{-2}·s^{-1}] は熱エネルギーの通過量であり，対流のフラックスは次式で示される．

$$N_h = \rho C_p T u \tag{1.6}$$

上式において，ρ [kg·m^{-3}]，C_p [J·kg^{-1}·K^{-1}]，T [K] はそれぞれ，密度，比熱，温度である．お風呂をかき混ぜると早く温度が均一になるのは，対流による熱量の移動が生じるからである．また，流体を加熱すると密度差が生じ，流体が移動する．密度差に基づく移動は特に対流（convection）とよばれている．

一方，熱の拡散のフラックスは次式で示される Fourier の式で定義される．

$$N_h = -\lambda \frac{dT}{dl} \tag{1.7}$$

上式において，λ [J·m^{-1}·s^{-1}·K^{-1} または W·m^{-1}·K^{-1}] は熱伝導率または熱伝導度とよばれる物質に固有な物性値で，温度の関数になる．おもな物質の熱伝導率を表1.3に示す．銅の熱伝導率は空気の約 16,500 倍である．温度差が等しいなら銅は空気よりも 16,500 倍速く熱エネルギーを移動することができ，急冷や急速加熱に向く素材といえる．発泡ポリスチレンは生鮮食品のトレイなどに使用されている身近な素材であり，ポリスチレンを発泡させて製造したもので，体積の約98％を空気が占める．したがって，その熱伝導率はポリスチレンよりも空気の値に近く，断熱性が高い．また使用したポリスチレンの約50倍の体積をもつ発泡ポリスチレンを製造すること

表1.3 おもな物質の20℃における熱伝導率

物質名	熱伝導率 [W·m^{-1}·K^{-1}]
空気	0.0241
水蒸気	0.0158
	(100℃における値)
水素	0.1684
水	0.63
エタノール	0.18
ガラス	1.05
コンクリート	0.90
発泡ポリスチレン	0.03
ポリスチレン	0.108
鉄	75.36
銅	398

ができる．衣服や布団の保温性も繊維に保持された空気の熱伝導率が低いことに由来する．

熱の移動には対流，拡散に加え放射のフラックス（radiation flux）がある．すべての物体はその温度に対応した電磁波を放射している．放射のフラックスは次式で示される．

$$F_\mathrm{h} = \varepsilon \sigma T^4 \tag{1.8}$$

式(1.8)において，ε は熱放射率で $0 \sim 1$ の値をとる．σ は Stefan–Boltzmann 定数（$= 5.67 \times 10^{-8}$ W·m^{-2}·K^{-4}）である．$\varepsilon = 1$ の場合を黒体放射とよび，黒体放射を行う物体を黒体（black body）とよぶ．

1.3 ■ 運動論

1.3.1 ■ 粘度

生体反応の多くは水溶液中で進行する．したがって，生体反応は水溶液の影響を強く受ける．同じ液体であってもエーテルのように粘度の低い「サラサラ」したものや，グリセロールのように粘度の高い「ドロドロ」したものがある．容器に液体を混ぜ入れる際，サラサラした液体よりドロドロした液体のほうが混ぜるのに力を要する．このように物質に力を加えた際に生じる流動や変形に関する学問体系をレオロジー（rheology）とよぶ．感覚的には粘度というものを理解できると思われるが，定量的に評価するには基準が必要である．図1.4に示すように固定面と移動面に挟まれた空間に流体を入れ，移動面に力 F を加えると，液体と面との間に摩擦が生じる．固定面に接する流体は静止したままで，移動面に接する流体は移動面と同じ速度で移動し，定常状態になれば両面に挟まれた流体は速度勾配（du/dy）をもって移動する．移動面を引く力 F は移動面の面積 A と速度勾配に比例するので，比例定数を粘度 μ と定義すると次式が成り立つ．

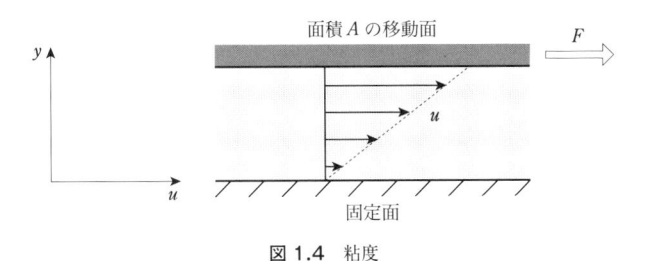

図 1.4　粘度

$$F = \mu A \frac{du}{dy} \tag{1.9}$$

2枚のガラス板に水を挟んだ状態を想像してみるとよい．ガラス板をずらすのに要する力はガラス板の面積 A とずらす速度 u に比例し，隙間 y に反比例する．2枚のガラス板を押しつけて隙間を小さくすると，容易にガラス板をずらせなくなる．粘度は $Pa \cdot s$ または $kg \cdot m^{-1} \cdot s^{-1}$ の単位をもつ．液体の粘度は気体の粘度より約100倍高く，一般に液体の粘度は温度上昇とともに増加し，逆に気体の粘度は温度上昇とともに減少する．水の20℃における粘度は約 $0.001\ kg \cdot m^{-1} \cdot s^{-1}$ である．この値は覚えておくと便利である．式(1.9)を単位面積あたりの力に書き換えると次式のようになる．

$$\tau = \frac{F}{A} = \mu \frac{du}{dy} = \mu \gamma \tag{1.10}$$

ここで，τ [Pa] をずり応力 (shear stress)，γ [s^{-1}] をずり速度 (shear rate) とよび，式(1.10)で示される特性をもつ流体をニュートン流体 (Newtonian fluid) とよぶ．水や空気などはニュートン流体に属する．

　バイオプロセスで扱う液体には式(1.10)で示されない特性をもつ液体が多く存在す

(a) ニュートン流体
例：気体，水

(b) 擬塑性流体
例：高分子溶液，マヨネーズ

(c) ダイラタント流体
例：糖溶液，小麦粉

(d) ビンガム塑性流体
例：マーガリン，食用油

(e) キャッソン塑性流体
例：血液，ソース

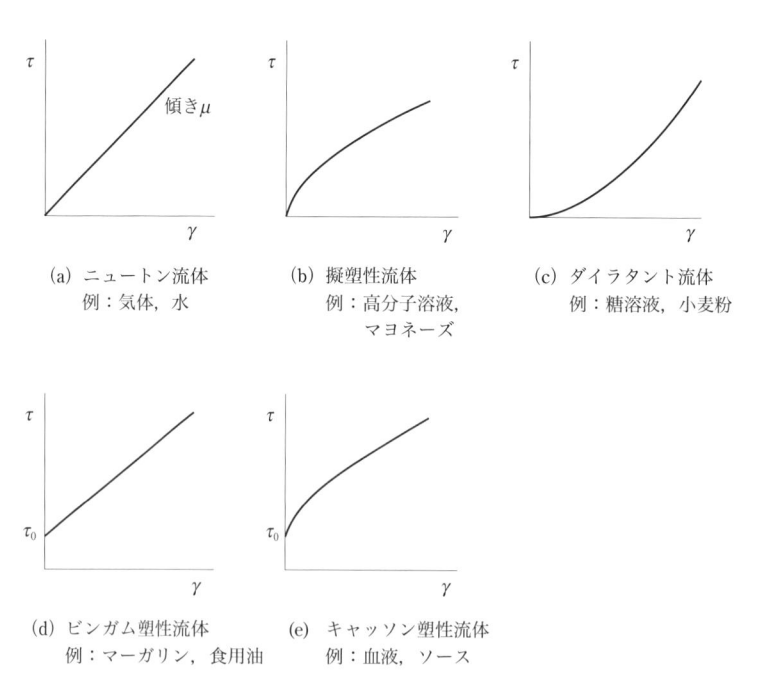

図1.5　流体のレオロジー曲線

る．それらをまとめて非ニュートン流体（non-Newtonian fluid）とよび，図1.5のように分類される．擬塑性流体（pseudo-plastic fluid）はずり速度が増すと流動しやすく，ダイラタント流体（dilatant fluid）はずり速度が増すと逆に流動しにくくなる．ビンガム塑性流体（Bingham plastic fluid）とキャッソン塑性流体（Casson plastic fluid）はずり応力が降伏応力（τ_0）に達するまで流動しない．一定のずり応力を付加している間にも見かけの粘度が増加したり減少したりする流体がある．見かけの粘度が時間とともに増加することをレオペクシー（rheopexy），減少することをチクソトロピー（thixotropy）という．レオペクシーの例は多くないが，チクソトロピーの例は多く，たとえば放線菌や細胞外多糖類を培養した際などに見られる．この場合は，ずり応力の付加によって培養液内にある懸濁物質の絡み構造が次第に壊されていくので，このような粘性を構造粘性（structural viscosity）という．

1.3.2 ■ 流体の流れ

バイオプロセスではさまざまな流体を移動したり，混合したり，加熱・冷却したりする単位操作が多く含まれる．そのうち，最も単純な操作が流体の移動である．食品工場や製薬工場，廃水処理場などではさまざまな装置の間がパイプにより連結され，その中を流体が流れている．イギリスの物理学者オズボーン・レイノルズ（Osborne Reynolds）は半径 R の円管内を流れる流体の中央に染料を注入すると，図1.6(a)に示すように注入した点から一直線状に流れる場合と，図1.6(b)のように染料が乱れ広がって流れる場合があることを発見した．前者のように流体が層状をなす流れを層流（laminar flow），半径方向にも移動する流れを乱流（turbulent flow）と名付けた．さらにレイノルズは流れる流体の種類，円管の直径 d，平均流速 u をさまざまに変えることで，層流から乱流へ変移する条件が次式で示される値 Re によって決まることを見出した．

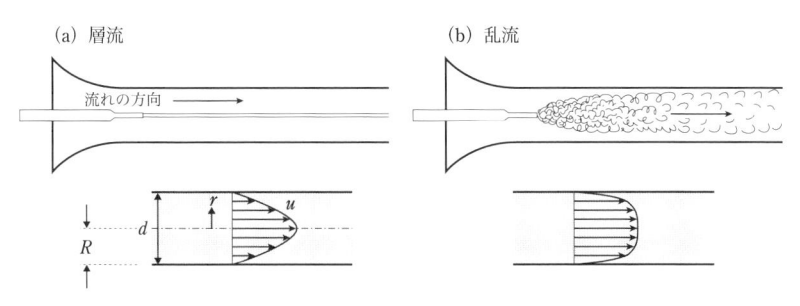

図 1.6　管内の流体の流れ

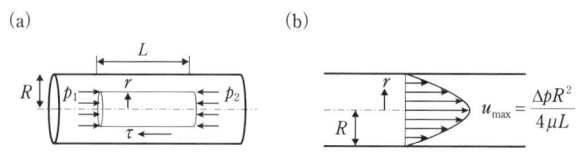

図 1.7 円管内の層流速度分布

$$Re = \frac{du\rho}{\mu} \tag{1.11}$$

ここで，ρ は流体の密度である．Re はレイノルズ数（Reynolds number）とよばれる．たとえば，円管内の流れでは Re の増加に従って層流から乱流へ以下のように移行する．

  $Re < 2100$ 層流
  $2100 < Re < 4000$ 遷移域
  $4000 < Re$ 乱流

遷移域は流れが層流から乱流へ次第に移行する領域である．Re の単位は Re を構成する 4 つの物理量がもつ単位の組み合わせで表すことができるが，基本単位をもたないこと，すなわち無次元であることがわかるだろう．

　水平に置かれた円管内を流れる流体には，圧力とずり応力が働き，両者はつりあっている．図 1.7(a) に示すような半径 R の円管内に半径 r，長さ L の円筒状流体を想定し，力のつりあいを考える．この円筒に働く力は両端の圧力と円筒側面に作用するずり応力であり，両者のつりあいから次の関係式が得られる．

$$\pi r^2 (p_1 - p_2) = 2\pi r L \tau \tag{1.12}$$

ここで，p_1，p_2 は円筒の入口と出口における圧力，τ は円筒側面に作用するずり応力である．$p_1 - p_2 = \Delta p$ とおくと，τ は次式で与えられる．

$$\tau = \frac{\Delta p}{2L} r \tag{1.13}$$

一方，式 (1.10) をこの系に適用すると次式が得られる．

$$\tau = -\mu \frac{du}{dr} \tag{1.14}$$

式 (1.14) の右辺に負号が付いているのは，ずり応力が流れと逆方向に働くためである．式 (1.13) と式 (1.14) および，$r = R$ における流速が 0 であることを考慮すると，円管内の流速分布は次式のようになる．

$$u = \frac{\Delta p R^2}{4\mu L}\left[1-\left(\frac{r}{R}\right)^2\right] \tag{1.15}$$

最大流速（u_{max}）は円筒の中心線上（$r = 0$）で得られる．

$$u_{max} = \frac{\Delta p R^2}{4\mu L} \tag{1.16}$$

したがって，流速分布を最大流速の比で表すと次式となる．

$$\frac{u}{u_{max}} = 1-\left(\frac{r}{R}\right)^2 \tag{1.17}$$

式(1.17)は層流における円管内の流速分布が図1.7(b)のような放物線になることを示している．式(1.15)を用いることにより，管内を流れる流体の体積流量 v [m$^3\cdot$s^{-1}] を求めることができる．

$$v = 2\pi \int_0^R ru\,dr = \frac{\pi \Delta p R^4}{8\mu L} \tag{1.18}$$

式(1.18)は Hagen–Poiseuille の式とよばれ，体積流量は圧力差に比例することを示す．乱流の場合も式(1.13)は成立するが，ずり応力とずり速度の関係は式(1.14)で表すことはできない．十分に発達した乱流における流速分布は次式で示される Prandtl–Karman の 1/7 乗則とよばれる実験式で表すことができる．層流に比べ半径方向の流速分布が小さい．

$$\frac{u}{u_{max}} = \left(1-\frac{r}{R}\right)^{\frac{1}{7}} \tag{1.19}$$

流体を輸送するには外部からエネルギーを投入する必要がある．図1.8に示すよう

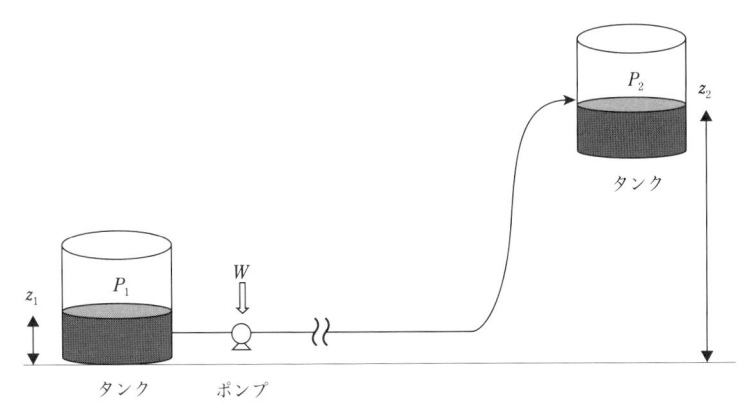

図 1.8　流体の輸送

に，地面に設置したタンクに蓄えた液体を高さ z_2 にあるタンクへ輸送することを考えてみる．流体が単位質量あたりにもつエネルギーを位置エネルギー，運動エネルギー，圧力のエネルギーに分けるとエネルギー保存の法則から次に示す等式が成立する．

$$z_1 g + \frac{1}{2}u_1^2 + \frac{P_1}{\rho} + W = z_2 g + \frac{1}{2}u_2^2 + \frac{P_2}{\rho} + E_f \tag{1.20}$$

ここで，W はポンプに投入されるエネルギー，E_f は流体が管内を流れることにより生じる摩擦損失を示す．したがって，ポンプに投入すべきエネルギーは次式によって求めることができる．

$$W = (z_2 - z_1)g + \frac{1}{2}(u_2^2 - u_1^2) + \frac{P_2 - P_1}{\rho} + E_f \tag{1.21}$$

図1.8で示した条件では u_1 はゼロであり，u_2 にはパイプを流れる流体の流速を用いる．層流における摩擦損失は管の性状によらず次式で求めることができる．

$$E_f = \frac{32\mu l u}{d^2 \rho} \tag{1.22}$$

一方，乱流における摩擦損失は次に示す Fanning の式によって求めることができる．

$$E_f = \frac{2flu^2}{d} \tag{1.23}$$

上式において，f は摩擦係数（friction factor）とよばれ，管内壁のなめらかさにより異なる値をとる．ガラス管や銅管のような平滑管の場合は以下の実験式により求めることができる．

$$f = 0.079 Re^{-\frac{1}{4}} \qquad \left(Re < 10^5\right) \tag{1.24}$$

$$1/\sqrt{f} = 4.0 \log\left(Re\sqrt{f}\right) - 0.4 \qquad \left(Re < 3 \times 10^6\right) \tag{1.25}$$

1.3.3 ■ 固体粒子の沈降

静止流体中を単一の球状粒子が沈降する際，粒子は重力，浮力，および流体からの抵抗力を受ける（図1.9）．重力から浮力を引いた値が有効重力であり，次式で求めることができる．

$$\frac{1}{6}\pi d_p^3 \left(\rho_p - \rho_f\right) g \tag{1.26}$$

ここで，d_p は粒子の直径，ρ_p は粒子の密度，ρ_f は流体の密度である．流体から受ける抵抗力 F は運動エネルギーの代表値 $\rho_f u^2/2$ と球の断面積の積に比例し，その比例

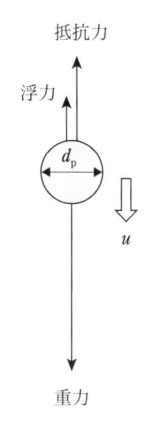

図 1.9 粒子の沈降

定数 C_D を抵抗係数（drag coefficient）と定義する.

$$F = C_D \left(\frac{\pi d_p^2}{4} \right) \left(\frac{\rho_f u^2}{2} \right) = \frac{C_D}{8} \pi d_p^2 \rho_f u^2 \tag{1.27}$$

抵抗係数は次の式(1.28)に示す粒子レイノルズ数 Re_p の関数として，式(1.29)，式(1.30)のように与えられる．

$$Re_p = \frac{d_p u \rho_f}{\mu} \tag{1.28}$$

$$C_D = \frac{24}{Re_p} \qquad \left(Re_p < 1 \right) \tag{1.29}$$

$$C_D = \frac{24}{Re_p} \left(1 + 0.125 Re_p^{0.72} \right) \qquad \left(0.5 < Re_p < 10^3 \right) \tag{1.30}$$

粒子レイノルズ数が 500 を超えると，抵抗係数はほぼ一定値を示す．

$$C_D = 0.44 \qquad \left(500 < Re_p < 10^5 \right) \tag{1.31}$$

バイオの分野で対象となるのは菌体やタンパク質，核酸などであり，これらの d_p は非常に小さい．したがって多くの場合，粒子レイノルズ数は 1 以下であり，抵抗係数は式(1.29)から求めることができる．

有効重力と抵抗力がつり合うと，粒子は一定速度で沈降する．その際の速度を終末速度（terminal velocity）とよぶ．終末速度 u_t は式(1.26)と式(1.27)を等式で結ぶことにより次式のように求まる．

$$u_\mathrm{t} = \sqrt{\frac{4(\rho_\mathrm{p} - \rho_\mathrm{f})d_\mathrm{p}g}{3C_\mathrm{D}\rho_\mathrm{f}}} \tag{1.32}$$

上の式(1.32)において,粒子レイノルズ数が1以下の場合,抵抗係数は式(1.29)で求まるので,終末速度は次式のようになる.

$$u_\mathrm{t} = \frac{gd_\mathrm{p}^2(\rho_\mathrm{p} - \rho_\mathrm{f})}{18\mu} \qquad (Re_\mathrm{p} < 1) \tag{1.33}$$

重力場においては重力の加速度 g を変えることはできないが,粒子を遠心場にさらすことにより重力を遠心力($r\omega^2$:r は回転半径,ω は角速度)に置き換えることができ,粒子の回転半径方向への移動速度を人為的に調整することができるようになる.この原理を用いて水溶液中の細胞や分子を分けるのが遠心分離法である(5章参照).

■ 演 習 問 題 ■

【1】 海水の密度は約 1025 kg·m^{-3} である．水深 100 m における圧力を SI 単位系，および MPa で表せ．

【2】 メタンを完全燃焼させるのに理論的に必要な量の 120%の空気を用いて燃焼させた．燃焼ガス 100 mol あたりの必要空気量を求めよ．

【3】 内径が 2 cm の管内を 20℃ の水が流れている．流体の流速を測定するために，10%の食塩水を 1 mL·s^{-1} の流量で管の上流に注入し，下流で食塩濃度を測定したところ 250 mg·L^{-1} であった．このときの流速を求めよ．なお，管内のレイノルズ数を計算し，乱流であることを示し，注入した食塩水は均一に混合することを確認せよ．

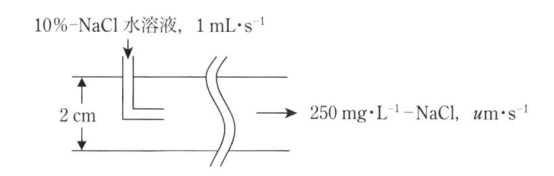

【4】 水槽の側壁に直径 1 cm の穴を開けた．穴の位置から水面までは 2.55 m あった．穴から流出した直後の水の水平方向の流速 u [m·s^{-1}] を求めよ．ただし，重力加速度は 9.8 m·s^{-2} とし，水面の高さは変化しないと仮定せよ．

【5】 内径 4.16 cm の鋼管内を 20℃ の水が平均流速 1.5 m·s^{-1} で流れている．1000 m 流れる際の摩擦損失を求めよ．

【6】 直径 5 μm，比重 1.05 の酵母が 20℃ の水中を沈降する際の終末速度を推定せよ．なお，酵母は球形で，酵母の濃度は十分に低いと仮定せよ．

【7】 比重 0.9 の植物油の粘度を測定するために，直径 1 mm，比重 7.8 の鉄球を自由沈降させたところ，終末速度は 2 cm·s^{-1} であった．この油の粘度を求めよ．

第2章 代謝と生体触媒

> バイオプロセスでは，細胞や酵素などの生体触媒を用いて物質を生産している．細胞が行う化学現象を代謝とよぶ．バイオプロセスを利用するためには，細胞や酵素などの生体触媒の特性を知り，代謝を理解することが不可欠である．

2.1 ■ 細胞と生体分子

2.1.1 ■ 生物の分類と細胞

　生物の進化系統樹を図2.1に示す．すべての生物は細胞という基本単位から構成されている．生物は真核生物（eukaryote）と原核生物（prokaryote）に大きく分類される．真核生物の細胞では，DNAが核膜に覆われており，ミトコンドリア，葉緑体や小胞体などの細胞内小器官がある．真核生物の多くは多数の分化した細胞から構成される多細胞生物である．動物界や植物界に属するものは，すべて多細胞生物である．

　原核生物には明確な核構造はなく，ほとんどが単細胞生物である．真核生物と原核生物は細胞の構造から以前は分類されたが，分子生物学の進歩に伴い，遺伝子の配列から分類されるようになった．真核生物と多くの原核生物はタンパク質の合成装置であるリボソームを構成するRNAの配列が異なっている．その中で，原核生物の一部にも真核生物と類似のリボソームRNAを有するものがあることがわかった．これらの微生物は，高温，高酸性，高塩濃度の極限環境で生息するものが多い．生物の発生した環境がこういった極限環境であることから，古代を意味するarchaeoという接頭語からアーキア（archaea）と分類された．アーキアは，古細菌または始原菌ともよばれている．それに対して，アーキア以外の原核生物を真正細菌（eubacteria）とよぶ．真核生物に存在するミトコンドリアや葉緑体が真正細菌と類似の特性を有していることから，アーキアの祖先に真正細菌の祖先が入り込むことで真核生物が生まれたと考えられている（共生説）．

　原核生物（真正細菌）と真核生物（動物と植物）の細胞の構造を図2.2に示す．生物は二名法（binominal nomenclature）で命名されている．二名法ではラテン語が用いられており，大文字で始まる属名（genus）と小文字で始まる種名（species）の組

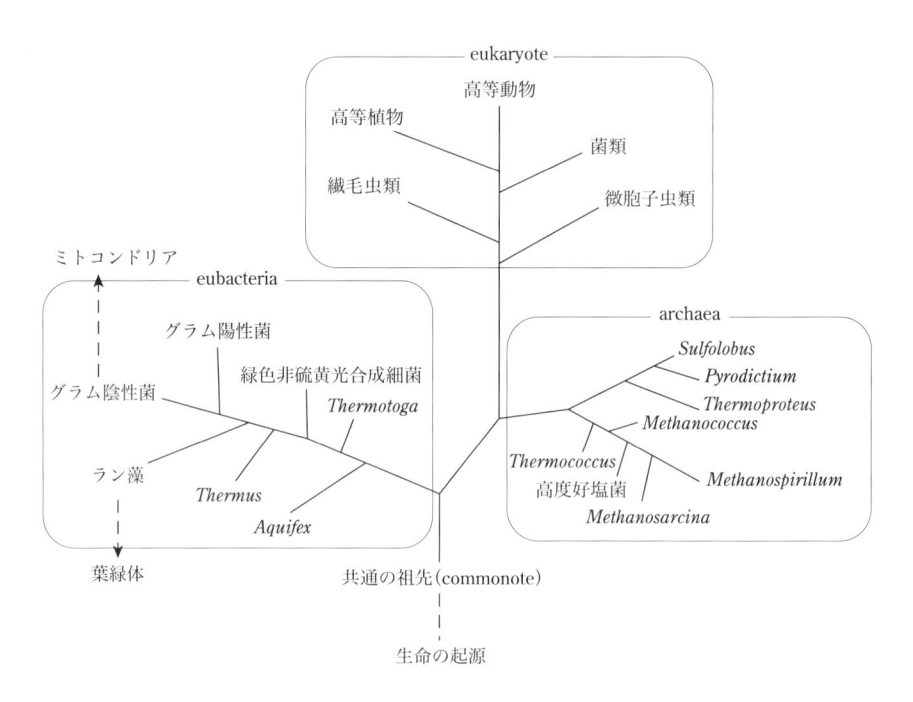

図 2.1 16S rRNA の配列をもとに作製された全生物の進化系統樹

今から約 35 〜 40 億年前に，共通の祖先（コモノート）から二つのグループに分かれた．その一つは真正細菌で，もう一つは古細菌と真核生物に分かれた．

み合わせで命名する．通常，生物名は斜字体（イタリック）で表記するか，アンダーラインをつける．たとえば，パン酵母は *Saccharomyces cerevisiae* あるいは Saccharomyces cerevisiae と表記する．

2.1.2 ■ 細胞を構成する要素

すべての細胞に共通する主要な構成要素は細胞膜，細胞質（原形質），染色体（DNA），リボソームである．細胞が細胞たる所以は，脂質二重膜から構成されている細胞膜で外界と遮断した構造を有していることにあり，細胞膜の中で細胞質が維持されている．細胞質は生体物質を含む水溶液であり代謝の場となっている．細胞のもう1つの重要な要素は自己複製能である．細胞の設計図の情報は染色体（DNA）にコードされており，細胞が分裂する度に正しくコピーされて受け継がれている．また，その情報は機能性分子であるタンパク質に翻訳されることで，機能を発現する．

原核生物と比較して真核生物の細胞質は複雑であり，さまざまな細胞内小器官が存

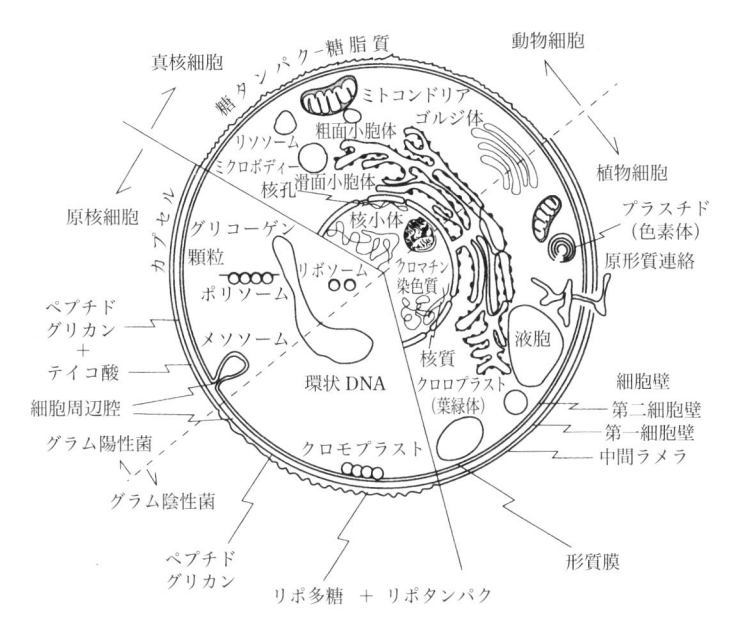

図2.2 原核細胞と真核細胞および動物・植物細胞の構造の比較
各細胞の特徴を対比できるように，模式的に同じ大きさの細胞で表している．実線の左側の部分を原核細胞に，右側の部分を真核細胞に対比させている．右上がりの破線の上側が動物細胞，下側が植物細胞である．
〔E. E. Conn, P. K. Stamp, *Outlines of Biochemistry*, John Wiley & Sons (1963), p.288. McGraw-Hill Inc. の厚意による〕

在して重要な役割を担っている．生体膜で囲まれた細胞内小器官としては，核，ミトコンドリア，葉緑体，小胞体，ゴルジ体，リソソーム，エンドソーム，オートファゴソーム，ペルオキシソーム，液胞などがある．核は，細胞に1つある染色体を含むオルガネラであり，細胞質とは核膜とよばれる脂質二重膜で隔てられている．核膜では核膜孔とよばれる穴を介して物質が出入りする．ミトコンドリアは2層の脂質二重膜（外膜と内膜）で囲まれた小器官であり，細胞のエネルギー生産装置である．有機物の分解に伴い生成した電子を酸素に受け渡す電子伝達を行い，そこで獲得できるエネルギーを利用してエネルギー貯蔵物質であるATPの生産を行っている（酸化的リン酸化）．1つの細胞には数千個のミトコンドリアがある．また，ミトコンドリアは細胞のプログラム死であるアポトーシス（apoptosis）の制御にも関係している．葉緑体は植物細胞にのみ存在するオルガネラであり，光合成を行う．小胞体はリボソームが表面に結合しているかどうかで，粗面小胞体と滑面小胞体に大別される．粗面小胞体では，膜タンパク質や分泌タンパク質のフォールディング（構造形成）や糖鎖の付

加が行われ，タンパク質の品質管理も行われる．構造形成と糖鎖の付加がなされたタンパク質はゴルジ体を経由して膜や細胞外に輸送される．滑面小胞体は，脂質の合成やカルシウムイオンの貯蔵などの機能を担っている．リソソームは生体高分子消化装置である．生体膜で包まれた内部にさまざまな加水分解酵素を有する．細胞外の高分子を取り込むプロセスをエンドサイトーシスといい，取り込まれた高分子はエンドソーム内に保持される．一方，細胞内の廃棄物処理プロセスをオートファジーといい，不要になった生体高分子や小胞体がオートファゴソームに取り込まれる．エンドソームとオートファゴソームはリソソームと融合することで，取り込まれた生体高分子を加水分解する．ペルオキシソームは細胞内の化学反応装置であり，内部で長鎖脂肪酸のβ酸化，コレステロールや胆汁酸の合成，アミノ酸やプリンの代謝が行われる．液胞はおもに植物細胞に見られる組織で，そのおもな機能は浸透圧の調節・不要物の貯蔵や分解などである．

2.1.3 ■ 細胞を構成する分子

細胞はさまざまな生体分子から構成されている．ここでは，代表的な生体分子である糖，脂質，アミノ酸とタンパク質，核酸について説明する．

A. 糖

糖はエネルギー源や生体構成成分，生理活性物質として重要な生体分子である．基本的な化学式は$(CH_2O)_n$である．基本単位は単糖であり，単糖が$2 \sim 10$個程度共有結合したものはオリゴ糖，多数結合したものは多糖とよばれる．単糖は炭素の数で大別され，生体内の主要な単糖は炭素数3つの三炭糖（トリオース），5つの五炭糖（ペントース），6つの六炭糖（ヘキソース）である．糖はアルデヒド基を有するアルドースとケトン基を有するケトースに分類される．グルコースは六炭糖のアルドースである．以下，グルコースの構造をもとに説明する（図2.3）．主要な炭素原子にはアルデヒド基のほうから順番に番号がつけられる．2位の炭素原子は不斉炭素であるため，グルコースにはD体とL体がある．細胞が代謝できるのはD体のグルコースである．5位のOHがアルデヒドと結合して，1位の炭素にOHが結合した環状構造を形成する．このときの1位の炭素をアノマー炭素とよぶ．1位の炭素に結合しているHとOHの位置によりα型とβ型に分けられる．ケトースや他の炭素数の糖でも同じである．単糖のアノマー炭素のヒドロキシ基と他の糖のヒドロキシ基が縮合したものをグリコシドといい，その結合をグリコシド結合とよぶ．

図2.4には代表的な二糖であるマルトースの構造を示す．単糖の間のグリコシド結合は，結合する炭素の番号とアノマー炭素がα型かβ型かで分類される．たとえ

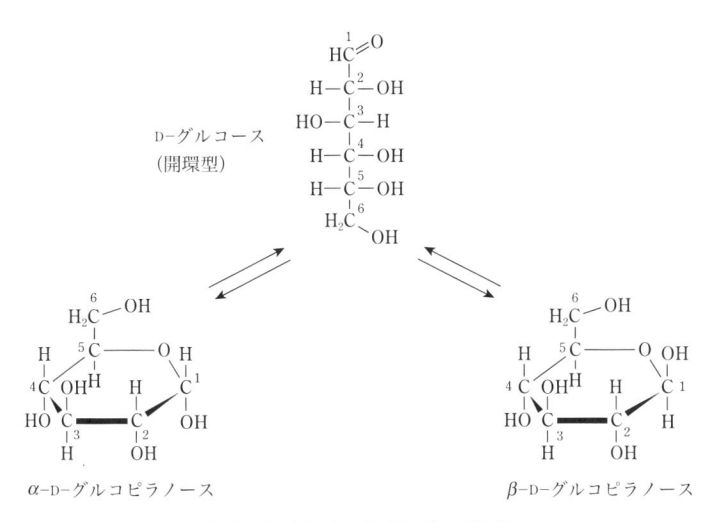

図 2.3 グルコース（単糖）の構造

図 2.4 マルトース（二糖）の構造

ば，マルトースでは α-1,4-グリコシド結合となる．単糖では開環構造と環状構造が相互変換できるが，オリゴ糖では変換できなくなる．多数の糖がグリコシド結合によりつながったポリマーが多糖である．デンプンは D-グルコースのポリマーであり，α-1,4-グリコシド結合でつながった直鎖状のアミロースと α-1,6-グリコシド結合も含み分岐鎖構造のあるアミロペクチンからなる．セルロースも D-グルコースのポリマーであるが，β-1,4-グリコシド結合でつながっており，水素結合により安定で分解されにくいらせん構造となっている．カニなどの甲殻類の殻を構成するキチンは N-アセチルグルコサミンが β-1,4-グリコシド結合によりつながったポリマーである．多糖は細胞の構造素材や貯蔵物質として重要である．

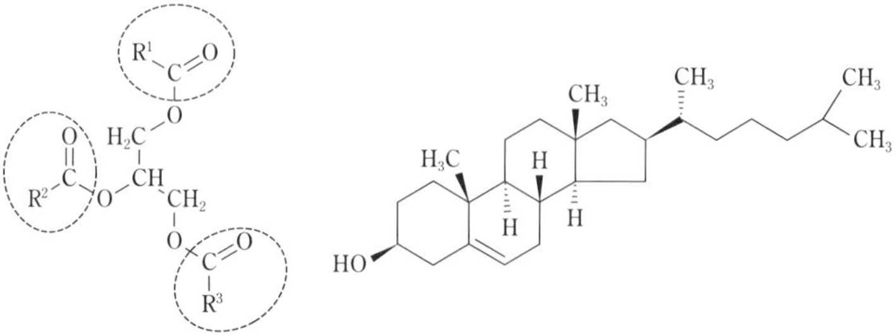

図 2.5 単純脂質の構造
左はトリアシルグリセロール,右はコレステロール.

B. 脂質

　生体を形成する脂質は化学的組成から単純脂質と複合脂質に大別される.単純脂質の構造を図 2.5 に示す.単純脂質は脂肪酸と各種アルコールのエステルである.脂肪酸は一般的に $CH_3(CH_2)_n COOH$ で表される.疎水性の炭化水素鎖と親水性のカルボキシ基があるため,両親媒性である.天然では炭素数が 16, 18, 20 のものが多い.炭素間に二重結合を含むものを不飽和脂肪酸,含まないものを飽和脂肪酸とよぶ.グリセロールのヒドロキシ基に脂肪酸がエステル結合したものをアシルグリセロールという.結合する脂肪酸の数により,モノ,ジ,トリアシルグリセロールとよばれる.ステロイドはステロイド環をもつものの総称であり,単純脂質である.コレステロール,胆汁酸,ステロイドホルモン,脂溶性ビタミンなどが含まれる.複合脂質はリン脂質と糖脂質に大別される.リン脂質はトリアシルグリセロールの 3 位のヒドロキシ基に脂肪酸の代わりにリン酸がエステル結合したものである.リン酸基にコリン,アミン,セリンなどが結合したグリセロリン酸は生体膜の主要な構成成分である.糖脂質は構成成分に糖を含む脂質の総称であり,細胞膜の構成成分でもある.

C. アミノ酸とタンパク質

　アミノ酸はアミノ基とカルボキシ基を有する有機分子の総称であるが,生物が利用しているのはその一部であり,α炭素にアミノ基が結合している 20 種類の α-アミノ酸である.図 2.6 に示すようにアミノ酸は側鎖(R)の違いにより分類される.グリシン以外のアミノ酸の α 炭素は不斉炭素であり,L 体と D 体に分類される.タンパク質の合成に用いられるアミノ酸はすべて L 体である.D 体のアミノ酸は非天然型アミノ酸とよばれることもあるが,微生物の細胞壁の成分などとして天然に存在している.アミノ酸は側鎖の大きさ,電荷,官能基,芳香環,複素環などにより分類される.また,pH 7 で電荷をもたないアミノ酸,正電荷をもつ塩基性アミノ酸,負電荷をもつ

2.1 細胞と生体分子

脂肪族アミノ酸

アラニン(Ala, A)　バリン(Val, V)　ロイシン(Leu, L)　イソロイシン(Ile, I)

芳香族アミノ酸

フェニルアラニン(Phe, F)　チロシン(Tyr, Y)　トリプトファン(Trp, W)

非極性アミノ酸

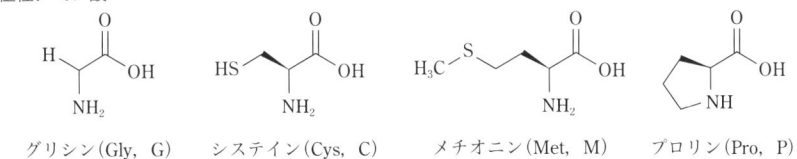

グリシン(Gly, G)　システイン(Cys, C)　メチオニン(Met, M)　プロリン(Pro, P)

極性アミノ酸

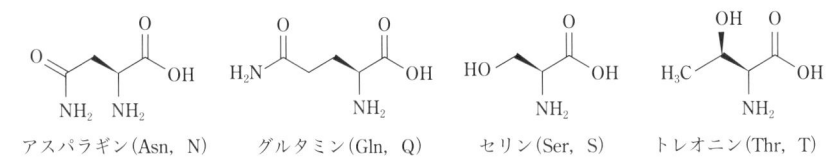

アスパラギン(Asn, N)　グルタミン(Gln, Q)　セリン(Ser, S)　トレオニン(Thr, T)

酸性アミノ酸

アスパラギン酸(Asp, D)　グルタミン酸(Glu, E)

塩基性アミノ酸

アルギニン(Arg, R)　リシン(Lys, K)　ヒスチジン(His, H)

図2.6　α-アミノ酸の構造

酸性アミノ酸に分類される．20種類のアミノ酸は，三文字あるいは一文字の略号で表される．

　タンパク質はアミノ酸がペプチド結合によりつながったポリマーである．ペプチド結合とは，アミノ酸のカルボキシ基と他のアミノ酸のアミノ基が脱水縮合することで形成される結合である．アミノ酸がペプチド結合により直鎖状につながったものをペプチドとよび，特に数個結合したものをオリゴペプチドとよぶ．ペプチドの両端にはアミノ基とカルボキシ基が存在しており，それぞれN末端（アミノ末端），C末端（カルボキシ末端）という．細胞中では，タンパク質はN末端側から合成される．ペプチド結合だけではタンパク質は直鎖となるが，システインどうしが形成するジスルフィド結合により架橋をつくることもある．ジスルフィド結合はタンパク質の構造形成や安定性に重要である．

　タンパク質の特徴は，その多様な構造と機能である．直鎖状のペプチドとして合成されたタンパク質は，そのアミノ酸の配列により複雑な三次構造を形成し，機能を発現する．この構造形成の過程をフォールディングとよぶ．フォールディングは自発的なプロセスであり，タンパク質の三次構造はアミノ酸の配列で決まっている．タンパク質の三次構造には規則性をもった基本構造があり，そのような構造を二次構造とよぶ．代表的な二次構造はαヘリックスとβシートである．αヘリックスでは，ペプチド結合のカルボニル基の酸素原子とペプチド結合の水素原子との間で水素結合が形成され，3.6残基ごとに回転する右巻きのらせん構造をとっている．一方，βシートは隣接するペプチド鎖の間で上記と同じ水素結合が形成されたものである．ペプチド鎖間の向きの違いで平行と逆平行がある．

　三次構造の形成には水素結合，ファンデルワールス力，静電的相互作用，疎水性相互作用，ジスルフィド結合などが関与している．可溶性のタンパク質では，疎水性部分が内部に，親水性部分が外側に配向するようにフォールディングする．また，膜タンパク質では，膜に埋め込まれた部分に疎水性部分が多く含まれる傾向がある．

　多くのタンパク質は複数のポリペプチドから構成される．タンパク質を構成する各ポリペプチドの単位をサブユニットとよぶ．複数のサブユニットから構成された全体の構造を四次構造とよぶ．

　タンパク質は構造形成された後にさまざまな修飾を受けて機能を発現する場合がある．修飾にはペプチド結合の切断や削除などのプロセッシングや他の化合物の付加がある．付加される代表的な化学種は糖鎖とリン酸である．タンパク質の糖鎖付加はグリコシル化とよばれ，N-結合型グリコシル化とO-結合型グリコシル化に大別される．N-結合型ではアスパラギンの側鎖のアミドの窒素原子に糖鎖が付加しており，O-結

合型ではセリンとスレオニンの側鎖のヒドロキシ基の O 原子に糖鎖が付加している．グリコシル化は真核生物でのみ起きる修飾であり，小胞体内で行われる．リン酸化はタンパク質の重要な機能調節機構である．真核生物では，セリン，トレオニン，チロシンがリン酸化される．原核生物では，それら以外に，塩基性アミノ酸であるヒスチジン，アルギニン，リシンもリン酸化される．タンパク質のリン酸化はキナーゼとよばれる一群のタンパク質（酵素）で触媒される．また，脱リン酸化はフォスファターゼにより触媒される．

D. 核酸

核酸の構成単位はヌクレオチド（nucleotide）である．ヌクレオチドは，塩基，糖とリン酸から構成された分子である．リン酸を含まない塩基と糖の化合物はヌクレオシド（nucleoside）とよばれる．塩基には，アデニン（A），グアニン（G）などのプリン塩基とシトシン（C），チミン（T），ウラシル（U）などのピリミジン塩基がある．一方，糖はリボースとデオキシリボースである（図 2.7）．リボースとデオキシリボースの違いは 2′ 位の酸素原子の有無である．たとえば，塩基がアデニンで糖がリボース，デオキシリボースのヌクレオシドは，それぞれアデノシン，デオキシアデノシンとよばれる．ヌクレオチドに結合するリン酸の数は 1～3 個であり，それぞれアデノシン一リン酸（adenosine monophosphate, AMP），アデノシン二リン酸（adenosine diphosphate, ADP），アデノシン三リン酸（adenosine triphosphate, ATP）とよばれる．

核酸はヌクレオチドが糖の 5′ 位と 3′ 位のリン酸ジエステル結合で直鎖状につながった生体高分子である．糖がリボースのものをリボ核酸（ribonucleic acid, RNA），

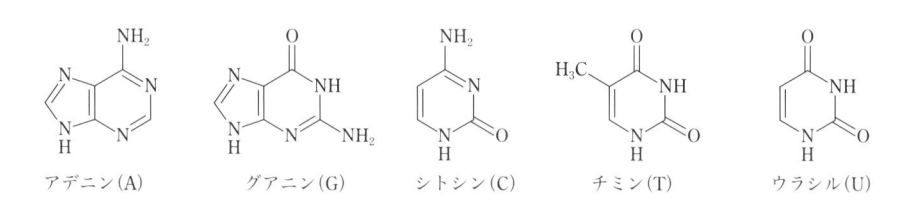

図 2.7 核酸を構成する要素
上が塩基，下が糖．

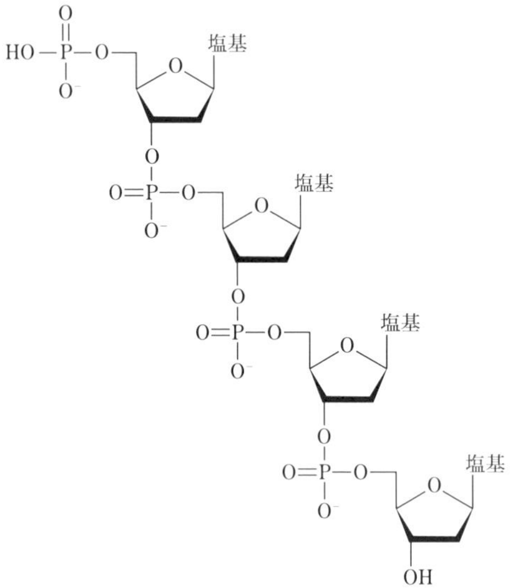

図 2.8　DNA の構造

デオキシリボースのものをデオキシリボ核酸（deoxyribonucleic acid, DNA）とよぶ．直鎖の両端は 5′ 側に結合したリン酸と 3′ 側に結合したヒドロキシ基が存在し，それぞれ 5′ 末端と 3′ 末端とよばれている（図 2.8）．

　DNA の塩基は A，G，C，T の 4 種類であり，RNA では T の代わりに U が用いられている．DNA は，通常 2 本の鎖が糖とリン酸を外側にして二重らせんを形成する．このとき，内側に向いた 2 本の鎖の塩基が A と T，C と G の組み合わせで水素結合により相補的に結合する．DNA は生物の設計図である遺伝子の本体である．遺伝子は細胞が分裂するときには正確にその情報がコピーされる必要があるが，遺伝子の複製のメカニズムは DNA の相補性により明らかになった．すなわち，遺伝情報は 4 つの塩基の配列情報として書き込まれており，DNA 分子の片方の鎖の配列が決まればもう一方の配列も自動的に決まるので，それぞれの鎖をもとに 2 本鎖の DNA が合成されることで遺伝子が複製されるというものである．

　遺伝情報は複製されるだけでなく，タンパク質へ翻訳される必要がある．ここで働くのが RNA である．DNA は細胞の中に 1 組しか存在せず，真核生物では核の中に保存されている．機能発現が必要な遺伝子の DNA 配列情報は，まず RNA の配列情報に転写される．転写では DNA の 2 本鎖形成と同じように RNA は DNA と相補的な配列になる．このとき，A は U に転写される．RNA は一般的に 1 本鎖として存在する．

DNAから転写されたRNAの配列情報はさらにアミノ酸の配列情報に翻訳され，タンパク質が機能を発現する．RNAにはタンパク質に翻訳されるmRNA（messenger RNA）の他にリボソームの成分であるrRNA（ribosomal RNA），タンパク質合成においてアミノ酸の輸送を行うtRNA（transfer RNA）や，最近存在が明らかになった遺伝子発現の調節を行うmiRNA（micro-RNA）などが存在する．miRNAは，長さ20～25塩基ほどの1本鎖RNAであり，他の遺伝子の発現を調節する機能を有すると考えられている．

E. ビタミンと補酵素

　ビタミンは必要量は少ないが重要な生体物質であり，物質の代謝において重要な役割を担っている．ビタミンは脂溶性ビタミンと水溶性ビタミンに大別される．脂溶性ビタミンにはA，D，EおよびKが，水溶性ビタミンにはビタミンB類（B_1（チアミン），B_2（リボフラビン），B_6（ピリドキサール），B_{12}（コバラミン）），ビタミンC，ビオチン，葉酸，ナイアシン（ニコチン酸），パントテン酸が含まれる．特に，水溶性ビタミンは酵素の機能に必須な補因子である補酵素の前駆体であり，細胞の生育に重要である．補酵素は酵素の活性中心となる他に，電子や原子団の授受を行うという機能を担っている．代表的なビタミンと補酵素との関係およびその機能を表2.1にまとめる．また図2.9は代表的な補酵素であるATP，NADHおよびアセチルCoA（アセチル化した補酵素A）の構造である．

　図2.9の3つの補酵素を比較すると共通の構造があることがわかる．各化学式の右

表2.1　ビタミンと補酵素の種類および機能

ビタミン	補酵素	機能
ビタミン B_1	チアミン二リン酸（TPP）	アルデヒド基の転移
ビタミン B_2	フラビンアデニンジヌクレオチド（FAD） フラビンモノヌクレオシド（FMN）	酸化還元反応
ビタミン B_6	ピリドキサールリン酸（PLP）	アミノ基の転移，CO_2の脱離
ナイアシン	ニコチンアミドアデノシンヌクレオチド（NAD） ニコチンアミドアデノシンヌクレオチドリン酸（NADP）	酸化還元反応
パントテン酸	補酵素A	アシル基の転移
ビオチン	補酵素R	炭酸の転移
葉酸	補酵素F	Cユニットの転移
アデノシン三リン酸（ATP）		リン酸の転移，エネルギーの利用

ATP

NADH
（還元型）

アセチル **CoA**

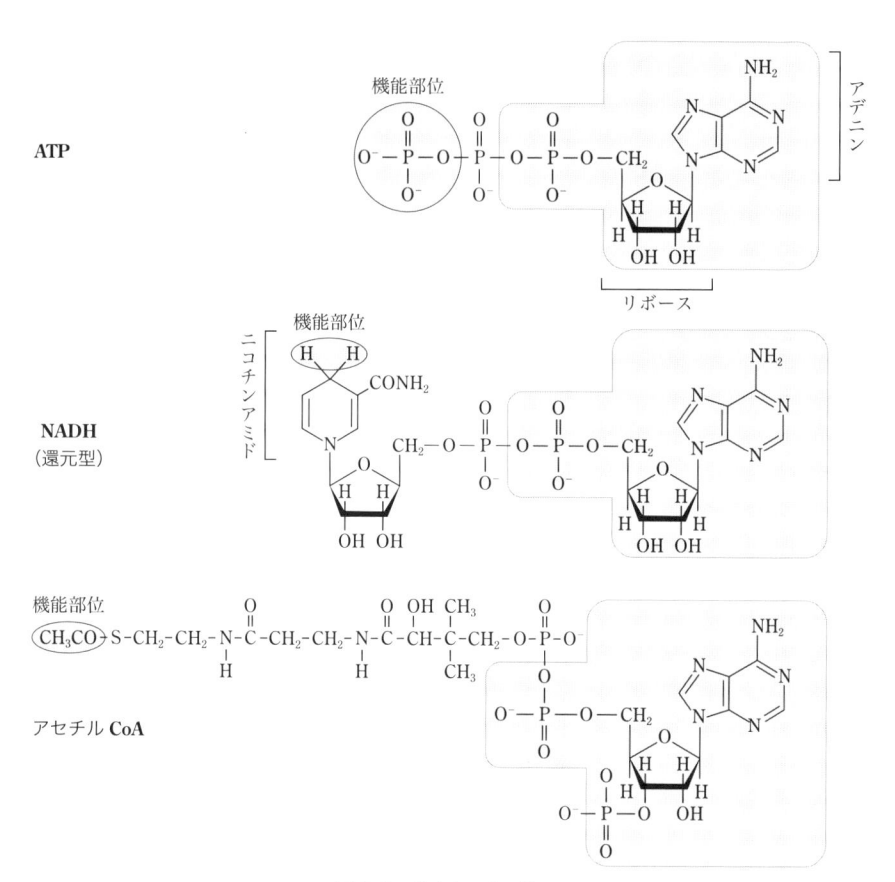

図 2.9　補酵素の共通構造

端で四角く囲ったアデニン，リボースおよびリン酸から構成されるアデニンヌクレオチドである．

2.2 ■ セントラルドグマと代謝

2.2.1 ■ ゲノム，セントラルドグマ，タンパク質生合成

A. ゲノム

　生物のすべての遺伝子のことをゲノム（genome）という．原核生物では，ゲノムは1つの環状DNAである．一方，真核生物では，DNAは核の中で染色体（chromatin，クロマチン）として存在している．染色体は1本の直鎖状のDNAとヒストンという

タンパク質から構成されている．ヒトの場合，1組のゲノムは30億塩基対からなり，23本の染色体に分割されている．30億塩基対のDNAは全長が1mほどになるが，染色体では細かく折りたたまれている．染色体の最も基本的な構造は約140塩基対のDNAとヒストンタンパク質から構成されたヌクレオソームである．このヌクレオソームがヒストンタンパク質に結合することで凝集し，直径30 nmの繊維状構造を形成する．染色体は，その状態からユークロマチンとヘテロクロマチンに大別される．ユークロマチンは凝集がゆるんだ状態にあり，RNAに転写される遺伝子はこの領域にある．一方，ヘテロクロマチンは凝集した状態にあり，この領域の遺伝子はほとんど転写されない．

　DNAの2本のヌクレオチド鎖は，互いに相手の配列と相補的であるため，どちらの鎖も，新しい相補鎖を作るための鋳型（template）となりうる．すわなち，DNAの2本鎖をそれぞれS（センス）鎖，A（アンチセンス）鎖とし，それぞれが分離して鋳型になるとすると，新しくA鎖，S鎖が作られることになる．このように，DNAの2本鎖がそれぞれ互いの相補鎖を作る鋳型となることで，まったく同じDNAが複製されることになる．細胞内でDNAの複製を行うタンパク質がDNAポリメラーゼ（DNA合成酵素）である．DNAポリメラーゼは，DNA鎖の3′末端にヌクレオチドの5′末端のリン酸をホスホジエステル結合で共有結合させる反応を触媒し，DNAの3′末端に次々とヌクレオチドを付加していく．この反応において原料として用いられるヌクレオチドはヌクレオシド三リン酸であり，ピロリン酸とヌクレオシド一リン酸に加水分解される際に生じるエネルギーを利用して新しいホスホジエステル結合を作る．DNAポリメラーゼは，新しいヌクレオチドを付加するたびにDNAから離れるわけではなく，結合したままDNAに沿って5′末端から3′末端方向に動き，重合反応を進める．DNAポリメラーゼの働きは非常に正確であり，重合反応時に間違った塩基を重合してしまう確率は$1/10^7$程度である．そのうえDNAポリメラーゼには校正機能があり，誤って取り込まれた塩基は削除される．DNAポリメラーゼは伸長中のDNA鎖の3′末端に新しいヌクレオチドを付加する際に，その1つ前に付加したヌクレオチドが鋳型鎖と正しく対合しているかどうかを確認する．もし正しければそのまま新しいヌクレオチドを重合し，もし間違えていたら作りたてのホスホジエステル結合を切断し，もう一度重合をやり直す．すなわち，DNAポリメラーゼは3′末端から5′末端方向にDNAを分解するヌクレアーゼ（nuclease）活性をあわせもつことになる．DNAポリメラーゼにはいくつも種類があり，DNAの修復をおもに担っているものもある．最初に発見された大腸菌のDNAポリメラーゼⅠはDNAの修復の機能を担っており，実際に大腸菌のゲノムの複製を担っているのはDNAポリメラーゼ

IIIであった.

　原核生物では，DNAの複製は1ヵ所の複製開始点からスタートする．大腸菌では全DNAの複製に約40分必要である．一方，大腸菌の細胞分裂速度は最速では20分である．DNAの複製時間よりも短い時間で分裂が可能なのは，複製途中に複製した開始点から次の複製も開始しているためである．真核生物のゲノムは長大なので，多数の複製開始点から同時に複製が行われる．真核生物のゲノム複製において最も大きな問題は，末端の存在である．DNAポリメラーゼは3′末端からの合成ができないため，複製の度に両端が短くなる．このため，染色体DNAの末端にはテロメアという特殊な構造があり，染色体DNAが保護されている．しかし，多数回分裂して老化した細胞ではテロメアが短縮し，それ以上分裂できなくなる．生殖細胞やがん化した細胞では，テロメアーゼとよばれるテロメアを伸長する酵素が存在する．

B. セントラルドグマと遺伝子の構造

　すべての生物の特性はゲノムの遺伝子にDNAの配列情報としてコードされている．DNAの配列情報はRNAの配列情報に転写され，タンパク質のアミノ酸配列情報に翻訳される．これをセントラルドグマとよぶ（図2.10）．一般に遺伝子とは1つのタンパク質やRNAをコードしている領域のことをいう．DNAからRNAを合成する酵素がRNAポリメラーゼ（RNA合成酵素）である．RNAポリメラーゼは，DNA配列からプロモーターとよばれる転写開始部位を見つけ，短い領域でDNAの二重らせんをほどき，1本鎖となったDNAに対して相補的なRNAを合成する．さらに，ターミネーターとよばれる転写終結シグナルで転写を終結し，DNAから解離する．DNAは細胞に1つであるが，転写の段階で必要な量だけRNAにコピーされる．発現するタンパク質の量が遺伝子により異なるのは，おもにプロモーターの転写効率の違いによる．

　原核生物では，関連する複数のタンパク質をコードする遺伝子が1つのRNAとして転写される場合が多く，この一連の遺伝子をオペロンとよぶ．一方，真核生物では1つの遺伝子は1つのRNAとして転写される．真核生物のmRNAの5′末端にはキャップ構造があり，3′末端はポリアデニル化されている．これらの構造は，翻訳活性や分解の制御に関係している．真核生物の多くの遺伝子はタンパク質をコードする配列が分断されている．タンパク質をコードしている領域をエキソン（exon），エキソンの

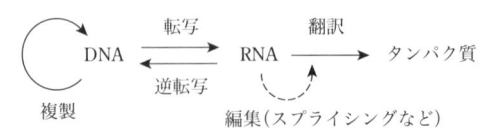

図2.10　セントラルドグマ

間の領域をイントロン（intron）とよぶ．遺伝子はイントロンを含むヘテロ核RNA（hnRNA）として転写され，その後スプライシングによりイントロンが除去され，キャップ構造の付加とポリアデニル化が行われた成熟mRNAとして，核外に輸送される．遺伝子によっては，エキソンを入れ替えることで特性の異なるタンパク質を作る場合もある．これを，オルタナティブスプライシング（alternative splicing）とよぶ．このため，真核生物の遺伝子をそのままゲノムから切り出して大腸菌などに入れても目的の遺伝子産物を生産することができない．

エイズウイルスなどの一部のウイルスではセントラルドグマに従わない例がある．これらのウイルスはRNAを遺伝子としており，複製の段階ではRNAから合成されたDNAを用いている．RNAからDNAを合成する酵素を逆転写酵素とよぶ．逆転写酵素を用いることで，真核生物のmRNAを鋳型としてDNAを合成することが可能である．このようにして得られたDNAをcDNA（complementary DNA）とよぶ．cDNAはイントロンを含まず，そのまま大腸菌などでの発現に利用できる．

C. タンパク質の生合成と分解

mRNAからタンパク質を合成する装置がリボソームである．リボソームはタンパク質とRNA（rRNA）を含む巨大な複合体である．原核生物のリボソームは分子量が約250万で，沈降係数が約70Sである（沈降係数については5.3.1項参照）．50Sと30Sの2つのサブユニットから構成されている．50Sには23Sおよび5SのrRNAと31種類のタンパク質が含まれており，30Sには16S rRNAと21種類タンパク質が含まれている．真核生物のリボソームは原核生物のリボソームと基本構造は類似しているが，分子量は420万であり，より複雑な構造をしている．リボソームでは，mRNAの塩基配列をもとにペプチドが合成される（図2.11）．塩基は4種類しかないので，

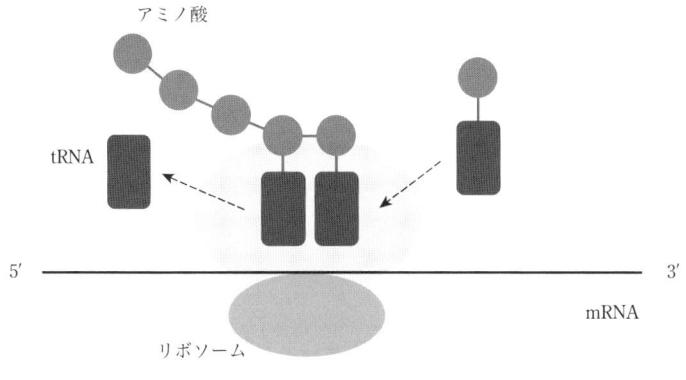

図2.11 翻訳反応の模式図

第2章　代謝と生体触媒

表2.2　コドンとアミノ酸の対応

		2番目の塩基			
		U	C	A	G
1番目の塩基	U	UUU（Phe） UUC（Phe） UUA（Leu） UUG（Leu）	UCU（Ser） UCC（Ser） UCA（Ser） UCG（Ser）	UAU（Tyr） UAC（Tyr） UAA（終止） UAG（終止）	UGU（Cys） UGC（Cys） UGA（終止） UGG（Trp）
	C	CUU（Leu） CUC（Leu） CUA（Leu） CUG（Leu）	CCU（Pro） CCC（Pro） CCA（Pro） CCG（Pro）	CAU（His） CAC（His） CAA（Gln） CAG（Gln）	CGU（Arg） CGC（Arg） CGA（Arg） CGG（Arg）
	A	AUU（Ile） AUC（Ile） AUA（Ile） AUG（Met 開始）	ACU（Thr） ACC（Thr） ACA（Thr） ACG（Thr）	AAU（Asn） AAC（Asn） AAA（Lys） AAG（Lys）	AGU（Ser） AGC（Ser） AGA（Arg） AGG（Arg）
	G	GUU（Val） GUC（Val） GUA（Val） GUG（Val）	GCU（Ala） GCC（Ala） GCA（Ala） GCG（Ala）	GAU（Asp） GAC（Asp） GAA（Glu） GAG（Glu）	GGU（Gly） GGC（Gly） GGA（Gly） GGG（Gly）

20種類のアミノ酸をコードするために3つの塩基の組み合わせが用いられており，これをコドンとよぶ．コドンは64種類あり，それぞれ前述の20種類のアミノ酸の他にアミノ酸に対応しない3種類の終止コドンに対応している．コドンの対応を表2.2に示す．ほとんどすべての生物はすべて同じコドンを用いている．アミノ酸によっては複数のコドンが対応しているものもあり，これを縮重という．特に，コドンの3つ目の塩基が縮重している場合が多い．また，翻訳開始コドンはほとんどの場合がAUGであるが，UUGやGUGが使われる場合もある．AUGはメチオニンに対応しているが，最初に取り込まれるのはホルミル化したメチオニンであり，UUGやGUGの場合でも同じである．末端のホルミル化メチオニンは除去される場合が多い．

コドンとアミノ酸を対応させているのがtRNAである（図2.12）．tRNAはD，アンチコドン（A），Tという3つのアームを有するクローバーリーフとよばれる二次構造を有しており，折りたたまれたL字型の三次構造をしている．それぞれのアーム末端はループ構造を形成している．ループ構造を形成していないアームには5′末端と3′末端がある．アミノアシルtRNA合成酵素により，3′末端にそのtRNAに特異的なアミノ酸が付加される．一方，L字型の先端のアンチコドンループにはコドンと相補

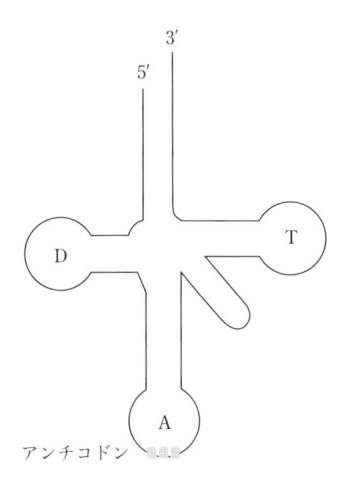

図 2.12 tRNA の構造

的なアンチコドン配列がある．リボソーム上で，mRNA とコドンに対応したアミノアシル化された tRNA が相補的に結合することでコドンに対応したアミノ酸が取り込まれる．遺伝暗号表はすべての生物に共通であるが，tRNA の量は生物により多様であり，翻訳されやすいコドンが生物種により異なる場合がある．

タンパク質合成はリボソームに mRNA が結合することでスタートする．原核生物では，mRNA の開始コドンの前のシャイン・ダルガーノ（Shine–Dalgano）配列がリボソームの 16S rRNA と結合することで翻訳が開始する．

合成されたタンパク質は三次構造を形成するが，アンフィンセン（Anfinsen）のドグマからタンパク質の三次構造はアミノ酸の配列で決まっている．しかし，実際の細胞内では構造形成が難しい場合もあるので，分子シャペロンとよばれるタンパク質群が構造形成をサポートしている．分子シャペロン（chaperone）とは，他のタンパク質が正しくフォールディングして機能を獲得するのを助けるタンパク質の総称である．シャペロンとは元来，若い女性が社交界にデビューする際に付き添う女性を意味し，タンパク質が正常な構造・機能を獲得するのをデビューになぞらえて命名されている．多くのシャペロンは細胞が高温などのストレスにさらされたときに発現が誘導される熱ショックタンパク質（heat shock protein: Hsp）である．熱などによりタンパク質のフォールディングが重大な影響を受けた場合に，そのタンパク質の変性や凝集を防ぎ，フォールディングを促進する．分子シャペロンはタンパク質フォールディング以外にタンパク質の膜透過や品質管理などタンパク質の一生におけるさまざまなイベントにかかわっている．代表的な分子シャペロンは Hsp104，Hsp90，Hsp70，

Hsp60, Hsp40, Hsp27, Hsp10 である．数字はそれぞれの分子量（単位は kDa）を示している．

　タンパク質は細胞質内で機能するものだけではなく，膜や細胞外，細胞内小器官などで機能するものもある．細胞質内で合成されたタンパク質の行く先はそのアミノ酸配列で決まる．タンパク質のアミノ酸配列には選別シグナル（sorting signal）が含まれているものがあり，それによってタンパク質は目的の場所に運ばれる．選別シグナルを含まないタンパク質は細胞質にとどまる．シグナルによって，細胞膜，細胞外，核，ミトコンドリア，葉緑体，ペルオキシソーム，小胞体などに選別される．

　選別シグナルとして一般的なものは，15〜60 個のアミノ酸配列からなるシグナル配列（signal sequence）であり，選別後に除去されることが多い．シグナル配列の例を表 2.3 に示す．小胞体に輸送されたタンパク質のうち，小胞体内腔に保持されるもの以外は細胞外または細胞膜に輸送される．分泌されるタンパク質の N 末端には，1〜5 個のアミノ酸残基からなる親水性領域（N 領域）があり，それに続いて 7〜15 個のアミノ酸残基からなる疎水性領域（H 領域）があり，シグナルペプチダーゼによる切断箇所を含む疎水領域（C 領域）が続く．C 領域には，α ヘリックス構造を破壊

表 2.3　シグナル配列の例

輸送先	シグナル配列の例
小胞体	NH$_2$–MMSFVSLLLVGILFWATEAEQLTKCEVFQ–
小胞体内腔に保持	–KDEL–COOH
ミトコンドリア	NH$_2$–MLSLRQSIRFFKPATRTLCSSRYLL–
核	–PPKKKRKV–
ペルオキシソーム	–SKL–

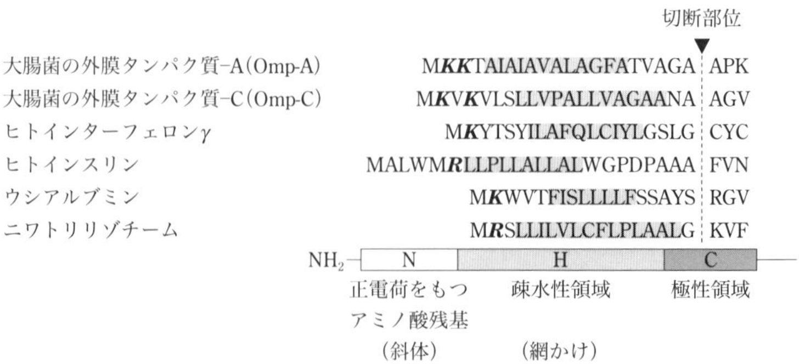

　　　　　　　　　　　　　　　　　　　　　　　　　切断部位
　　　　　　　　　　　　　　　　　　　　　　　　　　▼
大腸菌の外膜タンパク質-A (Omp-A)　　M*KK*TAIAIAVALAGFATVAGA APK
大腸菌の外膜タンパク質-C (Omp-C)　　M*KV*KVLSLLVPALLVAGAANA AGV
ヒトインターフェロンγ　　　　　　　　M*K*YTSYILAFQLCIYLGSLG CYC
ヒトインスリン　　　　　　　　　　MALWM*R*LLPLLALLALWGPDPAAA FVN
ウシアルブミン　　　　　　　　　　　M*K*WVTFISLLLLFSSAYS RGV
ニワトリリゾチーム　　　　　　　　　　M*R*SLLILVLCFLPLAALG KVF

　　　　　　NH$_2$–　N　　　　H　　　C　–
　　　　　　　　　正電荷をもつ　疎水性領域　極性領域
　　　　　　　　　アミノ酸残基
　　　　　　　　　（斜体）　　　（網かけ）

図 2.13　タンパク質のシグナル配列の基本構造

するグリシンやプロリンが高い頻度で認められる（図 2.13）．原核生物でも分泌されるタンパク質の N 末端にはシグナル配列があり，真核生物のものと類似の特徴を有している．

　細胞内には役割を終えて不要になったタンパク質や，有害なタンパク質もある．こうしたタンパク質を見分けて分解・除去するのがユビキチン–プロテアソーム系である．ユビキチンは 76 個のアミノ酸残基からなり，酵母からヒトにいたるまで真核細胞に普遍的に存在する小さなタンパク質であり，誤ったフォールディングをしたタンパク質や，寿命を迎えたタンパク質などに複数個付加される．これがシグナルとなり，プロテアソームとよばれる巨大なタンパク質分解装置で分解される．真核生物にはオートファジーとよばれるタンパク質分解システムもあることが知られている．原核生物にもさまざまなプロテアーゼが存在し，不要なタンパク質や機能を失ったタンパク質の分解が行われている．

2.2.2 ■ 代謝

A. 代謝と発酵

　代謝の研究は発酵の研究からスタートした．グルコースからエタノールが生成する発酵は有史以前から知られていたが，そのメカニズムは 19 世紀まで謎であった．発酵の謎を解明したものに賞金が与えられることになり，多くの研究者が挑戦した．パスツールは，発酵が酵母による生命現象であることを示したが，細胞の中の化学反応によることを明らかにしたのは，Hans Buchner である．Buchner は酵母の抽出液に保存剤として加えたグルコースが発酵していることを偶然発見した．酵母抽出液を分画することでエタノール発酵の反応機構とそれにかかわる生体分子群が明らかになり，この業績により Buchner はノーベル化学賞を受賞した．この研究の過程で，熱に安定な因子と不安定な因子があることが明らかになった．熱に不安定な因子が酵素である．酵素はタンパク質であるため，加熱すると構造が変化して機能を失う（変性）．一方，熱に安定な因子は低分子であり，補因子と命名された．

B. 解糖系，クエン酸回路，酸化的リン酸化

　すべての生物は ATP をエネルギーの通貨として利用している．ヒトも含めた多くの生物はグルコースを酸化して二酸化炭素と水に分解することで ATP を生産している．このプロセスは大きく 3 つに分けられる．酸素を必要としない解糖系，酸化反応を行い CO_2 を生産するクエン酸回路（TCA サイクル），酸化反応で得られた電子を酸素に受け渡し ATP を生産する酸化的リン酸化である．原核生物ではいずれの反応も細胞質で行われ，真核生物では解糖系は細胞質基質（サイトゾル），クエン酸回路は

第2章 代謝と生体触媒

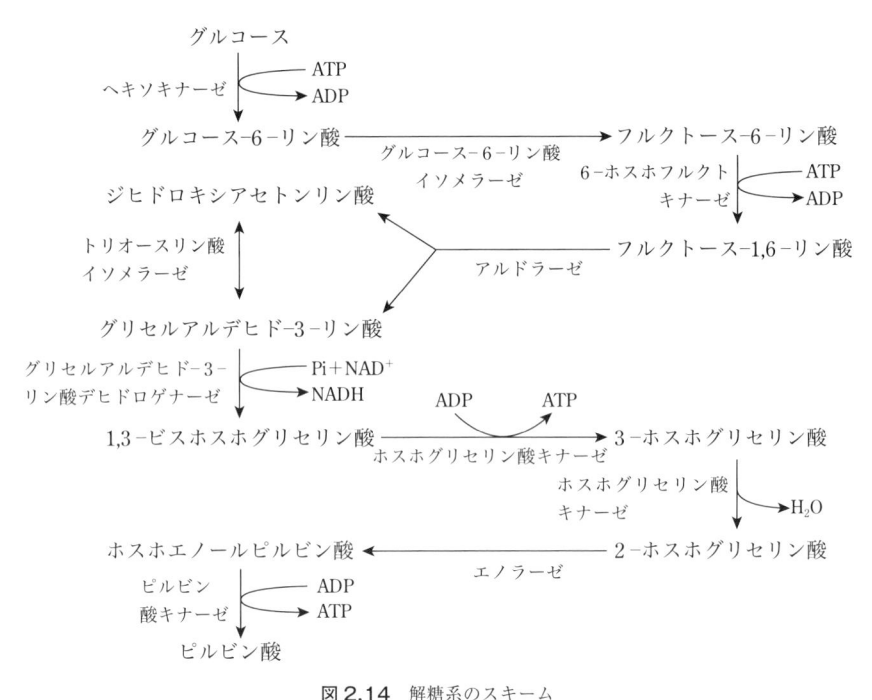

```
            グルコース
  ヘキソキナーゼ  ┤ ATP
              └→ ADP
     グルコース-6-リン酸 ─────────────→ フルクトース-6-リン酸
              グルコース-6-リン酸       6-ホスホフルクト ┤ ATP
              イソメラーゼ              キナーゼ       └→ ADP
  ジヒドロキシアセトンリン酸 ↑
   トリオースリン酸  ↕             ← フルクトース-1,6-リン酸
   イソメラーゼ          アルドラーゼ
  グリセルアルデヒド-3-リン酸
  グリセルアルデヒド-3-  ┤ Pi+NAD⁺
  リン酸デヒドロゲナーゼ  └→ NADH   ADP    ATP
     1,3-ビスホスホグリセリン酸 ─────────→ 3-ホスホグリセリン酸
                        ホスホグリセリン酸キナーゼ
                                     ホスホグリセリン酸  ┤
                                     キナーゼ          └→ H₂O
     ホスホエノールピルビン酸 ←───────── 2-ホスホグリセリン酸
    ピルビン  ┤ ADP       エノラーゼ
    酸キナーゼ └→ ATP
     ピルビン酸
```

図2.14 解糖系のスキーム

ミトコンドリアの内膜, 酸化的リン酸化はミトコンドリアのマトリックスにおいて行われる.

図2.14は解糖系である. 解糖系では, 1分子のグルコースが分解されて2分子のピルビン酸と2分子のATPが生産されると同時に, 2分子のNAD$^+$がNADHに還元される. 酸素がない嫌気的条件では, NAD$^+$のリサイクルが行われないため, 反応がすぐに停止してしまう. この問題を解決するために, 酵母ではピルビン酸をエタノールに還元することでNADHをNAD$^+$に酸化している. 一方, 我々の体では酸素の供給が足りないところでは乳酸が生産されている.

好気的条件では, ピルビン酸デヒドロゲナーゼによりピルビン酸からアセチル基が奪われ, CoAに付加されてアセチルCoAが生成する. クエン酸回路 (TCAサイクル, クレブス回路) で, このアセチル基の酸化反応が行われ, NAD$^+$がNADHに, FADがFADHに還元され, CO_2が生成する (図2.15).

酸化的リン酸化では, NADHまたはFADH$_2$を酸素により酸化することでATPを生産している. 酸化的リン酸化は以下に述べるような化学浸透圧説により説明される. 図2.16のように, まずNADHとFADH$_2$は原核生物の細胞膜あるいは真核生物のミ

図 2.15 クエン酸回路のスキーム

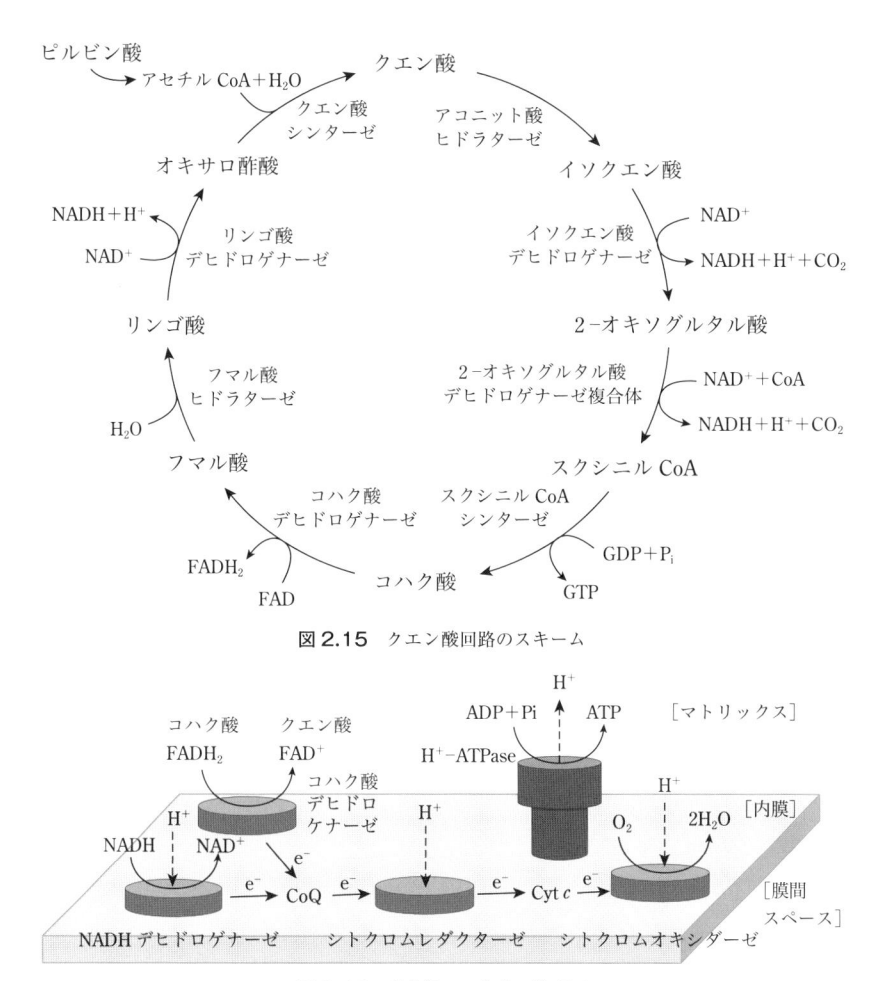

図 2.16 酸化的リン酸化の模式図

トコンドリア内膜に存在する電子伝達系により酸化される．電子はユビキノン（補酵素 Q，CoQ），シトクロム c（Cyt c）を経て酸素に渡される．この過程で，酸化還元ポテンシャルによる自由エネルギー変化を利用して，膜内外の水素イオンの濃度勾配が生成する．最後に，ATP 合成酵素複合体（H^+-ATPase）が水素イオン流入のエネルギーを利用して ATP を合成する．

細胞でのエネルギー代謝はしばしば物質の燃焼と比較される．しかし実際は，酸素は炭素の酸化に使われるのではなく，水素の酸化に利用されている．化学浸透圧説も含め，燃料電池における水素の酸化に対応していると考えられており，生命は人類よ

りもはるか先に燃料電池を利用していることになる．酸化的リン酸化は生命科学分野における大きな謎であるとされていた．このメカニズムを明らかにしたのは Peter Mitchell である．Peter Mitchell は助手と 2 人で研究を行い，世界中の研究者のデータを客観的に評価し，遠心分離機と pH メーターという簡単な実験装置で化学浸透圧説を発見した．この説は多くの研究者に反対されたが，最終的には認められ，1978 年のノーベル化学賞を単独で受賞している．この証明には香川靖雄，吉田賢右ら日本の研究者が大きく貢献している．さらに，1997 年のノーベル賞受賞の対象となった，ATP 合成酵素複合体が回転しながら ATP を合成しているということも吉田賢右らが実証している．

C. 光合成

　光のエネルギーを利用して空気中の CO_2 を固定して炭化水素を合成するのが光合成である．光合成を行う生物は高等植物，藻類およびある種の細菌（光合成細菌）である．光合成は明反応と暗反応の二つの反応過程に分けられる．明反応では，光エネルギーにより電子のポテンシャルを上げ，そのエネルギーを用いて ADP から ATP を，$NADP^+$ から NADPH を合成している．明反応では，光を吸収する単位である 2 つの光化学系（I と II）とシトクロム b_6/f 複合体が機能している．まず，光化学系 II で H_2O から電子を奪いプラストキノンに受け渡す．このとき，水素イオンの濃度勾配が生成すると同時に酸素が生成する．プラストキノンの電子のポテンシャルを用いてシトクロム b_6/f 複合体で水素イオンの輸送が行われる．最後に光化学系 I で光エネルギーと電子を用いて $NADP^+$ を NADPH に還元する．ATP は水素イオンの濃度勾配を利用して ATP 合成酵素複合体により合成される．

　暗反応では，明反応で生成した ATP と NADPH を用いて CO_2 と H_2O からグルコースを合成する．これを還元的ペントースリン酸回路（光合成炭酸固定回路またはカルビン回路）とよぶ．光合成炭酸固定回路では，まず，9 分子の ATP と 6 分子の NADPH を使って，

　　　$3 \times$ リブロース-1,5-二リン酸（RuBP）$+ 3 \times CO_2$
　　　　　　　　　　$\rightarrow 6 \times$ グリセルアルデヒド-3-リン酸（GAP）

の反応が進行する．続いて，5 分子の GAP から 3 分子の RuBP が生成する．そして残った 1 分子の GAP が糖，アミノ酸，脂肪などの生合成の原料となる．

D. 窒素代謝

　窒素はタンパク質を構成するアミノ酸の主要な成分であり，代謝において重要な役割を担っている．空気中に大量に存在する分子状の窒素を利用できるのは一部の微生物だけである．また，微生物や植物だけが合成できるアミノ酸もあり，必須アミノ酸

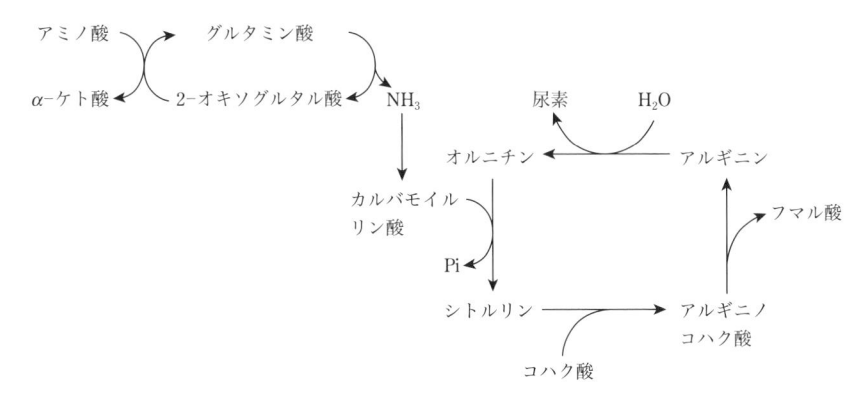

図 2.17　尿素回路のスキーム

とよばれる．その他のアミノ酸は細胞内に存在する中間体から合成できるので，非必須アミノ酸とよばれる．高等動物は必須アミノ酸を合成することができない．過剰なアミノ酸は図 2.17 に示す尿素回路で分解される．アミノ酸分解の第一ステップはアミノ基の転移である．2-オキソグルタル酸にアミノ基が転移されグルタミン酸になる．このグルタミン酸がグルタミン酸デヒドロゲナーゼで分解され，アンモニアになる．アンモニアは細胞毒性が高く，pH も変化させるので，アミノ酸の分解により生成するアンモニアは培養において重要な問題になる．ヒトなどではアンモニアは尿素回路により比較的毒性の低い尿素に変換され，尿として放出される．

一方，アミノ酸の合成経路は微生物や植物では 5 種類に，高等動物では合成できるのは非必須アミノ酸だけであるが 4 種類に分類される．いずれのアミノ酸も，アンモニアと 2-オキソグルタル酸からグルタミン酸デヒドロゲナーゼにより合成されたグルタミン酸からアミノ基が転移されて合成される．

2.3 ■ 酵素

代謝は細胞の化学反応である．代謝の高い反応速度と選択性は触媒である酵素の機能によるものである．酵素は，化学反応で用いられる触媒と同様に，以下のような特性を有している．

(1) 活性化エネルギー（activation energy）を下げて反応を促進する．
(2) 反応過程では変化するが，最終的にはもとの状態に戻る．
(3) 反応系の平衡定数（equilibrium constant）には影響しない．

酵素は一部の例外を除きタンパク質である．前述のように酵素は，その立体構造に

より反応の基質を特異的に結合し，活性中心に基質の反応部位を作用させることで反応を触媒する．酵素反応の高い特異性と反応性はこの立体構造によるものである．たとえば，一般的な化学反応の触媒では光学異性体を選択的に反応させることは難しい．しかし酵素では，光学異性体の選択的反応は普通のことである．

酵素反応の最適条件は通常，その由来生物の細胞内環境に近い．一般に生物の細胞内環境は，常温，常圧，中性付近のpH域である．最適条件と異なる場合には反応速度が低下するだけではなく，酵素が不可逆的に失活することもある．これは，タンパク質の立体構造が壊れることによるものである．タンパク質の構造はおもにアミノ酸残基間の水素結合，イオン結合，疎水結合により形成されるので，ちょっとした温度，pH，塩濃度の変化で変性する．構造変化により失活した酵素はゆで卵のように不可逆的に凝集してしまうので，簡単にはもとに戻らない．

2.3.1 ■ 酵素の分類と名称

酵素はその作用によって6種類に系統的に分類される．さらに，基質の違いなどからすべての酵素にはEC番号（Enzyme Commission code）が付けられている．たとえば，アルコール脱水素酵素（アルコールデヒドロゲナーゼ，alcohol dehydrogenase）は，脱水素反応を行う酸化還元酵素であることから，EC 1.1.1.1という番号が付けられている．EC番号はピリオドで区切られた「大分類」「小群」「グループ」「通し番号」の順で4つの数字により表示される．表2.4は，大分類に基づく酵素の分類である．

2.3.2 ■ 酵素活性

酵素の触媒としての性能（触媒能）は酵素活性（enzyme activity）で評価できる．1分間に1 μmolの基質を反応させる酵素量を1酵素単位（U，unit）と表す．また，SI単位系として，1秒間に1モルの反応を触媒する量1 kat（カタール，katal）が定義されている．1 kat = 6×10^7 Uである．酵素の性能には，単位量あたりの酵素活性である比活性（specific activity）が用いられる．一般的には，酵素1 mgあたりの酵素活性であるU·mg^{-1}で比活性が表される．また，1分間あたり，1分子の酵素が触媒できる基質の最大分子数である分子活性あるいはターンオーバー数（turnover number）を用いることにより酵素1分子の触媒能を評価できる．

2.3.3 ■ 補因子

補因子（cofactor）は，酵素の触媒活性に必要な化学物質である．補因子は補酵素

表 2.4 酵素の分類

大分類	酵素の分類	機能
1	酸化還元酵素	生体物質の酸化還元反応の触媒
	oxydoreductase	a. 脱水素酵素（dehydrogenase）
		$AH_2 + B \rightarrow A + BH_2$
		b. 酸化酵素（oxydase）
		$AH_2 + O_2 \rightarrow A + H_2O_2$
		c. ペルオキシダーゼ（peroxydase）
		$AH_2 + H_2O_2 \rightarrow A + 2H_2O$
		d. 酸素添加酵素（oxygenase）
		$A + O_2 \rightarrow AO_2$
		（ジオキシゲナーゼ）
		$A + O_2 + NADPH_2 \rightarrow AO + H_2O_2 + NADP$
		（モノオキシゲナーゼ）
2	転移酵素	水以外の化合物に特定の基を転移
	transferase	$A-X + B \rightarrow A + B-X$
		例：キナーゼ（kinase）
		$ATP + B \rightarrow ADP + B-Pi$
		リン酸基を ATP から移してある基質のリン酸エステルをつくる酵素.
3	加水分解酵素	加水分解反応を触媒する．タンパク質分解酵素や多糖類分解酵素など．
	hydrolase	$A-B + H_2O \rightarrow A-H + B-OH$
4	脱離酵素	加水反応や酸化によらず，C-C，C-N，C-O 結合などを切断し，特定の基を脱離する．脱炭酸酵素や二重結合を水酸基に変える加水-脱水酵素など．
	lyase	$A-B \rightarrow A + B$
5	異性化酵素	異性化反応（ラセミ化，*cis-trans* 変換，ケト-エノール互換異性化）などを触媒．
	isomerase	$A \rightarrow A'$
6	合成酵素	ATP 加水分解のエネルギーを利用して 2 つの分子を結合する反応を触媒．
	ligase, synthase	$A + B + ATP \rightarrow A-B + ADP + Pi$

（coenzyme）と補欠分子（prosthetic group）に分類できる．補酵素は，タンパク質以外の有機分子であり，官能基を酵素間で輸送する．酵素とゆるく結合し，酵素反応を行ってないときは解離される．一方，補欠分子はタンパク質の一部を構成しており，常時結合している．

 補因子を伴わない酵素はアポ酵素とよばれ，通常は活性がない．一方，補因子を含む完全な活性をもつ酵素はホロ酵素とよぶ．

2.4 ■ 微生物

2.4.1 ■ 微生物の分類と特徴

微生物は，顕微鏡を用いないと見ることのできない生物の総称であり，通常は数 μm～数十 μm の大きさである．微生物の多くは原核生物であるが，酵母のような真核生物も含まれる．原核生物の微生物を一般的に細菌（バクテリア, bacteria）とよぶ．正確には，細菌は上述したように真正細菌とアーキアに分類されるが，これらは区別しないで使われる場合が多い．細菌は非常に小さく，土壌や動物の糞便などには 1 g あたり 10 億～1000 億の細菌が存在する．細菌の生活サイクルは多様であり，生理的な状態により栄養細胞（vegetative cell）と胞子（spore）に分けられる．栄養細胞は増殖能力を備え活発に代謝を行っている状態である．一方，胞子は休眠状態であり，厚い膜に覆われ，熱・放射線・化学物質などに対する抵抗性を示す．また，細菌は種類と環境に応じたさまざまな形状を呈し，形状からおもに球菌（coccus），桿菌（bacillus），らせん菌（spirochaeta）に分類される．球菌には単球菌・四連球菌・レンサ状球菌・ブドウ状球菌，桿菌には短桿菌・長桿菌・レンサ状桿菌などがある．

細菌はさまざまな手法で分類されるが，最も代表的な方法がグラム染色による分類である．これは，クリスタルバイオレットとグラムゴールドという色素を用いた染色方法であり，この染色によって濃紫色に染まるものをグラム陽性菌（Gram-positive bacteria），染まらないものをグラム陰性菌（Gram-negative bacteria）という．この染色性の違いは細胞壁の構造の違いによる（図 2.18）．グラム陰性菌は 3 層の膜構造から形成されている．一番外側の外膜は脂質二重層の中にリポ多糖やタンパク質が埋め

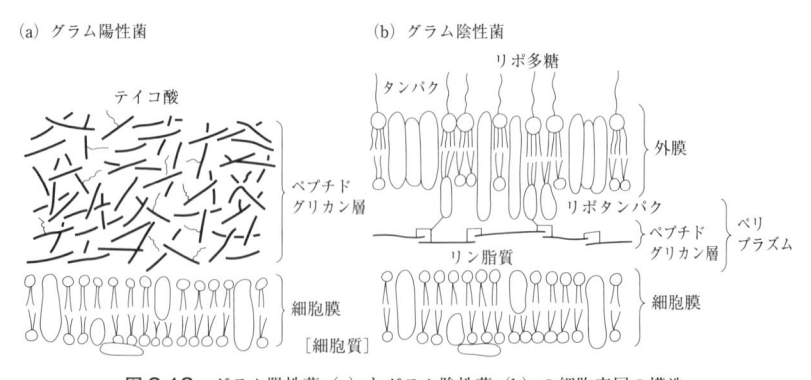

図 2.18　グラム陽性菌（a）とグラム陰性菌（b）の細胞表層の構造

込まれたものである．二番目の薄い層はペプチドグリカン層であり，三番目の層は脂質二重膜からなる細胞質膜である．一番目と三番目の間がペリプラスム（periplasm）とよばれる空間であり，さまざまな酵素が存在する．一方，グラム陽性菌には外膜がなく，厚いペプチドグリカン層が一番外側にある．細胞膜は細胞外からの栄養補給や代謝産物の細胞外への放出を制御し，外膜とペプチドグリカン層は細胞の機械的強度を維持する機能を担っている．

最も代表的な細菌である大腸菌（*Escherichia coli*）はグラム陰性菌であり，納豆菌などのバシラス（*Bacillus*）属細菌はグラム陽性菌である．

放線菌（*Actinomycetes*）はグラム陽性の真正細菌であり，細胞が菌糸を形成して放射状に伸長し，分岐しながら増殖する．胞子を形成するものもあり，外見上カビに似ているが，別物である．抗生物質であるストレプトマイシンは放線菌が生産している．

酵母（yeast）は分類学的な名称ではなく，通常の生理条件において単細胞である真菌類（fungus，複数形は fungi，funguses）の総称である．形状は球形，卵形，西洋梨形，ソーセージ形と多様であり，大きさは $3～4\,\mu m \times 8～10\,\mu m$ 程度である．出芽または分裂によって増殖した細胞が互いに不完全にくっついて樹枝状を呈する場合もある．多くは子嚢菌類に分類される．一般的に酵母とよばれているものは，酒類などの生産に用いられている出芽酵母 *Saccharomyces cerevisiae* である．出芽酵母には，遺伝子を1組だけもつ一倍体と2組もつ二倍体があり，いずれも出芽によって増殖する．通常の条件下では二倍体で存在することが多いが，遺伝学的解析では一倍体がよく用いられる．一倍体にはa細胞とα細胞という2種類の接合型（性）が存在する．a細胞とα細胞はそれぞれaファクターとαファクターという特有のフェロモンを分泌しており，相手のフェロモンを感知すると，通常の増殖を停止し接合して，二倍体の細胞となる．a細胞どうし，α細胞どうしは接合しない．分子生物学の分野では分裂によって増殖する分裂酵母 *Shizosaccharomyces pombe* がよく用いられている．メタノール資化性酵母である *Pichia pastoris* はタンパク質大量生産のホストとして用いられている．一方，カンジダ（*Candida*）属は有性生殖の姿が確認されていないことから不完全酵母に分類されている．*C. albicans* はヒトのカンジダ症を引き起こす病原体として知られている．

体が多数の菌糸とよばれる管状の細胞から構成されている真菌類は糸状菌（filamentous fungus）とよばれる．糸状菌には，カビやキノコとよばれるものが含まれる．しかし，一般的に糸状菌とはカビを意味することが多い．放線菌に比べて太く，$10～30\,\mu m$ の糸状の形をしており，枝分かれして増殖する．一般に糸状菌の増殖は胞子によるものが多い．また，形態は菌糸状であるが，隔壁のあるものとないものがある．隔壁のないものを利用する場合は，菌糸を切断しないような培養の工夫が不可欠であ

る．糸状菌は古くから発酵に用いられている．酒コウジ菌 *Aspergillus orizae*，味噌あるいは醤油などの生産に利用されるコウジ菌 *Aspergillus sojae*，ペニシリンの生産に利用される *Penicillium chrysogenum* はその例である．一方，糸状菌には皮膚病や呼吸器系の疾患などの感染症の原因となるものがある．水虫（白癬）は白癬菌による皮膚病であり，アスペルギルス症は肺の病気の一つである．

藻類（alga，複数形は algae）の特徴は，葉緑体をもち光合成能を有する点にある．藻類には，ラン藻（blue-green alga），緑藻（green alga），紅藻（red alga），褐藻（brown alga），ケイ藻（diaton）などの種類がある．これらのうちラン藻だけは原核生物である．食品などへの利用を目的に工業的に生産されている藻類には，微細緑藻のクロレラ（chlorella）やラン藻のスピルリナ（spirulina）などがある．

2.4.2 ■ 微生物の環境と生理的特性

微生物は生命維持と増殖のために，エネルギー源と，生体を構成する主要元素である炭素，窒素，リン，硫黄などからなる栄養素を必要とする．微生物は，エネルギーの獲得形態と生物体の主要成分である炭素源の獲得形態により，光合成独立栄養微生物，光合成従属栄養微生物，化学合成独立栄養微生物および化学合成従属栄養微生物の4つの群に分類される（表2.5）．

無機化合物（二酸化炭素，重炭酸塩など）だけを炭素源とし，無機化合物または光をエネルギー源として生育する生物を独立栄養微生物（autotroph）とよぶ．一方，従属栄養微生物（heterotroph）は，生育に必要な炭素を得るために有機化合物を利用する生物である．エネルギーを光合成により獲得しているか化合物のエネルギーを利用しているかにより，それぞれ光合成と化学合成に分類される．

微生物の代謝では酸化還元反応において電子の受容体が必要である．微生物の多くが，高等動植物と同様に分子状の酸素を電子受容体としている．酸素がない条件で生育する細菌を嫌気性菌（anaerobe）とよぶ．嫌気性菌の中には，代謝経路に融通性が

表 2.5 炭素源およびエネルギー獲得形態による微生物の分類

		エネルギー源	
		光	化合物
炭素源	二酸化炭素	光合成独立栄養微生物 例：緑藻，ラン藻など	化学合成独立栄養微生物 例：硝化細菌，硫黄酸化細菌，鉄細菌，水素細菌など
	有機物	光合成従属栄養微生物 例：一部の光合成細菌 （紅色非硫黄細菌など）	化学合成従属栄養微生物 例：大腸菌など，多くの微生物

あり,環境条件に応じて酸素存在下でも生育できるものがある.これらを通性嫌気性菌(facultive anaerobe)とよぶ.また,わずかな酸素が存在するだけでも生育できないものを偏性嫌気性菌(obligate anaerobe)とよぶ.一方,偏性好気性菌(obligate aerobe)の生育には酸素が必須である.嫌気性細菌の中には,電子受容体を必要としないものの他に,硝酸や硫酸などの酸化物を電子受容体にするものや,水素やメタンを産生することで生育するものも存在する.

ほとんどの微生物は常温・中性付近で生育するが,例外も少なくない.微生物は,生育適温範囲に応じて好熱性菌(好熱菌または高温菌),常温菌(中温菌),好冷性菌(好冷菌または低温菌)に分類される.至適生育温度が45℃以上,生育上限温度が55℃以上の細菌を好熱菌とよぶ.温泉,堆肥,熱水噴出孔などに生育しており,多くの古細菌の他,真正細菌の一部とある種の菌類や藻類が含まれる.特に至適生育温度が80℃以上のものを超好熱菌とよび,そのほとんどはアーキアである.一方,好冷性菌は,至適生育温度が15℃以下,生育上限温度が20℃以下であり,0℃でも生育可能である.好冷性菌は極地などの寒冷地に生息している.微生物の増殖速度は温度の上昇に伴い大きくなるが,最大になる最適な温度があり,それよりも2〜3℃程度高い最高温度以上の温度では,細胞のさまざまな機能を担っているタンパク質が熱変性することで生命活動が停止する.すなわち微生物の最適温度はそのタンパク質の熱安定性により決まっている.好熱性菌のタンパク質は高温でも変性しないので,好熱性菌から耐熱性のある酵素を得ることができる.一方,好冷性菌からは低温でも活性の高い酵素を得ることができる.

pH 5以下の低pH条件下で生育できる微生物を好酸性菌とよぶ.好酸性古細菌にはpH 0程度の高酸性条件で生育できるものもいる.アーキアの*Sulfolobus*属細菌のように至適増殖温度70〜85℃,至適pH 2〜3といった好酸好熱性の微生物もいる.一方,pH 9以上に至適増殖を示す微生物は好アルカリ性菌とよぶ.これらの微生物では細胞内の環境は中性に維持されており,タンパク質のほとんどは特に耐酸性や耐アルカリ性を示すものではない.しかし,菌体外に分泌される酵素は耐酸性または耐アルカリ性なので,高い実用性がある.

高塩濃度の状態で食品が長期にわたり保存できることから理解できるように,一般に微生物は高塩濃度の環境では生育できない.これは浸透圧の関係から,細胞内部の水分が失われるためである.しかし,死海や塩田のような高い塩濃度に適応した微生物も存在し,これらは好塩性菌とよばれている.特に至適増殖NaCl濃度が2.5 M以上の微生物を高度好塩性菌とよぶ.そのほとんどはアーキアであるが,真正細菌も見つかっている.

微生物は有機溶媒や放射線でも死滅するが，これらに耐性をもつ微生物も存在する．有機溶媒中では，脂質二重膜が破壊され，細胞内の生体高分子が変性する．しかし，トルエンやベンゼンが飽和したような水溶液中でも生育できる有機溶媒耐性微生物が存在することが明らかになり，これらは非水系バイオリアクターへの利用が考えられている．すべての生物は大量の放射線を浴びるとDNAが破壊され，死滅する．しかし，放射線耐性菌 *Deinococcus radiodurans* は他の生物がほぼ瞬間的に死滅するほどの放射線存在下でも増殖が可能である．ヒトは10 Gy（グレイ，$J \cdot kg^{-1}$），大腸菌などの微生物でも60 Gy程度の放射線量で死に至るが，*Deinococcus* は5000 Gyもの放射線に対して耐性をもち，増殖が可能である．5000 Gyでも37%は生き残る．また放射線だけではなく高温，低温，乾燥，低圧力，酸性，アルカリ性の環境下にも耐えることができる．*Deinococcus* はきわめて強力なDNA修復機構を有していると考えられており，放射線や紫外線によりDNAが切断，変異しても，すぐさま修復機構が働くことによって生育可能となると考えられている．

2.4.3 ■ 微生物の培養

生育に必要な条件を整えて微生物を増殖させることを培養（culture）とよぶ．一般的な化学合成従属栄養微生物を培養するには，炭素源や窒素源などの栄養素を含みpHを調整した培地（medium）を作製して培養を行う．炭素源としてはグルコースやガラクトース，糖蜜，窒素源には各種アミノ酸，硫酸アンモニウム，尿素，カゼイン，大豆かす，綿実油，ペプトン，酵母エキス，コーンスティープリカー（とうもろこし浸漬液）などが用いられる．ペプトンは酵素によりタンパク質を部分加水分解した産物の乾燥粉末で，アミノ酸やオリゴペプチドを主成分とし，窒素を含む．酵母エキスはビールの製造などで副生された酵母を酵素などで部分分解した産物であり，酵母に含まれるタンパク質，核酸，各種ビタミンを含む．また，リン，硫黄，マグネシウム，カリウムなどの元素の他，ビタミン類などの微量栄養素も必要であるが，これらは酵母エキスやコーンスティープリカーなどから供給される．天然の培地成分を用いずに完全に組成が明らかな化学物質だけで調合した培地を合成培地（synthetic medium）とよぶ．一方，天然成分のみからなる培地を天然培地（natural medium），天然成分と化学物質を混合した培地を複合培地（complex medium）とよぶ．

好気性微生物の培養においては酸素の供給も重要である．一方，絶対嫌気性微生物は酸素が存在すると生育ができない．このため，微生物の酸素要求度に応じて，培地の溶存酸素濃度を適切な値に制御する必要がある．培地成分と異なり培地に溶解できる酸素濃度はきわめて低いので，好気性微生物を培養するためには酸素を絶えず供給

することが必要である．溶存酸素濃度の指標としては DO（dissolved oxygen）が用いられ，DO メーターで計測される．嫌気性微生物の培養のように，DO が低い場合には，酸化還元電位（oxidation-reduction potential）を指標とする．pH が一定である場合には，酸化還元電位は溶存酸素濃度の対数に比例する．一般的な偏性嫌気性菌の生育上限は，酸化還元電位で－100 ～－300 mV 程度である．

　コウジのように微生物を固体状で培養する場合もある．固体培養では水分が生物活性に重要であり，湿度で調整される．平衡相対湿度（equilibrium relative humidity: ERH）が 95％以下では細菌の生育が止まり，75 ～ 95％以下でカビの生育が止まるといわれている．

2.5 動物細胞と植物細胞

2.5.1 動物細胞

　動物の個体は 1 つの細胞から分化したさまざまな細胞群から構成されており，それぞれの細胞はそれぞれ独自の機能を担っている．人為的に細胞を取り出し，生体外で細胞を培養することを細胞培養という．また生体から取り出された細胞を培養することを初代培養（primary culture）とよび，その細胞を初代培養細胞という．初代培養細胞は，生体内での細胞の性質が比較的よく保たれているが，一般的に複製回数には限界があり，増殖が停止する（ヘイフリックの限界）．一方，培養している細胞から，集団として見かけ上無限に安定増殖し，その持続性が確立された細胞が出現することがある．こういった細胞を樹立培養細胞系または細胞株（established cell line）とよぶ．これらの細胞では，染色体の構成が正常な細胞と比較して大きく変わっており，がん細胞と同じように無限に増殖する能力を獲得したものと考えられる．さまざまな生物種のさまざまな組織に由来する細胞株が存在するが，同一の組織あるいは細胞に由来

表 2.6　代表的な動物細胞株

細胞株名	由来
CHO	チャイニーズハムスター卵巣
HeLa	ヒト子宮頸がん
HEK293	ヒト胎児腎細胞
MDCK	イヌ腎臓上皮
NIH3T3	マウス胎児の皮膚
PC12	ラット副腎髄質
Vero	アフリカミドリザル腎臓

するものから同一の細胞株が得られるわけではない．また，同じ細胞株であっても異なる施設の細胞株どうしは性質が異なることがある．表2.6に有名な細胞株とその由来を列挙する．

　細胞を不死化して株化する方法としてハイブリドーマという手法がある．ハイブリドーマとは複数の細胞の融合細胞のことであり，目的とする正常細胞と不死化したがん細胞を融合させることで，目的の機能を有する細胞を株化する方法である．特にモノクローナル抗体を作製する手法として利用されている．目的抗原で免疫されたB細胞と永久増殖能をもつ骨髄腫細胞を細胞融合し，自律増殖能をもったハイブリドーマを作製し，目的の特異性をもった抗体を産生しているクローンのみを選別することで，目的の抗原に対する1種類の抗体（モノクローナル抗体）を生産することが可能になった．

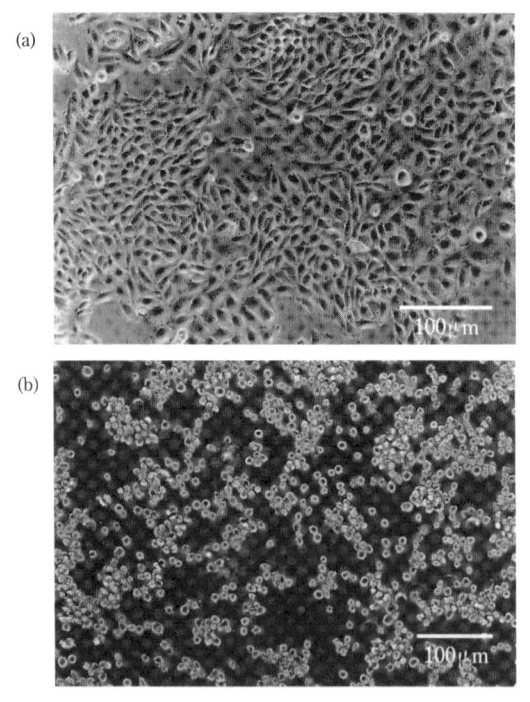

図2.19　動物細胞
（a）CHO（chinese hamster ovary）細胞．足場依存性細胞の代表的な例で，遺伝子導入をして，t-PAやGSFなど種々の生理活性物質の生産に用いられている．
（b）ハイブリドーマ細胞．B細胞と骨髄腫細胞を融合して得られた培養浮遊性細胞の代表例は，モノクローナル抗体生産に応用されている．

動物細胞はその由来に基づく増殖形態から2種類に分類されている（図2.19）．組織由来の細胞は，増殖するための足場として何らかの固体表面に付着することが必要であり，足場依存性細胞（anchorage dependent cell）という．一方，血球系細胞は，培養液中で分散した状態で増殖できる．こういった細胞を浮遊性細胞（suspension cell, anchorage independent cell）とよぶ．足場依存性の培養細胞は，固体表面に足場を求めて2次元的に生育し，細胞が単層に並んで全部の面積を占めると生育が停止してしまう場合が多い．これは細胞の接触による生育の阻害（contact inhibition）によるものであり，固体表面が細胞で完全に覆われた状態をコンフルエント（confluent）とよぶ．このため，細胞を大量に培養するためには，単位体積あたりの固体表面積を増やす工夫が必要である．

動物細胞はアミノ酸やビタミンを合成できないので，培地には炭素源としてのグルコースの他にアミノ酸，ビタミン，塩類が必要であり，イーグル最少必須培地（EMEM）またはダルベッコ・フォークト変法イーグル最少必須培地（DMEM）などの最少必須培地が使われている．それ以外に，ほとんどの細胞の増殖にはホルモンなどの微量増殖因子が必要である．よく使われている細胞では必要な増殖因子がわかっており，遺伝子組換えなどで生産した増殖因子を利用して培養することが可能である．しかし，多くの細胞はさまざまな未知の微量増殖因子を必要とすることから，培地にウシ胎児血清（fetal bovine serum）を加えて培養を行う場合が多い．ウシ胎児血清にはさまざまな細胞増殖因子が含まれるのと同時に，細胞増殖阻害作用を有するγ-グロブリンが含まれないという特徴がある．しかし，ウシ胎児血清は供給量が限られており高価であるという問題の他に，組成が変わることおよび狂牛病プリオンなどの病原体が混入する可能性があることから，バイオプロセスによる物質生産では利用を避けるべきである．このため，血清を用いない無血清培地の開発が動物細胞による物質生産ではきわめて重要な課題となっている．

動物細胞は微生物とさまざまな点で異なるが，培養という点で注意すべきことは，細胞が大きく機械的衝撃に弱いことと増殖が遅いことである．動物細胞の培養にはこうしたことを十分配慮した専用の装置が必要である．

2.5.2 ■ 植物細胞

植物体は食料源として重要なだけではなく，種々の有用物質を生産することが古くから知られ，さまざまな形で利用されてきた．バイオテクノロジーの発展により，植物体から独立した形で細胞あるいは組織を培養できるようになった．特に，植物の二次代謝物であるアルカロイドのような植物のみが生産しうる有用物質の生産への応用

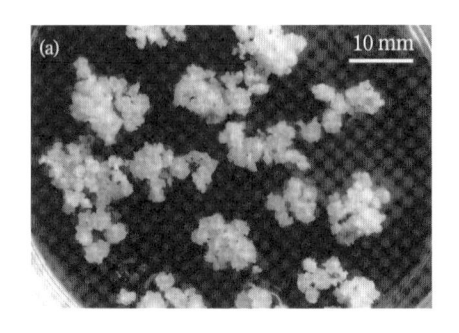

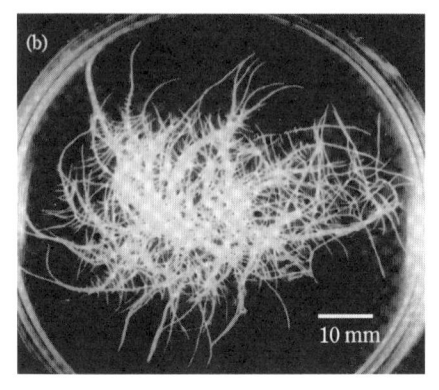

図 2.20 培養植物細胞
(a) 胚から誘導した稲のカルス細胞．(b) *Agrobacterium rhizogenes* を感染させることによって得られた植物毛状根の例．

が試みられている．

　植物から切り出した組織片を適切な条件の下におくと，カルス (callus) とよばれる不定形な分化していない細胞の集塊が生成する（図 2.20）．分化した植物細胞は，G_0 期という特別な細胞周期に入り休止している．しかし，このように分化した後でも，植物細胞は分化全能性 (totipotency)，すなわち，根，茎，葉などいずれの組織を構成している細胞でも条件さえ整えば完全な植物体に成長する能力を保持している．そのため，いったん未分化の状態に戻せば（脱分化），周囲の環境次第であらゆる方向へ再分化させることができる．この脱分化された植物細胞こそがカルスである．

　脱分化させて，増殖し続けるカルスを得るには植物ホルモンであるサイトカイニン (cytokinin) やオーキシン (auxin) が必要である．サイトカイニンは植物細胞の分裂，芽や葉の成長促進などの働きをする．一方，オーキシンはインドール酢酸あるいはその誘導体であり，果実の肥大成長，発芽などの効果を有する．カルス細胞の中には，

サイトカイニンやオーキシンを必要としないものもある．これらの細胞は自らでそれらを生産している．カルスは通常，複数の細胞が凝集しているが，外力に対して脆弱である．植物細胞は，動物細胞と同等あるいはそれ以上に増殖速度が遅い．植物細胞のもう 1 つの大きな特徴は，固い細胞壁をもつことである．このため，分子量の大きな二次代謝物は細胞外に分泌されない．これらの特徴を理解し，制御することが，植物カルス細胞の培養とそれを用いた物質生産に重要である．

イチイの木の樹皮には，約 0.02％の濃度でアルカロイドの一種であるタキソール（別名パクリタキセル）が含まれる．タキソールはがん細胞の微小管に結合し，細胞分裂を妨げる作用があり，抗がん剤として実用化されている．しかし，イチイの木の成長は遅く，含まれるタキソールの濃度も低いことから，植物体から抽出生産することは経済的ではない．また，有機合成法ではコストが高いという問題があった．このため，イチイのカルス培養を用いた生産技術が開発された．

植物体からカルスを誘導する過程を脱分化（dedifferentiation）とよび，条件を整えてカルス細胞からもとの植物体に戻すことを再分化（redifferentiation）とよぶ．植物個体の増殖は，種子や挿し木などの栄養繁殖により行うが，長い時間を要する．カルス細胞の増殖が遅いとはいっても，通常の播種から種子の収穫までの周期と比べ著しく速いうえ，多数の細胞を得ることができる．微生物培養と類似の方法でカルスを大量に得て再分化させ，クローン植物を大量生産することが可能になっている．この方法は洋ランのような栽培の難しい高価な観葉植物の大量生産に実用化されている．ウイルスなどの病原体が少ない茎頂部の組織を採取し，培養，再分化させている．

カルスを用いない物質生産方法として，植物組織細胞培養法がある．その典型的な例が毛状根（hairy root）である．植物に *Agrobacterium rhizogenes* という微生物を感染させると，感染箇所から毛状の組織が生成する．この毛状根は植物体から独立して増殖させることができ，その増殖速度が大きい．しかも，毛状根の物質生産能は，親植物と比べて高い場合が多い．また，毛状根では遺伝子導入による物質生産も可能である．

2.6 ■ 育種と遺伝子組換え技術

2.6.1 ■ 有用微生物，酵素の探索

目的の機能を有する微生物を環境から採取することをスクリーニングという．スクリーニングを行うには，目的の機能を有した微生物のみを選択する方法を確立することが必要である．たとえば，ある物質を分解する酵素を含む微生物を単離するために

は，その物質を基質とする培地で培養することでスクリーニングができる．さらに，その微生物から酵素を単離することでその反応を触媒する酵素を獲得でき，単離した酵素のアミノ酸配列を決めることでその酵素をコードする遺伝子を獲得できる．また，微生物のゲノム DNA から遺伝子ライブラリーを構築し，そのライブラリーで形質転換した大腸菌をスクリーニングすることで，遺伝子を得ることも可能である．

2.6.2 ■ 変異

一般的にスクリーニングで獲得した微生物や酵素は活性，特異性，安定性などが不十分であり，直接工業的に利用できない場合が多く，工業的に適したものに改良する必要がある．獲得した微生物をニトロソグアニジンやエチルメタンスルホン酸などの変異原で処理し，ゲノム上にランダムに遺伝的な変異を導入させる．その変異微生物群からスクリーニングにより，目的の特性を有した微生物を獲得する．すでに遺伝子を獲得し，大腸菌などで発現できている場合には，その遺伝子にランダムな変異を導入して，目的の性能を有する酵素を獲得することも可能である．

2.6.3 ■ 遺伝子組換え

遺伝子組換えとは，生物に遺伝子を導入する技術である．遺伝子組換えの基本的技術は，1973 年に Cohen と Boyer によって完成された（Cohen/Boyer 法）．現在は基礎研究だけではなく，医学や生物工学に必須の技術になっている．特に遺伝子組換え技術によりそれまで生産が不可能であった生理活性タンパク質が大量に生産できるようになり，医療の面で人類に大きく貢献している．「Cohen–Boyer 特許」は約 2 億 5000 万ドルの収入をあげた．アメリカのバイオ産業の発展に大きく貢献している．

微生物や細胞は外来の物質を取り込むことができるが，その効率は低く，取り込んだとしても内部で増幅できない．また，遺伝子が導入できたとしても転写されなければ，発現しない．一方で，遺伝子が導入された細胞の選択的増殖も必要である．そこで，遺伝子組換えによる物質生産には，以下の要素が必要である．

- 宿主細胞への効率的導入
- 細胞内での遺伝子の複製，維持
- 目的の遺伝子を含む大腸菌を選択するための選択マーカー
- 目的の遺伝子を発現させるためのプロモーター

まず，最も遺伝子組換え技術が発展している大腸菌を宿主とした遺伝子組換えの例を説明する．目的の遺伝子をプラスミドとよばれる環状 DNA に導入する．プラスミドは，大腸菌で DNA が複製するのに必要な複製開始点とアンピシリンやカナマイシ

ンなどの抗生物質への耐性遺伝子を有している．大腸菌はカルシウムイオンなどで処理をすると細胞壁構造が一部壊され，外来の物質を取り込みやすくなる．細胞が外来の遺伝子を取り込み，新たな形質を獲得することを形質転換とよぶ．形質転換の効率は高くはないが，抗生物質を含む培地で培養することで，プラスミドを取り込み形質転換した大腸菌を選択することが可能である．形質転換した大腸菌に含まれるプラスミドには目的の遺伝子を含むものと含まないものがあるので，目的の遺伝子を含むプラスミドを有する大腸菌を選択する．先述したプロモーター配列を含むプラスミドを用いることで，目的の遺伝子がコードするタンパク質を発現できる．

以前は目的の遺伝子を得ることが大きな問題であったが，PCR 法（後述）により，目的の遺伝子を簡単に増幅して獲得できるようになった．

A. 遺伝子組換えの基本技術とツール
（1）形質転換

大腸菌細胞をカルシウムイオン Ca^{2+} などの 2 価陽イオン存在下で冷却処理すると，細胞膜がプラスミドなどの小さな DNA に対して透過性をもつようになるので，形質転換が可能になる．このような細胞をコンピテントセルとよぶ．コンピテントセルは，−80℃ 以下の極低温で保存が可能である．コンピテントセルに DNA を添加し，抗生物質などを含む選択培地で培養することで形質転換できる．また，DNA と混合後，熱処理（42℃，数十秒）することで DNA の取り込みが促進される．

電気穿孔法（electroporation 法）は，電気パルスにより細胞膜に微小な穴を空け，DNA を細胞内部に送り込む方法である．大腸菌の他，動物細胞や糸状菌などの形質転換に利用されている．

また，ウイルスやファージ（微生物に感染するウイルス）の粒子に目的の DNA を組み込み，これらの感染能力を利用して形質転換する方法もある．この方法はトランスフェクションとよばれている．

動物細胞では，リポソームの内部に DNA を封入して細胞膜を透過させるリポフェクション法という方法もある．

（2）ベクター

遺伝子組換えにおいて，目的の遺伝子を宿主の細胞内で維持，増幅するために用いられる DNA をベクターという．ベクターは，宿主細胞内で複製される複製起点，選択マーカー遺伝子，目的の遺伝子を組み込むためのクローニング部位を含む 2 本鎖 DNA である．ベクターは，プラスミドかウイルス（またはファージ：大腸菌に感染するウイルス）の DNA から作製されたものであり，宿主と使用目的によりさまざまなものがある．プラスミドとは，宿主の染色体とは物理的に独立して自立複製し，安

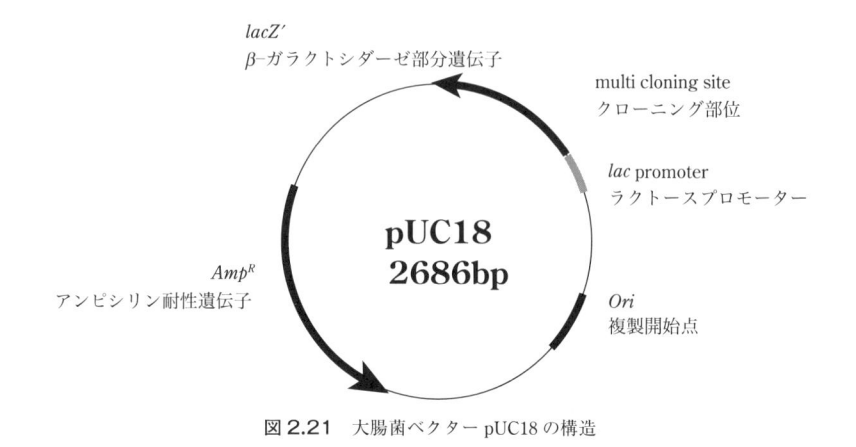

```
            lacZ′
            β-ガラクトシダーゼ部分遺伝子
                                    multi cloning site
                                    クローニング部位

                                    lac promoter
                 pUC18              ラクトースプロモーター
                 2686bp
       Amp^R
       アンピシリン耐性遺伝子             Ori
                                    複製開始点
```

図 2.21 大腸菌ベクター pUC18 の構造

定に遺伝することのできる染色体外性遺伝子のことである．大腸菌には古典的性因子であるFプラスミドやバクテリオシン（抗菌活性を有するタンパク質またはペプチド）の産生にかかわるプラスミド（ColE1）などが存在しており，これらをもとにさまざまなベクターが開発されている．図 2.21 は代表的な大腸菌のベクターである pUC18 である．pUC18 には複製開始点，アンピシリン耐性遺伝子，遺伝子を組み込むためのクローニング部位がある．プラスミドのコピー数は，プラスミドDNAの収量にかかわる重要な要素の一つである．Fプラスミドなどの巨大なプラスミドは1細胞に1コピーのみだが，遺伝子組換えに一般的に用いられるプラスミドは多数のコピーが存在する．コピー数は，プラスミド中の複製起点とその周辺のDNAの領域によって決まる．この領域はレプリコンとして知られ，細菌の酵素複合体によるプラスミドの複製を制御している．pBR322 由来のプラスミドは ColE1 複製起点を含む．この複製起点は厳格に制御されており，細菌あたり約 25 コピーのプラスミドを複製する．一方，pUC 由来のプラスミドには，変異導入された ColE1 複製起点が含まれ，複製制御が緩くなり，細胞あたり 200 〜 700 のプラスミド（ハイコピー）を複製する．プラスミドベクターには 5 〜 10 kbp（bp は塩基対）までの DNA 断片を組み込むことができる．マーカーは，アンピシリン以外では，テトラサイクリンやクロラムフェニコール耐性遺伝子などの薬剤耐性遺伝子が用いられる．また，栄養要求性変異株を宿主細胞として利用し，栄養要求性を選択マーカーとして利用する場合もある．プラスミドには不和合性（incompatibility）があり，複製機構が類似している異なるプラスミドは1つの宿主に共存できない．

　ファージ由来のベクターとしては，λファージ系のベクターが古くから使われてい

る．λファージの DNA は約 50 kbp であり，ファージ粒子内に組み込まれている．λファージが大腸菌の表面に結合すると DNA が送り込まれ，複製する．λファージ系のベクターは，λファージ DNA の不可欠でない領域を削除し，クローニング部位を組み込むことで作製される．組換えられた DNA はファージに in vitro（試験管内）でパッケージングを行い，ファージの感染能力を利用して細胞に導入する．λファージゲノムで組み込める DNA の長さが限られていることから，ファージ DNA の 2 つの cos 部位（両端にある 12 塩基の相補的な 1 本鎖部分）をプラスミドベクター上の適当な距離に配置した小型のコスミドベクター（4〜6 kbp）が開発された．コスミドには約 45 kbp ほどの長鎖の DNA を組み込むことが可能であり，ファージに in vitro でパッケージングされる．プラスミドと同様にマーカー遺伝子や複製開始点をもつので，ファージ感染後，細胞内ではプラスミドとして増殖する．

その他，長大な遺伝子を組み込むためのベクターとしては，大腸菌の BAC や PAC，酵母を宿主とする YAC が知られている．

(3) PCR

polymerase chain reaction（PCR）は特定の遺伝子を増幅する技術であり，この技術により従来は困難であった遺伝子のクローニングが容易になった．PCR は in vitro で DNA ポリメラーゼを用いて DNA を複製する方法である．DNA ポリメラーゼは図 2.22 のように 1 本鎖の DNA を鋳型として 2 本鎖に増幅するが，一部 2 本鎖を形成している部位からのみ増幅できる．PCR では，目的の遺伝子の両端に目的の遺伝子を増幅する方向で 20 塩基程度の短い 1 本鎖 DNA（プライマー）を合成し，DNA ポリメラーゼを用いて増幅する．まず複製したい DNA の 2 本鎖（それぞれセンス鎖，アンチセンス鎖と名付ける）があるとする．これをサンプルチューブに入れ，95〜100℃ で加熱する．すると 2 本鎖を結び付けていた塩基間の水素結合が切れ，センス鎖とアンチセンス鎖の 1 本鎖ができる．チューブの中には，DNA ポリメラーゼ，A，G，C，T の各ヌクレオチド（デオキシヌクレオチド三リン酸）をあらかじめ入れておく．加熱したチューブを 50℃ 程度まで冷却するとセンス鎖とアンチセンス鎖が再び 2 本鎖をつくることにより，大量のプライマーが鋳型（ここではアンチセンス鎖とする）の中の相補する配列へ優先的に結合する．さらに 72℃ 程度に温度を上げると，チューブ内に存在する DNA ポリメラーゼがプライマーの先に各ヌクレオチドを付加して伸長させ，鋳型であるアンチセンス鎖に相補するセンス鎖を合成する．さらに，センス鎖を鋳型とする別のプライマーも同時に入れると，DNA ポリメラーゼはこちらのプライマーからの伸長反応も同時に行い，センス鎖を鋳型としてアンチセンス鎖を合成する．すなわち，これら 2 種類のプライマーを入れておくことで，もともとの DNA

図 2.22　PCR のスキーム

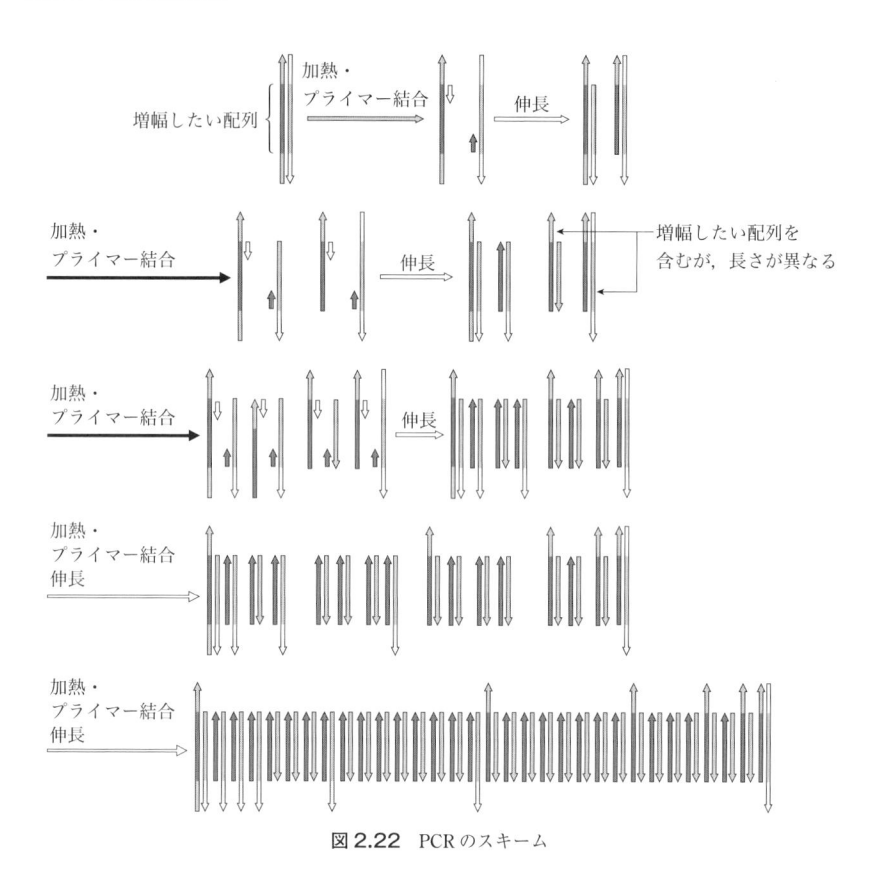

のセンス鎖，アンチセンス鎖をそれぞれ鋳型とした同じ配列の DNA が 2 本できることになる．ここでチューブを加熱して，DNA を 1 本鎖に解離させ，温度を下げると，合計 4 つの鋳型から DNA が合成され，もともとの 2 本鎖 DNA は 4 本に増幅したことになる．このサイクルを N 回繰り返すと，もともと 1 本だった DNA は 2^N 本になる．サイクルを 10 回行うと $2^{10} = 1,024$ 本，20 回だと $2^{20} = 1,048,576$ 本と約 100 万倍，30 回だと $2^{30} = 1,073,741,824$ 本となんと約 10 億倍になる．これが PCR による DNA 複製のメカニズムである．配列が既知の遺伝子や，既知の遺伝子と類似の遺伝子は，プライマーを設計，合成すれば PCR により増幅することが可能になった．

　PCR の開発のキーになったのは，好熱性菌由来の DNA ポリメラーゼである．普通の DNA ポリメラーゼは加熱により失活するため，1 回複製する度に酵素を加える必要があり実用的な方法にはならなかった．高温でも安定な好熱性菌である *Thermus aquaticus* 由来の DNA ポリメラーゼを用いることにより，温度サイクルを繰り返すだ

けで遺伝子の増幅が可能になり，PCR は実用的な技術となった．PCR を開発した Kary Mullis は PCR 発明のわずか数年後の 1993 年にノーベル化学賞を受賞している．

(4) 制限酵素と DNA 切断酵素

制限酵素（restriction endonuclease）は遺伝子組換えに最も重要な酵素である．制限酵素は，微生物が有するファージのような感染性ウィルスに由来する外来の 2 本鎖 DNA を切断する酵素である．必須因子や切断様式により 3 種類に大別されるが，そのうちの II 型酵素がおもに遺伝子組換えに用いられる．切断部位は回文配列となっている．認識する配列の長さにも違いがあり，4，6，8 塩基認識の制限酵素が遺伝子組換えには用いられており，特に 6 塩基認識が最も用いられている．それぞれ，平均で約 $4^4=256$，$4^6=4,096$，$4^8=65,536$ 塩基に 1 箇所の切断部位があることになる．また，切断面からも 3 種類に分類される．5′末端突出型，3′末端突出型，平滑末端型である．微生物の自らのゲノム DNA が制限酵素で切断されないのは，自らのゲノム DNA は切断部位の塩基がメチル化などで修飾されており，切断部位として認識されないためである．

(5) DNA 結合技術

一般的には DNA 断片は DNA リガーゼを用いてベクターに結合する．同じ制限酵素の切断面を有する断片であれば，DNA リガーゼを用いて結合できる（ライゲーションという）．DNA リガーゼは ATP などを必要とするが，現在は酵素と必要な補酵素などを最適な条件で混合したキットが売られている．切断面が異なる場合には，T4 DNA ポリメラーゼなどで処理することで，末端を平滑化してライゲーションに用いる．平滑末端であれば配列に特異性がないので，平滑末端を形成する制限酵素で切断したベクターに結合することができる．また，ベクターの切断部位が結合できる場合には，末端のリン酸基を除去するなどして自己ライゲーションしないような処理をする必要がある．

DNA リガーゼを用いないで遺伝子をベクターにクローニングする方法も開発されている．DNA トポイソメラーゼ I は，DNA 切断酵素，リガーゼとして機能する酵素である．ワクシニアウイルスのトポイソメラーゼ I は 5′−(C/T)CCTT−3′ という 5 塩基からなる配列を特異的に認識し，3′−T のリン酸基と共有結合を形成する．その際，酵素は片側の DNA 鎖を切断し，DNA 鎖を巻き戻し，その後切断した鎖を再びつなぎ合わせる．また，大腸菌の λ ファージ DNA は，BP クロナーゼ（Int（integrase）と IHF（integration host factor））の働きにより，attP サイトで大腸菌ゲノムの attB サイトに組み込まれる．大腸菌ゲノムに組み込まれたファージ DNA の両端は attP と attB の組み合わせから生成する attR と attL になる．溶菌の段階では，上記の 2 つの酵素と Xis（excisionase）の働きにより，ラムダファージ DNA が切り出される．こ

のシステムを利用したのが Invitrogen 社の GATEWAY である．

まず，PCR などにより得られた目的の遺伝子の両端に attB サイトを付加する．この遺伝子を，attP サイトを有するドナーベクターと混合し，BP クロナーゼを作用させると組換えが起こり，エントリーベクターが得られる．エントリーベクターでは，2 つの attL 間に目的遺伝子が挿入される．このエントリーベクターをさまざまな機能を有するデスティネーションベクターと混合し，上記の 3 種類の酵素を混合した LR クロナーゼを作用させることで，デスティネーションベクターの attR およびエントリーベクターの attL サイトでの組換えが起き，エントリーベクターに組み込まれた遺伝子が目的のデスティネーションベクターに組み込まれる．一度エントリーベクターに組み込むだけでさまざまなデスティネーションベクターに容易に組み込むことが可能である．

(6) DNA シークエンス技術

遺伝子組換えで作製した DNA は，シークエンス法により確認される．最も代表的な DNA シークエンス法は Sanger の開発したジデオキシ法である．ジデオキシ法では，目的の DNA を鋳型として相補的に結合したプライマーから DNA ポリメラーゼと 4 種類のデオキシヌクレオチド三リン酸を用いて DNA を合成する際，4 種類のうち 1 種類のジデオキシヌクレオチド三リン酸を加えて DNA 合成を阻害させるという方法である．ジデオキシヌクレオチドが取り込まれて合成が止まったさまざまな長さのフラグメントをポリアクリルアミドゲル電気泳動により長さごとに分離することで配列を決定する．現在では，4 種類の塩基をそれぞれ別の蛍光色素でラベルすることで，蛍光 DNA シークエンサーにより自動的に解析できる．

B. 宿主と発現系

(1) 大腸菌

大腸菌は遺伝子組換えで最も利用されている宿主であり，組換えタンパク質の生産にも多用されている．これは最も古くから研究されていることによるノウハウが蓄積されていると同時に，安全性も確立しているからである．微生物由来のタンパク質だけでなく，ヒト由来の医薬品タンパク質の生産にも利用されている．

タンパク質を発現するためには，遺伝子が転写され，翻訳される必要がある．タンパク質を発現するために用いられるベクターを発現ベクターとよぶ．発現ベクターには，転写を制御する DNA 配列であるプロモーターがあり，その下流にリボソーム結合部位であるシャイン・ダルガーノ配列と遺伝子を組み込むクローニング部位がある．大腸菌のプロモーターで代表的なものは *lac* プロモーターと *tac* プロモーターである．*lac* プロモーターはラクトースオペロンのプロモーターであり，高い転写効率がある

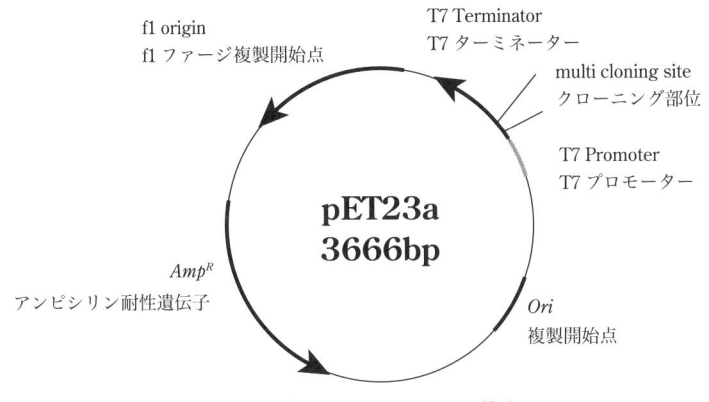

図 2.23 発現ベクター pET23a の構造

うえ，IPTG（イソプロピル-β-チオガラクトピラノシド）で発現の誘導が可能である．*tac* プロモーターは *trp* プロモーター（トリプトファンオペロンのプロモーター）と *lac* プロモーターを融合させたものであり，*lac* プロモーターよりも高い転写効率を有している．

図 2.23 は現在最も広く使われている発現ベクターの 1 つである pET23a である．pET ベクターは非常に強力なプロモーターである T7 ファージのプロモーターを備えている．このプロモーターは通常の大腸菌内では機能しないので，組換え操作の段階では発現しないため，発現が増殖に影響を与えるようなタンパク質の発現系の構築も可能である．目的の遺伝子を組み込んだプラスミドを T7 RNA ポリメラーゼを発現している大腸菌に組み込むことで，目的のタンパク質が発現する．

大腸菌の培養温度を 37℃ から低温にシフトすると，生育が一時停止し，大部分のタンパク質の発現は減少するが，その一方でコールドショックタンパク質とよばれるタンパク質の発現は特異的に増加する．このコールドショックタンパク質のプロモーターを利用したのがコールドショック発現系である．コールドショック発現系は，生産効率が高いことに加え，余分なタンパク質が少なく，タンパク質の可溶性が高いという利点がある．

大腸菌で異種の細胞由来のタンパク質を生産する場合，タンパク質が機能をもった形で生産されるかどうかが大きな問題である．微生物由来のタンパク質でも，発現量が過剰になると，大腸菌内で適切に構造形成できず，沈殿となる場合がある．ヒトなどの動物細胞由来タンパク質の場合には細胞内の環境が異なるため，沈殿を形成する場合が多い．沈殿は，しばしば細胞内に多量に蓄積する．このような沈殿を封入体

(inclusion body）とよぶ．

　封入体を精製し，尿素やグアニジン塩酸塩で変性可溶化（リフォールディング）し，さらにこれらの変性剤を透析などで除くことで本来の構造と機能を有する組換えタンパク質が得られる場合がある．代表的なバイオ医薬品である，G-CSF（顆粒球コロニー刺激因子）は大腸菌で封入体の状態で生産されたものをリフォールディングして利用している．

　大腸菌はグラム陰性菌で外膜があるため，タンパク質にシグナル配列がついていたとしても細胞膜を透過できても外膜を透過できず，ペリプラスムにとどまる．

(2) 枯草菌（バチルス）

　枯草菌はグラム陽性菌であり，外膜がないのでタンパク質の分泌生産が可能である．タンパク質の発現に最も有効な枯草菌は *Brevibacillus chosinensis* である．この菌を宿主としたタンパク質発現系は，タンパク質を大量に分泌生産するという特長を有している．使用されるプロモーターは，*Brevibacillus* の細胞壁タンパク質由来のP2プロモーターである．P2プロモーターは，*Brevibacillus* においては非常に強いプロモーターとして働くが，大腸菌内では働かないため，目的遺伝子のクローニングに有利である．この発現系を用いて大量生産された上皮細胞成長因子（epidermal growth factor, EGF）は，バイオロジカル・ウール・ハーヴェスティング（羊毛収穫法）に利用されている．EGFを羊に注射すると，羊毛の成長が一時的に止まり，羊毛に切れ目が入り，数週間後その切れ目が皮膚表面にまで押し出されてきて，バリカンで刈ることなしに手で羊毛を収穫することができる．

(3) 酵母

　酵母は人類が最も古くから利用してきた微生物であり，真核生物であることから，さまざまな有用タンパク質の生産に利用されている．酵母によるタンパク質生産の利点は以下のとおりである．

　（1）翻訳後のタンパク質の修飾プロセスが高等真核細胞と類似しており，機能的に活性を有するタンパク質が得られる．
　（2）培養が容易であり，培地が安価．
　（3）他の真核細胞発現システムより迅速かつ簡便に高いレベルでの発現が得られる．

　タンパク質の生産に用いられている酵母は，出芽酵母 *Saccaromyces cerevisiae*，メタノール資化酵母 *Pichia pastoris* および分裂酵母 *Schizosaccaromyces pombe* の3種類である．

　S. cerevisiae はパンやビールなどの発酵食品の生産に使われており，最も安全性の高い微生物であると考えられており，遺伝子組換えによるタンパク質生産のホストと

して期待されている．*S. cerevisiae* には2ミクロンとよばれるプラスミドがあり，これを用いて遺伝子組換えが行われる．問題は，動物細胞のように糖鎖の付加などが行われるが糖鎖の構造が異なること，異種タンパク質の生産量がそれほど多くない場合が多いことである．

メタノール資化酵母 *P. pastoris* は，メタノールを唯一の炭素源として生育できる．そのメタノール代謝の最初の段階を触媒するアルコールオキシダーゼの発現は，メタノールにより厳密に誘導・調整され，メタノールを含む培地で培養した細胞の可溶性タンパク質の30%以上はアルコールオキシダーゼが占める．このアルコールオキシダーゼのプロモーターである *AOX1* プロモーターの下流に目的のタンパク質の遺伝子を導入し，相同組換え（細胞の中で類似の配列を有するDNAが入れ替わる反応）で染色体上の *AOX1* 遺伝子と入れ替えることで組換え体ができる．組換えDNAを含んだ *P. pastoris* はメタノール存在下で *AOX1* プロモーターの働きにより組換えタンパク質を高いレベルで発現する．ヒトアルブミンのような低価格なバイオ医薬品の大量生産にも実用可能である．

一般的な酵母が出芽とよばれる増殖を行うのに対して，分裂酵母 *S. pombe* は動植物細胞と同様の分裂によってその細胞数を増やす．遺伝的解析がよく進んだ酵母であり，分裂の様子などが高等生物と類似していることから，細胞分裂のモデルとして分子遺伝学，細胞生物学の分野で盛んに研究に用いられてきている．*S. pombe* では哺乳動物細胞由来の種々のプロモーターが有効に機能するが，特にヒトサイトメガロウイルス（hCMV）プロモーターが高い転写効率を示している．また，選択マーカーであるネオマイシン耐性遺伝子（Nm^R）が分裂酵母の中では比較的低い活性を示すことを利用し，培地中のネオマイシンと類似の抗生物質であるG418の濃度を調節することで遺伝子のコピー数を増やすことにより，さらに大量にタンパク質が生産される．

(4) 動物細胞

チャイニーズハムスター卵巣細胞（CHO細胞）は，チャイニーズハムスターの卵巣から派生した細胞株である．タンパク質の生産においてすぐれた特性があり，生物学的研究や治療用タンパク質の生産に今日広く使用されている哺乳動物細胞である．現在，すべての治療用タンパク質のうち少なくとも70%はCHO細胞で生産されている．モノクローナル抗体の生産にも利用されている．また，組換え体ワクチン生産ではイヌ腎臓上皮MDCK細胞が使われている．

(5) 植物細胞や植物

工業的なタンパク質生産の対象がおもにヒト由来細胞であることから，植物細胞はタンパク質生産にはあまり使われていない．しかし，遺伝子組換え技術で作製した病

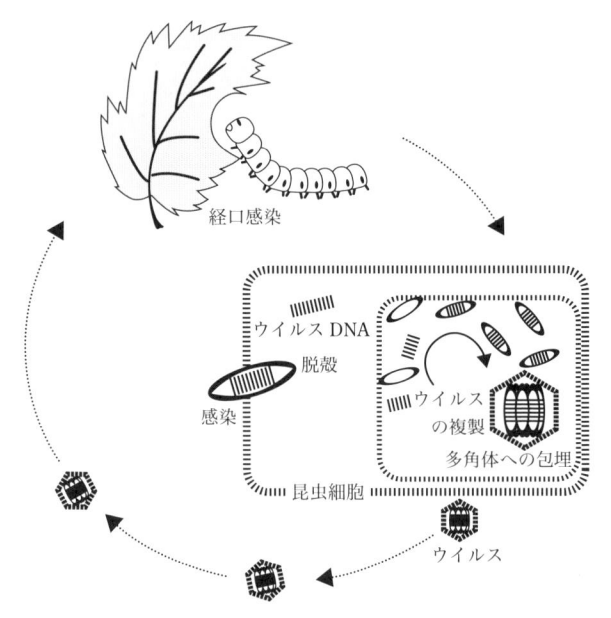

図 2.24 バキュロウイルスの生活環

原体の抗原タンパク質を大量に発現する植物を，食べるワクチンとして利用することが提案されている．

(6) 昆虫細胞

　昆虫細胞は，動物細胞よりも培養が容易であることから大腸菌などで発現しにくい動物細胞由来タンパク質発現の宿主として利用されている．特に，糖鎖や脂肪酸の付加，リン酸化といった修飾を受ける必要があるタンパク質や，膜タンパク質の発現に有効である．バキュロウイルス（baculovirus）は，昆虫を宿主として感染する核多角体病ウイルス（nucleopolyhedrovirus: NPV）である．バキュロウイルスの生活環を図2.24に示す．バキュロウイルスは通常，増殖過程で感染細胞の核内に多角体（polyhedrin）とよばれる結晶構造のタンパク質を形成する．ウイルスの増殖や複製に関与しないこのタンパク質は，細胞の総タンパク質の約50％を占めるほどに発現し，バキュロウイルスを包み込んで保護する働きをする．バキュロウイルスのもつ強力なプロモーターである多角体プロモーターの下流に発現させたい目的遺伝子を導入し，この組換えウイルスを昆虫細胞に感染させることで大量の発現タンパク質を得ることができる．バキュロウイルスのDNAは巨大であることから遺伝子組換えに技術が必要であったが，Gibco BRL社から市販されているBAC-TO-BACなどのキットを用いる

ことで比較的容易にできるようになった.

(7) 動物個体

動物個体を用いた物質生産は,細胞培養のような高価な培地を必要としないことから,低コストで大量生産が可能であるという点で注目されている.最も注目されているのは,目的のタンパク質をウシやヤギの乳の中に分泌生産するというものである.基本的な技術は完成に近いが,医薬品として使う場合には,プリオンのような動物由来の未知の感染症の危険性があることから,まだ生産技術としては実用化されていない.

C. 組換え体の安定性

遺伝子組換え体が保持する異種細胞由来の遺伝子は,本来必要ではないため,不安定である.そのため,培養の過程でその遺伝子を失い,機能を失うことがある.この不安定性の原因としては,

(1) プラスミドの分離による不安定性
(2) プラスミドの構造的不安定性
(3) 宿主細胞の不安定性

の3つが挙げられる.

プラスミドの分離による不安定性は,細胞が分裂する際にプラスミドの分配がランダムに行われ,プラスミドを含まない娘細胞が生まれることに起因する.通常は,抗生物質耐性などの選択マーカーによりプラスミドを含まない細胞は生育できないが,プラスミドを有する細胞が生成する抗生物質分解酵素などにより抗生物質の濃度が低下した場合には,プラスミドを有していない細胞が増殖する.プラスミドを失った細胞は,プラスミドを有する細胞よりも不要な外来タンパク質を生産する必要がないことから増殖速度が大きく,タンパク質を生産しない細胞の増殖が優先することになる.抗生物質耐性を選択マーカーとして用いることは,抗生物質のコストや,製品への残留の問題などから工業的には問題がある.栄養要求性変異株と,それを補完する選択マーカーを組み合わせることが有効である.

プラスミドの構造的不安定性とは,プラスミドの変異により外来タンパク質の生産能が欠失したり,マーカーとなる遺伝子が宿主染色体に組み込まれて,プラスミドなしでも生育が可能になることによるものである.

宿主細胞の不安定性とは,宿主の突然変異により,外来タンパク質の生産性が低下したり欠失したりすることを指す.たとえば,ベクターに組み込まれた遺伝情報の発現を誘導する物質の膜透過性が減少する変異などが挙げられる.この場合も,変異体は増殖の優位性を獲得する.

D. 遺伝子組換え体の安全な取り扱い

1970年代の遺伝子工学の発展により，生物学・医学に対する無限の可能性が生まれたと多くの研究者が考えたのに対し，バイオハザードの現実的危険を訴える声もあがり，倫理的問題も指摘された．ポール・バーグによる最初の本格的な遺伝子組換え実験を契機として，1975年のアシロマ会議で遺伝子組換え実験の規制に関する議論が行われ，その後，遺伝子組換え細胞を工業的に利用する際の指針「組換えDNA技術工業化指針（industrial guideline for recombinant DNA technique）」が1998年に定められた．2003年には生物多様性保護の観点からカルタヘナ議定書が締結され，現在締約国はこれに基づく法的規制を行っている．日本では，「遺伝子組換え生物等の使用等の規制による生物の多様性の確保に関する法律（通称カルタヘナ法）」が施行されている．カタルヘナ法では，遺伝子組換え体の使用を，「第一種使用等」と「第二種使用等」に分類している．第二種使用とは，施設，設備その他の構造物の外の大気，水または土壌中への遺伝子組換え生物などの拡散を防止する方策を取って行う使用などであり，通常の培養が該当する．それに対し，第一種使用とは遺伝子組換え植物のように拡散防止への処置を取らない場合が該当する．生物化学工学で対象としている遺伝子組換え体の利用はほとんどが第二種使用である．拡散防止処置としては，第二種使用等における拡散防止措置は，「物理的封じ込め」と「生物学的封じ込め」の2種類の封じ込め手段を実験の安全度に応じて組み合わせて実施する．物理的封じ込めは，遺伝子組換え生物を施設，設備内に閉じこめることにより，環境への拡散を防止する．物理的封じ込めは，封じ込めの施設などの要件および実験実施における遵

表2.7 遺伝子組換え体を用いる実験規模20 L以下の物理的封じ込めレベル

封じ込めレベル	構造	実験台	高圧滅菌器	更衣室・シャワー
P1	整備された通常の微生物学実験室と同程度	通常の実験台	特になし	特になし
P2	同上	開口型安全キャビネット	実験室のある建物内に設置	特になし
P3	空気の流れが前室から実験室に向かうようにする．実験室内の床，壁および天井の表面は洗浄および燻蒸可能とする．	同上	同上	更衣室を前室として設置
P4	室内を陰圧に保つようにする．実験室内の床，壁および天井の表面は洗浄および燻蒸可能とする．	グローブボックス（陽圧実験着着用の場合は開口型キャビネットでも可）	実験室内に設置（物品搬出用の高圧滅菌器も設置）	更衣室・シャワーを前室として設置

守事項の2つの要素からなり，その封じ込めの程度に応じて微生物使用実験では P1,P2, P3 の3つのレベルが設定されている（表 2.7）．数字が大きいほど封じ込めのレベルが高い．微生物使用実験の P1/P2/P3 に対応して，大量培養実験では LSC/LS1/LS2, 動物使用実験では P1A/P2A/P3A, 植物など使用実験では P1P/P2P/P3P の各レベルが設定されている．

一方，生物学的封じ込めは，環境中で生残しにくい特定の宿主とベクターを組み合わせた「宿主ベクター系」を用いることにより，遺伝子組換え生物の環境への拡散を防止することを目的とする．封じ込めのレベルは，宿主ベクター系の安全性の程度に応じ，認定宿主ベクター系（B1）と特定認定宿主ベクター系（B2）の2つのレベルに区分される．数字が大きいほど封じ込めのレベルが高く安全である．

2.6.4 ■ 代謝工学

細胞の中では，数千に及ぶ酵素反応が同時に進行している．目的代謝産物の生産性を向上させるために，特定の代謝経路にかかわる酵素の発現を，遺伝子組換えや変異処理の手法を用いて増強または減少させることができる．この工学的手法を代謝工学（metabolic engineering）という．代謝工学は，Bailey や Stephanopoulos らが提唱・具体化してきた概念である．

代謝工学を応用する一般的な手順は次のとおりである．平衡反応過程の改変をより合理的に行うためには，まず代謝経路のネットワークを明らかにし，改変すべき経路を選定する．代謝経路をいくつかのグループに分け，図 2.25 (a) に示すルールに沿って複雑な経路を単純化する．ネットワークを構成する各反応の反応速度式は，菌体の増殖速度，基質消費速度，二酸化炭素発生速度，酸素消費速度などの観測可能な情報と，化学量論に基づく収支をもとにした代謝反応モデル式から導き出す．

目的代謝産物の生産性を最大化するためにどの反応段階を改変すればよいかを定量的に解析する手法が，代謝制御解析（metabolic control analysis: MCA）である．一例として，n 個の反応から構成される代謝反応を考える（図 2.25 (b)）．この中で，X_1 と X_{n+1} は菌体外の基質と代謝産物，$X_2 \sim X_n$ は菌体内代謝中間産物である．各反応は酵素 E_i によって触媒され，各反応のフラックス N_i は定常状態において等しい．ここでのフラックスは一般的なフラックスの定義とは異なり，ある中間代謝産物から次の産物への移動量であり，細胞に供給される出発基質量に対する相対値として示される．

$$N_1 = N_2 = \cdots = N_n \tag{2.1}$$

このとき，酵素濃度 C_{Ei} の微小変化により，N_n の受ける変化を代謝制御係数（flux

(a) 代謝経路の単純化
中間代謝産物の濃度変化が微小な場合

$$A \xrightarrow{a} B \xrightarrow{b} C \quad \Longrightarrow \quad A \xrightarrow{a,b} C$$

可逆反応を含む場合

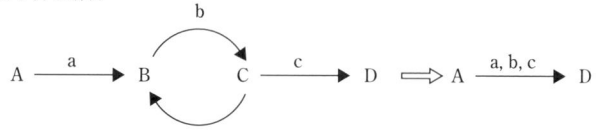

$$A \xrightarrow{a} B \underset{b}{\overset{b}{\rightleftarrows}} C \xrightarrow{c} D \quad \Longrightarrow \quad A \xrightarrow{a,b,c} D$$

C→E，D→E の反応に量論関係がない場合

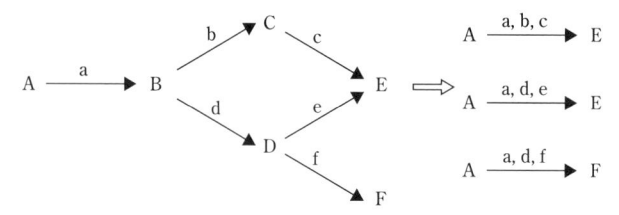

$$A \xrightarrow{a} B \begin{array}{c} \xrightarrow{b} C \xrightarrow{c} E \\ \xrightarrow{d} D \xrightarrow{e} E \\ \xrightarrow{f} F \end{array} \quad \Longrightarrow \quad \begin{array}{c} A \xrightarrow{a,b,c} E \\ A \xrightarrow{a,d,e} E \\ A \xrightarrow{a,d,f} F \end{array}$$

C+D→E の反応に量論関係が存在する場合

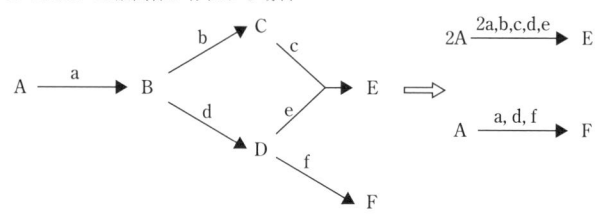

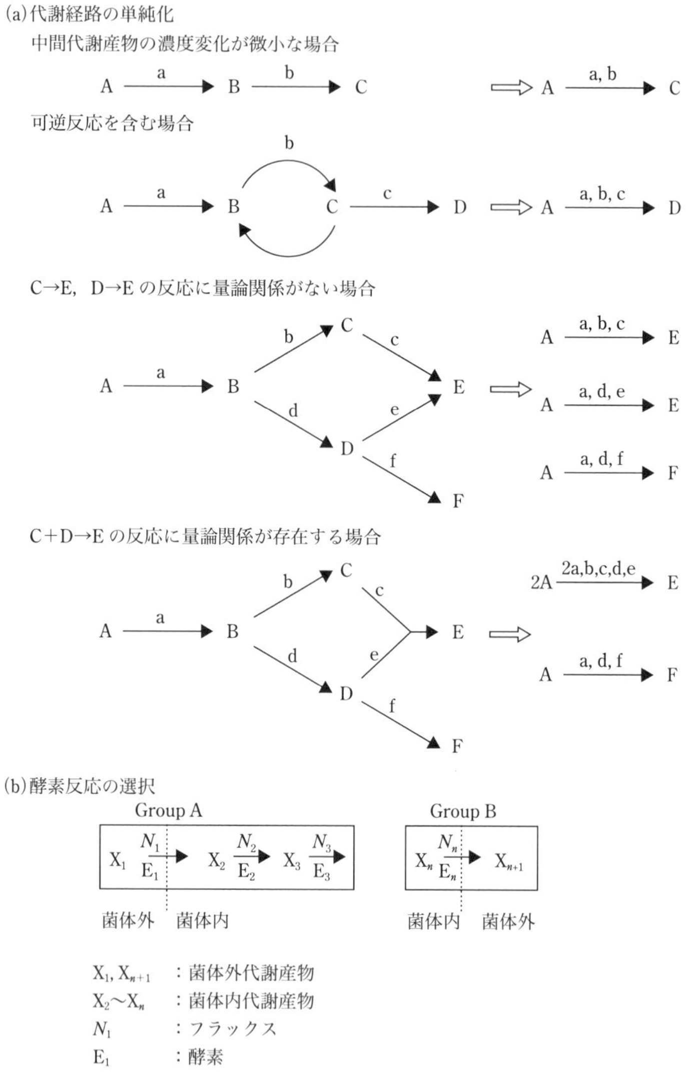

$$A \xrightarrow{a} B \begin{array}{c} \xrightarrow{b} C \xrightarrow{c} \\ \xrightarrow{d} D \xrightarrow{e} \end{array} E \quad \Longrightarrow \quad \begin{array}{c} 2A \xrightarrow{2a,b,c,d,e} E \\ A \xrightarrow{a,d,f} F \end{array}$$

(b) 酵素反応の選択

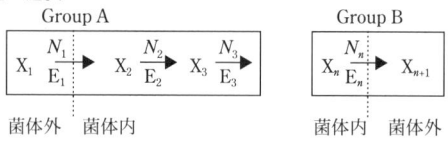

Group A
$$X_1 \xrightarrow[E_1]{N_1} X_2 \xrightarrow[E_2]{N_2} X_3 \xrightarrow[E_3]{N_3}$$
菌体外 | 菌体内

Group B
$$X_n \xrightarrow[E_n]{N_n} X_{n+1}$$
菌体内 | 菌体外

X_1, X_{n+1} ：菌体外代謝産物
$X_2 \sim X_n$ ：菌体内代謝産物
N_1 ：フラックス
E_1 ：酵素

図 2.25 代謝経路のモデル図

control coefficient: FCC）とよび，次のように定義する．

$$c_i^n = \frac{C_{Ei}}{N_n}\left(\frac{\partial N_n}{\partial C_{Ei}}\right) \tag{2.2}$$

c_i^n は各フラックスの酵素濃度に対する感度を表し，この値を最も大きくする反応を

担う酵素が，改変すべき対象として選定される．ただし，すべての酵素反応のFCCを求めることは難しい．そこで，代謝反応をいくつかのグループに分け，グループ代謝制御係数（gFCC）を指標に，改変対象の反応が選定される．実験的には，着目した代謝グループの出発基質量を変化させることにより，各グループの代謝産物生産量の変化を測定する．この実験を摂動実験（perturbation）とよぶ．

代謝工学のめざすところは，目的生産物の収率の最大化だけではなく，微生物にとって利用できる基質の範囲（substrate range）の拡大，異種生物由来の遺伝子を導入することによる新規物質の生産，細胞特性の改良，特定化学物質の微生物による分解などであり，その応用範囲は広い．

第 2 章　代謝と生体触媒

■ 演 習 問 題 ■

【1】従来，単細胞生物の分類は，細胞の形態や染色の違いなどで行われていた．しかし，現在では遺伝子の塩基配列をもとにして系統分類が行われている．この方法の利点は何か．また，おもにリボソームを構成する 16S rRNA の配列を用いて解析が行われているが，その理由は何か．

【2】ヒトの体には約 10^{13} 個の細胞が存在する．体重が 60 kg であるとして，細胞の平均の質量を計算せよ．また，細胞の密度を水と同じで，球形であるとして，直径を計算せよ．

【3】180 g のグルコースが好気的に代謝されたときに生成する ATP は何モルか．また，この ATP の質量を計算せよ．

【4】好アルカリ菌は生育するために高 pH 条件とともにナトリウムイオンを要求する．この理由を化学浸透圧説の観点から考察せよ．

【5】遺伝暗号表を用いて，以下のアミノ酸配列のペプチドをコードする遺伝子の配列を記せ．複数コドンの可能性がある場合には，適当なものを 1 つ選ぶこと．大腸菌などで遺伝子を発現するとき，コドンの選択により発現量が異なることがある．その理由を考察せよ．

N-Met-Ala-Gln-Leu-Ser-Glu-Cys-Asn-Asp-Arg-Lys-Trp-Ile-C

【6】エタノールは体内に取り込まれると，アルコール脱水素酵素によりアセトアルデヒドに変換され，アセトアルデヒド脱水素酵素により，酢酸に変換される．エタノールを飲むとアセトアルデヒドが体内に蓄積して中毒になる人がいるが，2 種類の酵素の活性がどのような場合にそのような結果になるか，考察せよ．

【7】微生物の細胞壁のペプチドグリカンには D 体のアミノ酸が構成成分として含まれている．その合成機構を調べ，細胞壁に D 体のアミノ酸が含まれる理由を考察せよ．

【8】PCRを用いることで原理的には1分子のDNAから目的の遺伝子を増幅することができる．500 bpの長さのDNA 1分子をPCRにより電気泳動で検出できるレベルまで増幅するには，何サイクルの増幅が必要であるか．500 bpの長さのDNAの分子量を300,000とし，電気泳動での検出限界を10 ngとして計算せよ．

【9】DNAの基本骨格は，塩基−デオキシリボース−リン酸基から構成される．一方，RNAの基本骨格は，塩基−リボース−リン酸基から構成される．このようにDNAとRNAの構造上の違いは，リボースの2′炭素に付加するリン酸基が脱酸素（deoxidation）されているか（DNA），いないか（RNA）の違いに起因する．このわずかな違いが両者の安定性にどう影響するか，また，安定性の違いは両者の役割とどう関連するかを調べよ．

【10】培養細胞の濃度が高くなると，培養液の物理化学的性質が著しく変化する．どのような性質がどのように変化するかを調べてまとめよ．また，その変化によって培養細胞の活性がどのような影響を受けるかについても述べよ．

【11】細胞の分裂から次の分裂までの経過を細胞周期（cell cycle）とよぶ．細胞周期は，潜在的には細胞分裂能力をもっているか静止しているG_0期を除くと，4つの期間，G_1期，G_2期，S期，M期を経て分裂を繰り返す．それぞれの期間の特徴について調べ，培養条件に応じて細胞の世代時間が変化しうることとの関連を考察せよ．

【12】図2.2を参照し，細胞（微生物・動物・植物細胞）を構成する各種の器官の機能を調べ，それぞれの細胞を用いて物質生産する場合の役割について考察せよ．

【13】クロレラとスピルリナは，いずれも藻類だが種々の点で異なっている．両者の類似点と相違点を調べて整理せよ．その特徴を工業的に利用するとすればどのような応用が考えられるか．またその際，検討しなければならない技術的な項目を挙げよ．

【14】生体外で培養する動物細胞と植物細胞の特徴について整理し，培養によって大量の細胞を得るために留意しなければならない技術項目を整理せよ．

【15】遺伝子組換え大腸菌を用いてタンパク質を合成する際，いったん培養温度を42℃に上げ数十分培養したのち，25〜30℃の低温で培養すると，活性の高いタンパク質を得ることができる場合がある．想定される理由を述べよ．

【16】最初にすべての細胞がプラスミドをもっていたとし，5世代目の回分培養細胞においてプラスミドを保持している細胞の割合を推定せよ．ただし，すべての細胞のコピー数は8とし，培地中には抗生物質が入れてあり，プラスミド保有細胞は完全な抗生物質耐性があるものとする．一方，新生のプラスミド脱落細胞は3世代目までは十分な細胞防御酵素系をもっているとする．なお，プラスミドの脱落機構は分離による不安定性（segregational instability）によるものとせよ．

【17】遺伝子組換え細胞を用いた物質生産システムを1つ取り上げ，(1) 生産物の名称と特性，(2) 使用細胞名，(3) 生産プロセスのフローチャートをそれぞれまとめよ．

第3章 生物化学量論と速度論

> 2章で述べたように，生体触媒を用いることで，通常の化学反応では合成が困難な物質を生産することができる．生体触媒を利用した物質生産を工業的に実現するには反応条件の設定と最適化および反応器の開発や設計が必要不可欠である．このうち前者の基礎となるのは，酵素の反応速度や細胞の増殖・死滅速度，基質代謝速度，代謝産物生成速度である．本章ではこれらの基礎となる反応速度に関する定量的な取り扱いを中心に述べる．

3.1 ■ 生物化学量論

3.1.1 ■ 細胞組成と物質基準の収率因子

前章でも述べたように，微生物の培養には炭素源以外にもさまざまな栄養素を添加する必要がある．特に重要なのが核酸やタンパク質の合成に必須である窒素とリンである．窒素固定菌（nitrogen-fixing bacteria）は分子状窒素を利用できるが，そのほかの生物はアンモニウム塩，硝酸塩，亜硝酸塩などの無機塩類や尿素，アミノ酸などの有機物として窒素を供給する．リンもリン酸塩などの無機塩として供給する．そのほかに微量元素としてカリウム，マグネシウム，マンガン，カルシウム，鉄，コバルト，銅，亜鉛，ニッケル，モリブデンなどを添加する必要がある．

従属栄養生物は有機物を低分子化する際にエネルギーをATPへ，還元当量をNADHに蓄積する．そして，生成したATPとNADHを生体の維持や増殖に利用する．有機物の低分子化に共役してATP, NADHを生成する物質変換過程を異化代謝（catabolism），ATP, NADHのエネルギーを用いて低分子化合物から生体を構築する過程を同化代謝（anabolism）という．異化代謝はエネルギー生産の役割と，基質として取り入れた糖，脂質，タンパク質などの有機物を共通の中間体に変換し，同化代謝の出発原料を供給する役割を担う．

従属栄養微生物の培養に用いる培地には，前章で述べたように合成培地，天然培地，複合培地がある．たとえば，大腸菌は唯一の炭素源としてグルコースを利用し増殖することができる．合成培地で培養する際は，加えた炭素源が同化代謝と異化代謝の両

方に用いられる．天然化合物にグルコースを加えた複合培地を微生物の培養に用いると，グルコースはおもに異化代謝に，天然化合物由来の成分は同化代謝に用いられ，合成培地を用いたときに比べ高い増殖速度を示す．

反応器を用いて原料から製品を作る際，一定量の製品を得るためにはどのくらいの原料を反応器に投入すべきかを事前に推定することが必要となる．しかし生物反応を用いる際は，反応を化学反応のように式で表すことが難しい．そこで，事前の実験により収率（yield）を求め，その値から必要とされる原料の量や，想定される製品量を推定することが行われる．収率は反応に投入される量と反応により入手される量の比として表すことができる．

$$収率 = \frac{入手量}{投入量} \tag{3.1}$$

1つの細胞を1つの反応器としてとらえ，細胞に着目した物質収支を示したのが図3.1である．原料である基質（S: substrate），酸素（O: oxygen）やさまざまな栄養素が反応器である細胞に投入され，細胞内で物質変換を受け，細胞自身（X）や目的産物（P: product）に変換される．変換の際は目的産物以外に二酸化炭素やアンモニアなどの副産物が生成する場合もある．もし，菌体自体が目的物である場合の収率は次のように表すことができる．

$$Y_{X/S} = \frac{\Delta W_X}{\Delta W_S} \tag{3.2}$$

ここで，ΔW_S は基質の消費量，ΔW_X は菌体の生成量を表し，一般に乾燥質量が単位として用いられる．基質の消費量は mol を単位として Δn_S で表されることもある．$Y_{X/S}$ を細胞収率（cell yield）とよび，パン酵母などを生産するプロセスでは $Y_{X/S}$ の値をいかに大きくするかが重要となる．回分バイオリアクター（4.2.1項参照）を用いて微生物を培養する際のバイオリアクター内の基質量と菌体量の経時変化を図3.2に

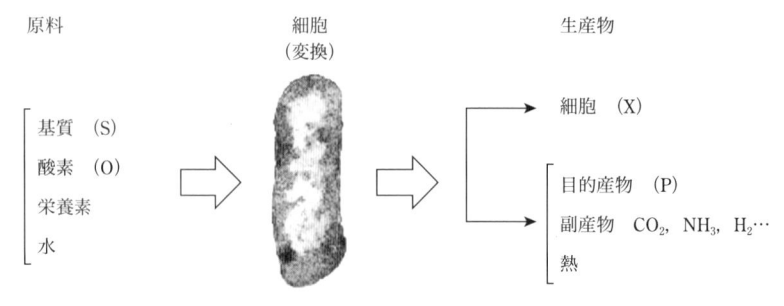

図 3.1 細胞の巨視的物質収支

3.1 生物化学量論

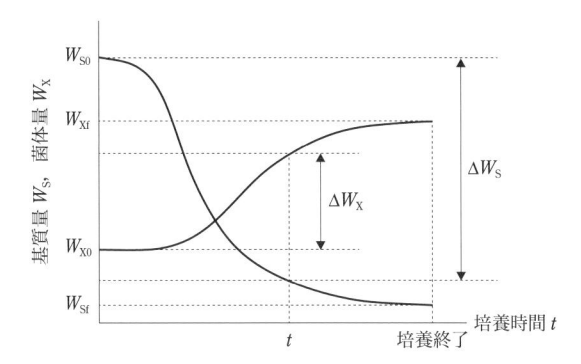

図 3.2 回分バイオリアクターにおける菌体の増殖

示す．基質量は培養時間 t とともに連続的に減少し，菌体量は連続的に増加する．したがって，式 (3.2) で示した細胞収率は基質量 W_S（あるいは n_S）と菌体量 W_X の時間変化の比として次のように書き改めることができる．

$$Y_{X/S} = \frac{dW_X}{dt} \bigg/ \left(-\frac{dW_S}{dt}\right) = -\frac{dW_X}{dW_S} \quad \left(\text{あるいは} \ -\frac{dW_X}{dn_S}\right) \tag{3.3}$$

この $Y_{X/S}$ を微分細胞収率 (differential cell yield) とよぶ．一方，培養開始時の菌体量 W_{X0} と基質量 W_{S0}（あるいは n_{S0}）および培養終了後の菌体量 W_{Xf} と基質量 W_{Sf}（あるいは n_{Sf}）から求められる収率は次式のように表される．

$$Y_{X/S} = \frac{W_{Xf} - W_{X0}}{W_{S0} - W_{Sf}} \quad \left(\text{あるいは} \ \frac{W_{Xf} - W_{X0}}{n_{S0} - n_{Sf}}\right) \tag{3.4}$$

この $Y_{X/S}$ を総括細胞収率 (overall cell yield) とよぶ．なお，収率を求める際は，菌体質量の変化量および基質量の変化量を，濃度の変化量（それぞれ C_X および C_S）で表してもよく，その場合，式 (3.3)，式 (3.4) はそれぞれ次の式 (3.5)，式 (3.6) のようになる．

$$Y_{X/S} = -\frac{dC_X}{dC_S} = \frac{C_X - C_{X0}}{C_{S0} - C_S} \tag{3.5}$$

$$Y_{X/S} = \frac{C_{Xf} - C_{X0}}{C_{S0} - C_{Sf}} \tag{3.6}$$

たとえば，同じ酵母を用いて燃料用エタノールを生産する場合，代謝生産物であるエタノールの収率を上げることが重要となる．グルコースを唯一の炭素源として含む合成培地で，*Aerobacter aerogenes* を培養したときの $Y_{X/S}$ の値は，嫌気培養では 26.1 g–cell·mol^{-1}–glucose であるが，好気培養では 72.7 g–cell·mol^{-1}–glucose であっ

た．これは好気培養においては，分子状酸素の存在によって代謝反応のエネルギー獲得量が増大し，増殖の収率が高まったためである．このように，菌体の増殖は獲得したエネルギー量にも関係する．好気培養の場合，分子状酸素がエネルギー源として寄与していると考え，酸素消費量 ΔW_{O2}（あるいは Δn_{O2}）を基準とした収率因子 $Y_{X/O}$ を次のように定義する．

$$Y_{X/O} = \frac{\Delta W_X}{\Delta W_{O2}} \quad \left(\text{あるいは } \frac{\Delta W_X}{\Delta n_{O2}}\right) \tag{3.7}$$

酸素消費量は，菌体が増殖するための酸素要求量でもあるから，基質消費量に対する酸素要求量の割合 $R_{O/S}$ を次のように表すと，培養に必要な酸素量を評価することができる．

$$R_{O/S} = \frac{\Delta W_{O2}}{\Delta W_S} \quad \left(\text{あるいは } \frac{\Delta n_{O2}}{\Delta n_S}\right) \tag{3.8}$$

最少培地を用いて *Aerobacter aerogenes* を好気培養したとき，収率因子 $Y_{X/S}$ と $Y_{X/O}$ に及ぼす基質の種類の影響，ならびにそれぞれの $R_{O/S}$ の値を表3.1に示す．表中の $Y_{X/S}$ は，基質消費量をモル数で評価したもの（単位 g-cell·mol^{-1}-substrate）と基質中に含まれる炭素量で評価したもの（単位 g-cell·g^{-1}-carbon）で表した．3.1.2項で述べる生物化学量論式をもとにして基質消費量から期待される菌体の増殖量や代謝産物量を議論する際は，生物化学量論式がモル数とモル数の間の関係で記述されるので，$Y_{X/S}$ の単位としては［g-cell·mol^{-1}-substrate］のほうが取り扱いやすい．一方，菌体を構成するもっとも重要な元素は炭素であるので，基質中の炭素からどれだけの増殖量が得られるかを議論するには，$Y_{X/S}$ の単位としては［g-cell·g^{-1}-carbon］のほ

表3.1 *Aerobacter aerogenes* の好気培養における収率因子と $R_{O/S}$ の値

基質	分子量	$Y_{X/S}$ [*1]	$Y_{X/S}$ [*2]	$Y_{X/O}$ [*3]	$R_{O/S}$ [*4]
マルトース	342	149.2	1.04	48.2	3.10
マンニトール	182	95.5	1.33	38.0	2.51
グルコース	180	72.7	1.01	35.4	2.05
フルクトース	180	76.1	1.06	46.8	1.63
リボース	150	53.2	0.89	31.2	1.71
コハク酸	118	29.7	0.62	20.0	1.49
グリセロール	92	41.8	1.16	31.0	1.35
乳酸	90	16.6	0.46	11.8	1.41
ピルビン酸	88	17.9	0.50	15.2	1.18
酢酸	60	10.5	0.44	10.0	1.05

[*1] 単位は［g-cell·mol^{-1}-substrate］．[*2] 単位は［g-cell·g^{-1}-carbon］．
[*3] 単位は［g-cell·mol^{-1}-O$_2$］．[*4] 単位は［mol-O$_2$·mol^{-1}-substrate］．

うが理解しやすい．基質を構成する炭素，水素，酸素の比がほぼ同一のマルトース，マンニトール，グルコース，フルクトースでは，$Y_{X/S}$ の値はほぼ同一となる．好気培養の場合，代謝機能を評価する1つの尺度として，二酸化炭素の放出に着目した次式で定義される呼吸商（respiratory quotient：RQ）がある．

$$\mathrm{RQ} = \frac{\Delta W_{\mathrm{CO2}}}{\Delta W_{\mathrm{O2}}} \quad \left(\text{あるいは } \frac{\Delta n_{\mathrm{CO2}}}{\Delta n_{\mathrm{O2}}}\right) \tag{3.9}$$

実際には，酸素消費速度と二酸化炭素生成速度をそれぞれ測定することによってRQの値が求められる．この値は生物化学量論式を決定する際に重要なパラメーターとなる．

生産物に関する収率因子は，次のように定義される．

$$Y_{\mathrm{P/S}} = \frac{\Delta W_{\mathrm{P}}}{\Delta W_{\mathrm{S}}} \quad \left(\text{あるいは } \frac{\Delta n_{\mathrm{P}}}{\Delta n_{\mathrm{S}}}\right) \tag{3.10}$$

ここで，$Y_{\mathrm{P/S}}$ は基質消費量に対する生産物の収率を表す．ΔW_{P}（あるいは Δn_{P}）は生成物の生成量である．$Y_{\mathrm{P/S}}$ の値は，生産物ごとにそれぞれ求められる．

3.1.2 ■ 増殖の生物化学量論

生物反応を単純化し，化学量論式で表すと，反応物および生成物の定量的扱いが容易になる．増殖の生物化学量論式を示すためには，まず微生物はどのような化学式で表されるかを明らかにしなければならない．微生物には，タンパク質，多糖類，DNA，RNAなどの高分子物質や，脂質など細胞構成素材としての低分子物質が種々含まれ，それぞれが化合物であるため，微生物自体を1つの化学式として表現することはできない．そこで，構成元素を用いた組成式で微生物を表現することが行われる．組成式は微生物を元素分析すれば決定できる．たとえば，元素分析の結果が炭素48.7％，水素7.3％，酸素21.1％，窒素13.9％，灰分9％であるとき，各元素の組成比は，

$$\mathrm{C:H:O:N} = \frac{48.7}{12.01} : \frac{7.3}{1.01} : \frac{21.1}{16.00} : \frac{13.9}{14.01} = 1:1.78:0.33:0.24 \tag{3.11}$$

となるので，この微生物は $\mathrm{CH}_{1.78}\mathrm{O}_{0.33}\mathrm{N}_{0.24}$ と表現される．このような元素分析から決定した微生物の化学式（chemical equation of microbe）の例を表3.2に示す．この例からわかるように，種類が異なってもその元素組成はほぼ同一であり，特に乾燥質量あたりの炭素含有量はほぼ $0.5\,\mathrm{g\text{-}carbon \cdot g^{-1}\text{-}cell}$ になることがわかる．好気培養を想定して生物化学量論式（biochemical stoichiometric equation）に分子状酸素を含め，窒素源としてはアンモニアを仮定した場合，図3.1に示した物質収支の概念図を生物

表 3.2　微生物の元素組成とその化学式の例

細胞	質量分率 [%]					化学式
	C	H	O	N	灰分	
Aerobacter aerogenes	48.7	7.3	21.1	13.9	9.0	$CH_{1.78}O_{0.33}N_{0.24}$
Klebsiella aerogens	50.6	7.3	29.0	13.0	0.1	$CH_{1.72}O_{0.43}N_{0.22}$
yeast	47.0	6.5	31.0	7.5	8.0	$CH_{1.64}O_{0.50}N_{0.14}$
Candida utilis	50.0	7.6	31.3	11.1	−	$CH_{1.81}O_{0.47}N_{0.19}$

化学量論式で表現すれば次式のようになる．

$$C_aH_bO_c + xNH_3 + yO_2 \rightarrow zCH_dO_eN_f + uC_gH_hO_iN_j + vCO_2 + wH_2O \quad (3.12)$$
（炭素源）　　　　　　　　　（菌体）　　　（生産物）

二酸化炭素以外の含炭素化合物を生産しない場合は，生物化学量論式の右辺第 2 項は不要であり，逆に生産物が複数ある場合はそれらのすべてを右辺に書き加える必要がある．いま，菌体の増殖を目的とした好気培養で，二酸化炭素以外の含炭素化合物を生産しない場合，すなわち $u = 0$ の場合を考える．用いた炭素源と菌体の組成がそれぞれ既知であれば，式 (3.12) の未知数は x, y, z, v, w の 5 つとなる．炭素，水素，酸素，窒素の各元素収支を考えれば 4 つの収支式が得られる．このほかに呼吸商 RQ，収率因子 $Y_{X/S}$，$Y_{X/O}$ の値のうちの 1 つが培養結果から得られれば，未知数間の関係式が合計 5 つ得られることになるので，これらの式を解くことによってすべての未知数の値が決定できる．

3.1.3 ■ 基質の燃焼熱とエネルギー基準の収率因子

増殖の生物化学量論式が式 (3.12) で表されるとき，反応熱量 (reaction heat) Q は次式によって計算される．

$$Q = \Delta H_S \Delta n_S - \sum \Delta H_P \Delta n_P - \Delta H_X \Delta W_X \quad (3.13)$$

ここで，ΔH_S，ΔH_P は基質と生産物をそれぞれ完全酸化させる際に発生する燃焼熱量を表す．おもな生物化学関連化合物の燃焼熱量を表 3.3 に示す．また，ΔH_X は菌体の燃焼熱量を表し，微生物の種類によらず 22.2 kJ·g^{-1}-cell というほぼ一定の値で評価できる．単位基質消費量あたりの反応熱量 q ($= Q/\Delta n_S$) を導入すれば式 (3.13) は，

$$q = \Delta H_S - \sum \Delta H_P Y_{P/S} - \Delta H_X Y_{X/S} \quad (3.14)$$

となる．

好気培養のときは，呼吸速度，すなわち酸素消費量から反応熱量を推算できる．多

3.1 生物化学量論

表3.3 おもな生物化学関連化合物の燃焼熱量

化合物	燃焼熱量 [kJ·mol^{-1}]
メタン	891
メタノール	727
エタノール	1370
グリセロール	1670
ホルムアルデヒド	561
アセトアルデヒド	1170
アセトン	1830
ギ酸	263
酢酸	873
乳酸	1360
ピルビン酸	1170
酒石酸	1150
マレイン酸	1340
コハク酸	1500
フマル酸	1340
キシロース	2350
ガラクトース	2810
グルコース	2820
ラムノース	3010
マルトース	5650
アセチルメチルカルビノール	2220

くの実験データから，反応熱生成速度は酸素消費速度に比例し，反応熱量 Q と酸素消費量 Δn_{O2} の間の関係は次式で表すことができる．

$$Q = \Delta H_0 \Delta n_{O2} \tag{3.15}$$

ここで，ΔH_0 は酸素消費量 1 mol あたりの反応熱量を表し，520 kJ·mol^{-1}-O_2 で評価できる．単位基質消費量あたりの反応熱量 q は，

$$q = \Delta H_0 R_{O/S} \tag{3.16}$$

となる．

　タンパク質やアミノ酸などを含む複合培地を用いて培養すると，微生物の栄養源としての炭素源はすべて異化代謝でのエネルギー生成に消費される．一方，唯一の炭素源以外に無機栄養源しか含まない最少培地を用いて培養すれば，栄養源としての炭素源は，異化代謝でのエネルギー生成に消費されるとともに同化代謝でも消費される．したがって，最少培地を用いた培養では，基質消費量 ΔW_S には異化代謝で消費された分 $\Delta W_{S,C}$（あるいは $\Delta n_{S,C}$）のほかに同化代謝で消費された分 $\Delta W_{S,A}$（あるいは $\Delta n_{S,A}$）

が含まれていることになるから，ΔW_S（あるいは Δn_S）は次のように表される．

$$\Delta W_S = \Delta W_{S,A} + \Delta W_{S,C} \quad (あるいは\ \Delta n_S = \Delta n_{S,A} + \Delta n_{S,C}) \tag{3.17}$$

いま，基質の炭素含量を W_S，菌体の炭素含量を W_X と表し，菌体中に含まれる炭素量が同化代謝で消費された炭素量に等しいとすれば，次の関係が成立する．

$$\Delta W_{S,A} = \frac{W_X}{W_S} \Delta W_X \tag{3.18}$$

したがって，基質消費量のうちの異化代謝による消費量の割合は次式のように表される．

$$\frac{\Delta W_{S,C}}{\Delta W_S} = 1 - \frac{\Delta W_{S,A}}{\Delta W_S} = 1 - \frac{W_X}{W_S} Y_{X/S} \tag{3.19}$$

異化代謝において生成するエネルギー ΔH_C に対する，菌体の増殖量分 ΔW_X の割合を異化代謝エネルギー基準の収率因子とよび，次式で定義する．

$$Y_C = \frac{\Delta W_X}{\Delta H_C} \tag{3.20}$$

ここで，異化代謝において生成するエネルギー ΔH_C は基質と代謝産物における燃焼熱量の差で評価できる．特に最少培地を用いた培養では，基質は異化代謝と同化代謝で消費されるから，基質消費量を異化代謝によるものに補正しなければならない．したがって，異化代謝において生成するエネルギー ΔH_C は次式で与えられる．

$$\Delta H_C = \Delta H_S \Delta n_{S,C} - \sum \Delta H_P \Delta n_P \tag{3.21}$$

したがって，Y_C は次式で求められる．

$$\begin{aligned} Y_C &= \frac{\Delta W_X}{\Delta H_S \Delta n_{S,C} - \sum \Delta H_P \Delta n_P} \\ &= \frac{Y_{X/S}}{\Delta H_S (\Delta n_{S,C}/\Delta n_S) - \sum \Delta H_P Y_{P/S}} \end{aligned} \tag{3.22}$$

複合培地を用いた培養の場合は，基質はすべて異化代謝で消費されると考え，$\Delta n_{S,C}/\Delta n_S$ の値を 1 として扱えばよい．

好気培養のときの異化代謝エネルギー量は最少培地，複合培地いずれを用いた培養でも酸素消費量から次のように推定できる．

$$\Delta H_C = \Delta H_0 \Delta n_{O_2} \tag{3.23}$$

ここで，ΔH_0 の値は 520 kJ・mol^{-1}−O_2 である．

同化代謝で微生物の構成成分として蓄積されたエネルギーを ΔH_A として，これも含めた全代謝エネルギー ΔH を考えれば ΔH は次のように表される．

$$\Delta H = \Delta H_A + \Delta H_C \tag{3.24}$$

構成成分として蓄積されたエネルギーを，細胞の燃焼熱量 ΔH_X から推定することを考えてみる．ΔH_X と ΔH_A の関係は次式で与えられる．

$$\Delta H_A = \Delta H_X \Delta W_X \tag{3.25}$$

したがって，ΔH は次式のようになる．

$$\Delta H = \Delta H_X \Delta W_X + \Delta H_C \tag{3.26}$$

異化代謝で生成したエネルギーと，同化代謝で構成成分として蓄積されたエネルギーの和である全代謝エネルギーを基準とした収率因子 Y_{kJ} が定義できる．すなわち，最少培地を用いた培養の場合は，

$$\begin{aligned} Y_{kJ} &= \frac{\Delta W_X}{\Delta H} = \frac{\Delta W_X}{\Delta H_X \Delta W_X + \Delta H_S \Delta n_{S,C} - \sum \Delta H_P \Delta n_P} \\ &= \frac{Y_{X/S}}{\Delta H_X Y_{X/S} + \Delta H_S (\Delta n_{S,C}/\Delta n_S) - \sum \Delta H_P Y_{P/S}} \end{aligned} \tag{3.27}$$

となる．

3.1.4 ■ ATP 生成基準の収率因子

生体エネルギーの伝達物質である ATP の生成量 Δn_{ATP} を基準とした収率因子 Y_{ATP} を次のように定義する．

$$Y_{ATP} = \frac{\Delta W_X}{\Delta n_{ATP}} = \frac{Y_{X/S}}{Y_{ATP/S}} \tag{3.28}$$

ここで，$Y_{ATP/S}$ は基質消費量あたりの ATP 生成収率を表す．生成した ATP は同化代謝で ADP となり，この ADP はただちに異化代謝で再生されて ATP となる．このように，実際の生体内では，動的な代謝回転（metabolic turnover）によって ATP の濃度が一定に保たれている．したがって，ATP の生成量を直接測定することは困難であるから，異化代謝の経路を考慮して基質消費量などから ATP の生成量を推定する．好気培養における酸化的リン酸化過程での ATP 生成量は，細胞の種類や培養条件によっても異なるので，$R_{ATP/O}$ 値（呼吸によって消費される酸素 1 原子あたりに作られる ATP のモル数）を 3 として ATP 生成量を推定するわけにはいかない．そこで，

Y_{ATP} の値が嫌気培養でも好気培養でも同じ値であると仮定して，嫌気培養から求めた Y_{ATP} の値から実際の酸化的リン酸化過程での ATP 生成量を推定している．Y_{ATP} の値が嫌気培養と好気培養で同じ値になるという仮定は，菌体の増殖が ATP の生成量に比例し，好気培養によって生成したより多くの ATP が，そのまま菌体の増殖に寄与するという考え方を反映したものである．

グルコースを唯一の炭素源として含む最少培地を用いて，*Aerobacter aerogenes* を嫌気培養して酢酸を生産させる場合，ATP 生成に関する代謝経路には，解糖系によるグルコースからピルビン酸への変換と，そのピルビン酸から酢酸を生成する変換の 2 つがある．この培養では最少培地を用いているので，炭素源としてのグルコースは異化代謝のほかに同化代謝でも利用される．したがって，異化代謝で消費されたグルコース量をもとに ATP 生成量を計算することに注意しなければならない．同化代謝で利用されるグルコースは ATP 生成に関与しないとすれば，ATP 生成量は，異化代謝による ATP 生成量 $\Delta n_{ATP,C}$ と生産物の生成に伴う ATP 生成量 $\Delta n_{ATP,P}$ の和で表されるから Y_{ATP} は次式のように表すことができる．

$$Y_{ATP} = \frac{\Delta W_X}{\Delta n_{ATP}} = \frac{\Delta W_X}{\Delta n_{ATP,C} + \sum \Delta n_{ATP,P}}$$
$$= \frac{Y_{X/S}}{Y_{ATP/S}(\Delta n_{S,C}/\Delta n_S) + \sum Y_{ATP/P} Y_{P/S}} \quad (3.29)$$

微生物をさまざまな炭素源を用いて嫌気培養したときの Y_{ATP} の値は微生物や炭素源の種類にかかわらず，ほぼ $10\ \mathrm{g\text{-}cell \cdot mol^{-1}\text{-}ATP}$ である．

一方，*Aerobacter aerogenes* の好気培養では酢酸が生成されないので，$\Delta n_{ATP,P}$ の項はなくなり，その代わりに酸化的リン酸化過程における ATP 生成量 $\Delta n_{ATP,0}$ の項が加わるため Y_{ATP} は次式のようになる．

$$Y_{ATP} = \frac{\Delta W_X}{\Delta n_{ATP,C} + \Delta n_{ATP,0}}$$
$$= \frac{Y_{X/S}}{Y_{ATP/S}(\Delta n_{S,C}/\Delta n_S) + R_{ATP/O} R_{O/S}} \quad (3.30)$$

3.2 ■ 酵素反応の速度論

生物反応では酵素の触媒作用により，化学反応よりも温和な条件で生成物を得ることができる．酵素を用いて物質生産を行う場合，直接関係する反応の総括的な自由エネルギー変化を求めることにより，平衡状態における反応物と生成物の存在比を予測

することができる．しかし，平衡論では反応を完結するまでの時間を予測することはできない．工業的規模で物質生産を行う場合は，単位時間あたりに消費される原料と生成する目的物の量を推定することが反応装置を設計するうえで必要不可欠となる．反応速度論はこれらの取り扱いの基礎となる．

3.2.1 ■ Michaelis–Menten の式

反応の初速度（initial rate）とは，基質 S の減少および生成物 P の存在の影響が無視できる条件下での反応速度として定義される．S → nP で示される反応の場合，S と P の濃度をそれぞれ C_S と C_P [M] で表すと，初速度は，

$$-\frac{dC_S}{dt}\bigg|_{t\to 0} = \frac{1}{n}\frac{dC_P}{dt}\bigg|_{t\to 0} \tag{3.31}$$

で定義される．実際には，図 3.3 に示すように，基質または生成物の濃度の経時変化（time course）が直線として取り扱える範囲での基質濃度 C_S の減少勾配あるいは生成物濃度 C_P の増加勾配を初速度とみなすことができる．不可逆反応の場合は通常，反応率が 5～10％程度以内の範囲の濃度勾配から初速度を求めることができる．

1 基質による酵素反応では，多くの場合，反応の初速度と基質濃度の関係は図 3.4 に示すような曲線の形をとる．Henri および Michaelis と Menten はこのような挙動を説明するためのモデルを提案した．このモデルにおける最も重要な考え方は，基質 S はまず酵素 E と共有結合によらない酵素−基質複合体（enzyme-substrate complex: ES 複合体）という反応中間体を形成することである．基質分子は酵素分子上の特定の箇所に結合する．次に，反応中間体は酵素の触媒作用により，生成物 P を生成する．

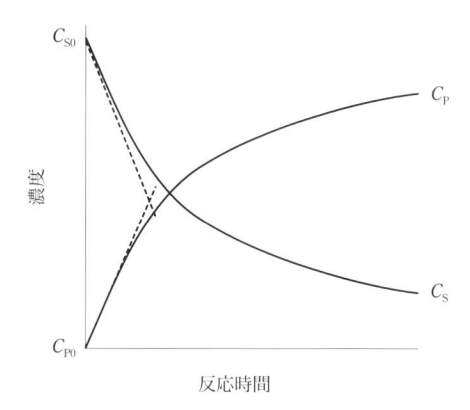

図 3.3　基質と生成物の濃度変化

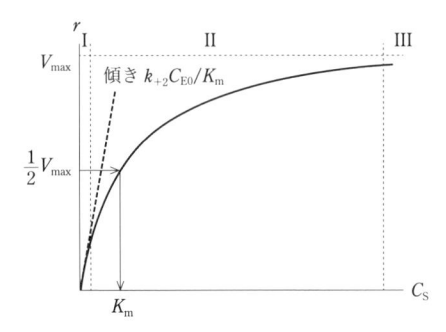

図 3.4 Michaelis–Menten 型の酵素反応における初速度 r と基質濃度 C_S の関係

最後に，生成した生成物は酵素分子表面から脱離する．生成物が脱離した酵素は再び反応に使用される．すなわち，触媒である酵素は反応によって変化しない．この考え方を式で表すと，次式のようになる．

$$E + S \underset{k_{-1}}{\overset{k_{+1}}{\rightleftarrows}} ES \xrightarrow{k_{+2}} E + P \tag{3.32}$$

$k_{+1} [\mathrm{M^{-1}s^{-1}}]$ は基質と酵素の結合速度定数，$k_{-1} [\mathrm{s^{-1}}]$ は酵素-基質複合体の解離速度定数，$k_{+2} [\mathrm{s^{-1}}]$ は生成物の生成速度定数である．本モデルは非常に単純であるが，多くの酵素反応速度の基質濃度依存性を説明することができる．基質が 2 種類以上の場合や，反応が何段階にもわたっている場合でも，基本的にはこのモデルが基礎になる．

式 (3.32) により表される反応機構に対する速度式は，迅速平衡法 (rapid equilibrium method)，あるいは定常状態法 (method of steady state) により導かれる．迅速平衡法は Michaelis と Menten が考えた方法であり，定常状態法は Briggs と Haldane が提唱した方法である．いずれの方法においても，基質は酵素に比較して大過剰に存在すること，酵素分子中の基質結合部位（活性部位）は 1 つであることを前提とする．迅速平衡法では，E と S から ES 複合体が生成する反応の速度過程は反応開始後きわめて速やかに平衡状態に達すると仮定する．すなわち，E, S, ES に対するモル濃度を，それぞれ C_E, C_S, C_{ES} とすると，平衡状態では，ES 複合体が生成する正反応と ES 複合体が E と S に解離する逆反応の速度が等しいので，次式が成立する．

$$k_{+1} C_E \cdot C_S = k_{-1} C_{ES} \tag{3.33}$$

式 (3.33) から，

$$\frac{C_\mathrm{E} \cdot C_\mathrm{S}}{C_\mathrm{ES}} = \frac{k_{-1}}{k_{+1}} = K_\mathrm{ES} \tag{3.34}$$

が得られる．ここで，$K_\mathrm{ES}\,[\mathrm{M}]$ は ES 複合体の解離定数（dissociation constant）であり，化学反応における平衡定数の逆数として定義される．解離定数は，ES 複合体の E と S への解離のしやすさ（結合の困難さ）の程度を表す．

一方，定常状態法では，ES 複合体の濃度が反応開始後きわめて速やかに定常状態になると仮定する．すなわち，ES 複合体濃度の時間的変化はゼロとなる．

$$\frac{\mathrm{d}C_\mathrm{ES}}{\mathrm{d}t} = k_{+1} C_\mathrm{E} \cdot C_\mathrm{S} - (k_{-1} + k_{+2}) C_\mathrm{ES} = 0 \tag{3.35}$$

式 (3.35) を変形すると次式のようになる．

$$\frac{C_\mathrm{E} \cdot C_\mathrm{S}}{C_\mathrm{ES}} = \frac{k_{-1} + k_{+2}}{k_{+1}} = K'_\mathrm{ES} \tag{3.36}$$

式 (3.34) と式 (3.36) を比較すると，$k_{-1} \gg k_{+2}$ のとき，K'_ES は K_ES に一致することがわかる．

生成物の生成速度 $r\,[\mathrm{M \cdot s^{-1}}]$ は，ES の濃度に比例するので，次式のように表される．

$$r = k_{+2} C_\mathrm{ES} \tag{3.37}$$

k_{+2} は生成物の生成速度定数である．反応液中に存在する酵素の全濃度 C_E0 は一定であるので，

$$C_\mathrm{E0} = C_\mathrm{E} + C_\mathrm{ES} \tag{3.38}$$

が成り立ち，式 (3.34) あるいは式 (3.36) と式 (3.38) から，C_ES は次式で与えられる．

$$C_\mathrm{ES} = \frac{C_\mathrm{E0} \cdot C_\mathrm{S}}{K_\mathrm{m} + C_\mathrm{S}} \tag{3.39}$$

ここで，K_m は迅速平衡法の場合は K_ES に，定常状態法では K'_ES に相当する．式 (3.39) を式 (3.37) に代入すると，

$$r = \frac{k_{+2} C_\mathrm{E0} \cdot C_\mathrm{S}}{K_\mathrm{m} + C_\mathrm{S}} = \frac{V_\mathrm{max} C_\mathrm{S}}{K_\mathrm{m} + C_\mathrm{S}} \tag{3.40}$$

$$V_\mathrm{max} = k_{+2} C_\mathrm{E0} \tag{3.41}$$

が得られる．$V_\mathrm{max}\,[\mathrm{M \cdot s^{-1}}]$ を最大速度（maximum rate）とよぶ．式 (3.40) は通常，Michaelis–Menten の式，また $K_\mathrm{m}\,[\mathrm{M}]$ は Michaelis 定数（Michaelis constant）とよばれている．Michaelis–Menten の式のおもな特徴は次の 4 点に整理される（図 3.4）．

(1) 基質濃度 C_S が一定の条件では，反応速度 r は酵素濃度 C_{E0} に比例する．したがって，酵素をたくさん加えることで反応速度を高めることができる．

(2) 基質濃度 C_S が低い範囲（図 3.4 の I の領域）では，r は直線的に増加し（傾き V_{max}/K_m），すなわち基質濃度に比例し，次のような一次の反応速度式で近似できる．

$$r \cong \frac{V_{max}}{K_m} C_S \tag{3.42}$$

(3) C_S が十分に高くなると（図 3.4 の III の領域），r は最大速度 V_{max} に漸近する．この状態では，反応速度は基質濃度によらず，次のような 0 次の反応速度式で近似できる．

$$r \cong V_{max} \tag{3.43}$$

(4) K_m 値は V_{max} の 1/2 の値を示す基質濃度に対応する．

酵素反応速度をターンオーバー数（turnover number）で表すことがある．この値は酵素 1 分子が 1 秒あたり何分子の生成物を作るかを示しており，s^{-1} の単位をもつ．たとえば，酵素濃度が 1.0×10^{-6} M で，1 分間に 1.0×10^{-2} M の生成物が得られた場合，ターンオーバー数の値は約 $170\, s^{-1}$ となる．

3.2.2 ■ 動力学定数の算出法

Michaelis-Menten 式の中に含まれるパラメーター，K_m と V_{max} を動力学定数あるいは速度論的パラメーター（kinetic constant）という．これらの値は，酵素，基質の種類だけではなく反応条件によっても異なる．動力学定数はそれぞれの条件下における初速度の基質濃度依存性の実験結果から求めることができる．式 (3.40) で表される Michaelis-Menten の式は次のように変形できる．

$$\frac{1}{r} = \frac{1}{V_{max}} + \frac{K_m}{V_{max}} \frac{1}{C_S} \tag{3.44}$$

$$\frac{C_S}{r} = \frac{K_m}{V_{max}} + \frac{C_S}{V_{max}} \tag{3.45}$$

$$r = V_{max} - K_m \frac{r}{C_S} \tag{3.46}$$

式 (3.44)，式 (3.45)，式 (3.46) によるデータプロットはそれぞれ，Lineweaver-Burk プロット（L-B プロットと略す，図 3.5 (a)），Hanes-Woolf プロット（あるいは Langmuir プロット，図 3.5 (b))，Eadie-Hofstee プロット（図 3.5 (c)）とよばれている．

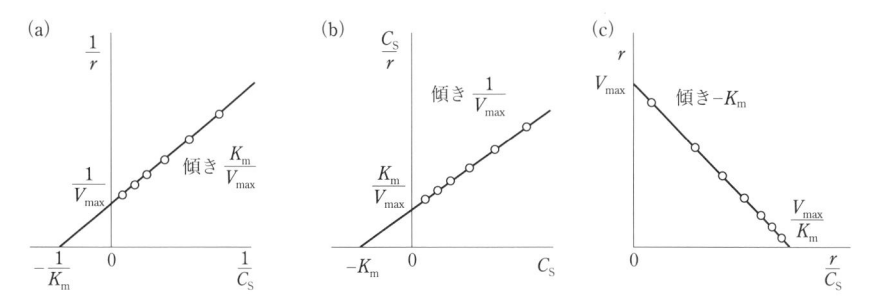

図 3.5 Michaelis–Menten の式に対する 3 種類のプロット

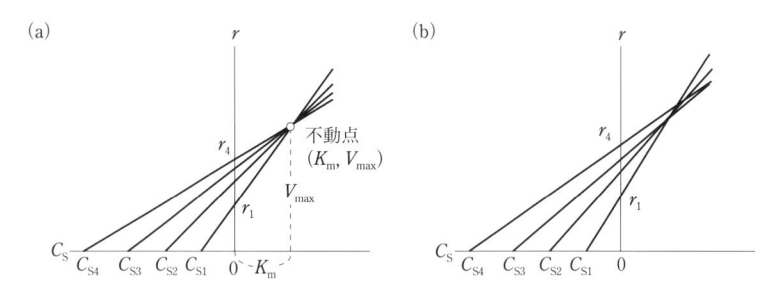

図 3.6 Cornish–Eisenthal–Bowden プロット

Lineweaver–Burk プロットは初速度と基質濃度の両方の値の逆数をプロットするので，両逆数プロットともよばれる．図中に示すそれぞれのプロットの勾配，縦軸の切片，横軸の切片の値から K_m 値，V_{max} 値が求められる．通常，Lineweaver–Burk プロットが用いられることが多いが，基質濃度の低い範囲での実験データ（初速度）のばらつきが無視できない場合に最小二乗法を適用すると，正確にパラメーターの値を求めることができない．このような場合には，Lineweaver–Burk プロットよりもむしろ Eadie–Hofstee プロットや Hanes–Woolf プロットが適している．

式 (3.40) は次の式 (3.47)，式 (3.48) のようにとらえることもできる．

$$\frac{r}{C_S} = \frac{V_{max}}{K_m + C_S} \tag{3.47}$$

$$r : C_S = V_{max} : (K_m + C_S) \tag{3.48}$$

式 (3.48) の関係が成り立つのであれば，初期基質濃度 C_{S0} を x 軸のマイナス側に，その濃度に対応する反応初速度 r を y 軸にそれぞれプロットすると，その延長線は一点（不動点）で交わる（図 3.6(a)）．そして，不動点の位置は (K_m, V_{max}) に相当する．

このようなプロットを Cornish-Eisenthal-Bowden プロットとよぶ．しかし，それぞれのデータには必ず誤差が含まれ，図 3.6 (b) に示すように一点で交わらない場合が多い．そのため，Cornish-Eisenthal-Bowden プロットでは動力学定数を求めることと同時に，測定の誤差を評価することができる．

3.2.3 ■ 阻害剤の反応機構

　酵素を変性により失活させるのではなく，酵素分子中の特定の部位に結合して反応速度を低下させる物質を阻害剤（inhibitor）という．特に，酵素分子に対して可逆的に結合する阻害剤を可逆的阻害剤とよぶ．可逆的阻害剤の中には，基質と類似の構造をもつ基質アナログ，補欠分子族に結合してその働きを阻害するもの，あるいは酵素の触媒部位以外の箇所と結合するものなどがある．可逆的阻害剤による阻害形式は，通常，①拮抗型，②不拮抗型（反拮抗型），③非拮抗型，④混合型に大別される．これらの阻害形式における典型的な反応機構とおもな特徴を以下に示す．以下では，阻害剤を I，酵素－阻害剤複合体を EI，酵素－基質－阻害剤複合体を ESI とし，それぞれの濃度を C_I，C_{EI}，C_{ESI} で表す．

（1）拮抗型（competitive inhibition）

　拮抗型の阻害形式では，基質と阻害剤の両方が酵素の基質結合部位に結合でき，両者が結合部位を奪い合う（図 3.7 (a)）．酵素と阻害剤の複合体（EI）から生成物を生じることはない．生成物は，Michaelis-Menten 型の反応機構と同様に ES 複合体を経て生じる．阻害形式を式で表すと次式のようになる．

$$E \begin{array}{c} \xrightarrow{+S} \stackrel{K_m}{\rightleftharpoons} ES \xrightarrow{k_{+2}} E+P \\ \xrightarrow{+I} \stackrel{K_{EI}}{\rightleftharpoons} EI \xrightarrow{}\!\!\!\!\times\!\!\!\!\xrightarrow{} \end{array} \qquad (3.49)$$

ここで，EI の解離定数 K_{EI} は次式で与えられる．

$$K_{EI} = \frac{C_E \cdot C_I}{C_{EI}} \qquad (3.50)$$

拮抗型の阻害形式では，基質濃度を高めることにより阻害剤の効果が薄れるが，最大反応速度に変化はない．ただし，基質の酵素親和性は減少し，K_m 値は増大する．

（2）不拮抗型（反拮抗型，uncompetitive inhibition）

　不拮抗型の阻害形式においては，基質分子が酵素に結合することにより酵素の構造変化が生じ，基質結合部位とは異なる阻害剤結合部位が形成され，阻害剤の結合により酵素活性が低下する．阻害形式を式で表すと次式のようになる．

(a) 拮抗阻害

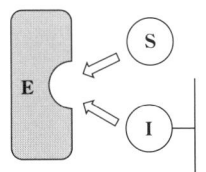

(b) 不拮抗阻害

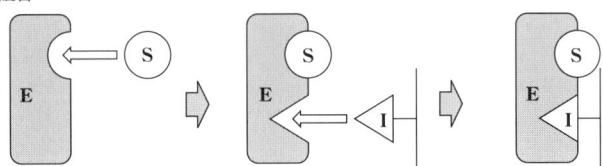

(c) 非拮抗阻害

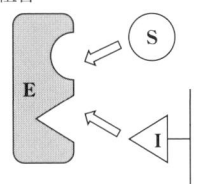

図 3.7　阻害形式の模式図

$$E+S \underset{}{\overset{K_m}{\rightleftarrows}} ES \xrightarrow{k_{+2}} E+P \\ \searrow +I \underset{}{\overset{K_{ESI}}{\rightleftarrows}} ESI \rightarrow\!\!\times\!\!\rightarrow \tag{3.51}$$

ここで，ESI 複合体の解離定数 K_{ESI} [M] は次式で与えられる．

$$K_{ESI} = \frac{C_{ES} \cdot C_I}{C_{ESI}} \tag{3.52}$$

(3) 非拮抗型（noncompetitive inhibition）

　非拮抗型の阻害形式を示す酵素は，基質と阻害剤の結合部位をそれぞれ別の位置にもち，酵素と基質の複合体 ES には阻害剤が，酵素と阻害剤の複合体 EI には基質がそれぞれ独立に結合することができる．阻害形式を式で表すと次式のようになる．

$$E \begin{array}{l} \nearrow +S \overset{K_m}{\rightleftarrows} ES \xrightarrow{k_{+2}} E+P \\ \searrow +I \overset{K_{ESI}}{\rightleftarrows} ESI \rightarrow\!\!\times\!\!\rightarrow \\ \searrow +I \overset{K_{EI}}{\rightleftarrows} EI+S \overset{K'_m}{\rightleftarrows} EIS \rightarrow\!\!\times\!\!\rightarrow \end{array} \tag{3.53}$$

式 (3.53) で示される ESI, EIS 複合体は生成物を生成することはない．非拮抗型の阻害形式を示す酵素では，基質または阻害剤の結合による酵素の構造変化はなく，次式のようになる．

$$K_\mathrm{m} = \frac{C_\mathrm{E} \cdot C_\mathrm{S}}{C_\mathrm{ES}} = K'_\mathrm{m} = \frac{C_\mathrm{EI} \cdot C_\mathrm{S}}{C_\mathrm{EIS}} \tag{3.54}$$

$$K_\mathrm{EI} = \frac{C_\mathrm{E} \cdot C_\mathrm{I}}{C_\mathrm{EI}} = K_\mathrm{ESI} = \frac{C_\mathrm{ES} \cdot C_\mathrm{I}}{C_\mathrm{ESI}} \tag{3.55}$$

(4) 混合型

混合型の阻害形式は非拮抗型の阻害形式に類似するが，基質または阻害剤の結合により酵素の構造変化が生じ，各複合体の基質または阻害剤の解離定数が変化する．したがって，阻害形式は式 (3.53) と同じだが，解離定数が異なり次式のようになる．

$$K_\mathrm{m} = \frac{C_\mathrm{E} \cdot C_\mathrm{S}}{C_\mathrm{ES}} \neq K'_\mathrm{m} = \frac{C_\mathrm{EI} \cdot C_\mathrm{S}}{C_\mathrm{EIS}} \tag{3.56}$$

$$K_\mathrm{EI} = \frac{C_\mathrm{E} \cdot C_\mathrm{I}}{C_\mathrm{EI}} \neq K_\mathrm{ESI} = \frac{C_\mathrm{ES} \cdot C_\mathrm{I}}{C_\mathrm{ESI}} \tag{3.57}$$

上記の4つの阻害形式に対する反応初速度式は，ES 複合体や EI 複合体などの解離平衡式と酵素と複合体をつくっている各分子種の濃度の合計が全酵素濃度 C_E0 に等しいこと，および反応初速度は $k_{+2} C_\mathrm{ES}$ で表されることから導出される．各阻害形式に対する初速度式は Michaelis–Menten の式と同じ形の次式で表すことができる．

表 3.4　可逆的阻害剤が存在する場合の動力学定数

阻害形式	最大速度 $\hat{V}_\mathrm{max}$	Michaelis 定数 $\hat{K}_\mathrm{m}$
拮抗型	$V_\mathrm{max} = k_{+2} C_\mathrm{E0}$	$K_\mathrm{m}\left(1 + \dfrac{C_\mathrm{I}}{K_\mathrm{EI}}\right)$
不拮抗型	$\dfrac{V_\mathrm{max}}{1 + \dfrac{C_\mathrm{I}}{K_\mathrm{ESI}}}$	$\dfrac{K_\mathrm{m}}{1 + \dfrac{C_\mathrm{I}}{K_\mathrm{ESI}}}$
非拮抗型	$\dfrac{V_\mathrm{max}}{1 + \dfrac{C_\mathrm{I}}{K_\mathrm{EI}}}$	K_m
混合型	$\dfrac{V_\mathrm{max}}{1 + \dfrac{C_\mathrm{I} K_\mathrm{m}}{K_\mathrm{EI} K_\mathrm{EIS}}}$	$\dfrac{K_\mathrm{m}\left(1 + \dfrac{C_\mathrm{I}}{K_\mathrm{EI}}\right)}{1 + \dfrac{C_\mathrm{I} K_\mathrm{m}}{K_\mathrm{EI} K_\mathrm{EIS}}}$

$$r = \frac{\hat{V}_{max} C_S}{\hat{K}_m + C_S} \tag{3.58}$$

ただし，式 (3.58) 中の阻害剤の効果を反映した最大速度 $\hat{V}_{max}$ と Michaelis 定数 $\hat{K}_m$ は，表 3.4 に示すように各阻害形式により異なる．

3.2.4 ■ 基質阻害

酵素分子に基質の結合部位が複数存在し，2つ以上の基質が同時に結合すると生成物を生じない阻害形式を基質阻害（substrate inhibition）とよぶ．基質結合部位が2つ存在する場合の阻害形式を式で表すと次のようになる．

$$\begin{array}{c} E+S \xrightleftharpoons{K_m} ES \xrightarrow{k_{+2}} E+P \\ \searrow +S \xrightleftharpoons{K_{ESS}} ESS \xrightarrow{} \end{array} \tag{3.59}$$

ここで，K_{ESS} [M] は ESS 複合体の解離定数であり，次式で定義される．

$$K_{ESS} = \frac{C_{ES} \cdot C_S}{C_{ESS}} \tag{3.60}$$

基質阻害を考慮した反応速度式は次のように表すことができる．

$$r = \frac{V_{max} \cdot C_S}{K_m + C_S \left(1 + \dfrac{C_S}{K_{ESS}}\right)} \tag{3.61}$$

基質阻害型の阻害形式における反応初速度 r の基質濃度依存性の例を図 3.8 に示す．

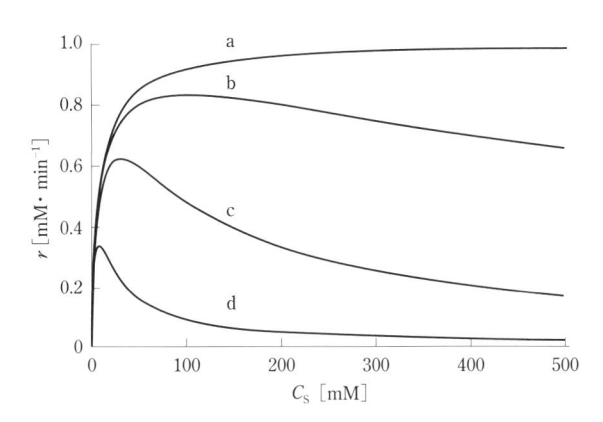

図 3.8 基質阻害が反応初速度に与える影響
$V_{max} = 1.0$ mM・min^{-1}，$K_m = 10$ mM．
(a) $K_{ESS} = \infty$，(b) $K_{ESS} = 1000$ mM，(c) $K_{ESS} = 100$ mM，(d) $K_{ESS} = 10$ mM

式 (3.61) において V_{max} の値は，基質阻害が無視できる条件（$K_{ESS} \to \infty$）での最大速度である．一方，r に対して C_S をプロットした曲線において，r の最大値を与える基質濃度 $C_{S,max}$ は次式で与えられるので，K_{ESS} を求めることができる．

$$C_{S,max} = (K_m K_{ESS})^{\frac{1}{2}} \tag{3.62}$$

3.2.5 ■ アロステリック酵素に対する速度式

基質の結合部位が複数個存在する多重部位型酵素（multisite-type enzyme）では，基質が結合することにより酵素の立体構造が変化し，その結果全体の反応速度が変化することがある．最初の基質分子が酵素に結合することにより，2番目の基質分子が同じ酵素に結合しやすくなることを「正の協同性」といい，逆の場合を「負の協同性」という．この結果，反応速度はシグモイド型の基質濃度依存性を示す．このような酵素をアロステリック酵素（allosteric enzyme）という．n 個の基質分子が同時に酵素に結合すると仮定すると，反応式は，

$$\mathrm{E} + n\mathrm{S} \rightleftarrows \mathrm{ES}_n \tag{3.63}$$

となる．ES_n 複合体の解離平衡定数 $K_m [\mathrm{M}^{n-1}]$ と反応速度 r は，それぞれ次の式 (3.64) と式 (3.65) で与えられる．

$$K_m = \frac{C_E \cdot C_S{}^n}{C_{ESn}} \tag{3.64}$$

$$r = \frac{V_{max} C_S{}^n}{K_m + C_S{}^n} \tag{3.65}$$

$n\,[-]$ は Hill 係数（Hill's coefficient）とよばれ，アロステリック効果の程度を示す．n が 1 よりも大きい場合は正の協同性を示し，1 よりも小さい場合は負の協同性を示す（図 3.9）．また，式 (3.65) を変形すると，

$$\log \left(\frac{r}{V_{max} - r} \right) = n \log C_S - \log K_m \tag{3.66}$$

が得られる．$\log[r/(V_{max} - r)]$ に対する $\log(C_S)$ のプロットは Hill プロットとよばれており，このプロットの勾配より n の値が求められる．

3.2.6 ■ 酵素活性の温度・pH 依存性

酵素は，種々の原因でその活性を失う．特に熱により失活することが多く，これを熱失活（thermal deactivation）という．酵素を一定温度で適当な緩衝液中で保持する

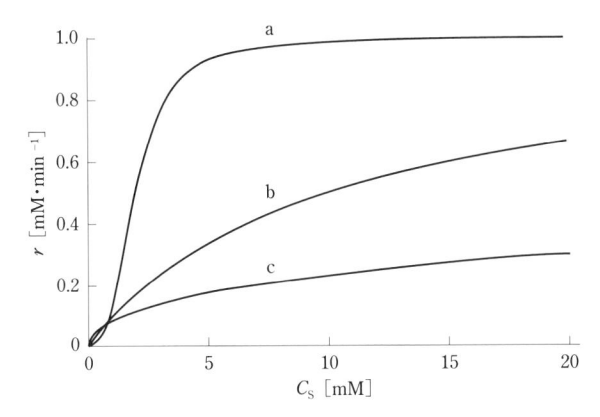

図 3.9 アロステリック酵素に対する反応初速度の基質濃度依存性
$V_{max} = 1.0$ mM·min^{-1}, $K_m = 10$ mM.
(a) $n = 3$, (b) $n = 1$, (c) $n = 0.5$.

と，緩衝液単位体積あたりの酵素の活性は経時的に減少する．通常，酵素分子の失活はいわゆる"all or none"の様式で起こる．すなわち，酵素分子の状態は活性を100%示すもとの状態と完全に失活している状態の2通りのみが在在し，中間の活性を示すことはないと考える．したがって，失活速度（inactivation rate）は，次の式 (3.67) で表されるように未失活酵素の濃度 C_E に比例する一次の反応速度過程に従う．また，未失活酵素の初期濃度を C_{E0} とすると式 (3.68) が得られる．

$$\frac{dC_E}{dt} = -k_d C_E \tag{3.67}$$

$$\ln \frac{C_E}{C_{E0}} = -k_d t \tag{3.68}$$

ここで，k_d [s^{-1}] は失活速度定数である．式 (3.68) から C_E が C_{E0} の半分になる時間 $t_{1/2}$ [s] は次式で与えられる．

$$t_{1/2} = \frac{\ln 2}{k_d} = \frac{0.693}{k_d} \tag{3.69}$$

$t_{1/2}$ は半減期（half life）とよばれる．半減期は酵素の安定性の尺度を表すパラメーターとしてよく用いられる．失活速度定数 k_d の温度依存性は，絶対反応速度論に従うと次式で与えられる．

$$k_d = \frac{k_B T}{h} \exp\left(\frac{-\Delta G^{\neq}}{RT}\right) \tag{3.70}$$

$$\Delta G^{\neq} = \Delta H^{\neq} - T\Delta S^{\neq} = E_a - RT - T\Delta S^{\neq} \tag{3.71}$$

ここで，$k_B\,(=1.381\times10^{-23}\,\mathrm{J\cdot K^{-1}})$ はボルツマン定数，$h\,(=6.626\times10^{-34}\,\mathrm{J\cdot s})$ はプランク定数，$R\,(=8.314\,\mathrm{J\cdot K^{-1}\cdot mol^{-1}})$ は気体定数である．また，$\Delta G^{\neq}\,[\mathrm{kJ\cdot mol^{-1}}]$ は失活の活性化自由エネルギー，$\Delta H^{\neq}\,[\mathrm{J\cdot mol^{-1}}]$ は失活の活性化エンタルピー，$\Delta S^{\neq}\,[\mathrm{J\cdot mol^{-1}\cdot K^{-1}}]$ は失活の活性化エントロピー，$E_a\,[\mathrm{J\cdot mol^{-1}}]$ は失活の活性化エネルギー，$T\,[\mathrm{K}]$ は絶対温度である．失活の活性化エネルギーは，反応の活性化エネルギーに比較して，10 倍から 20 倍程度大きいことが特徴である．すなわち，失活速度は温度に強く依存する．

基質や生成物，あるいはこれらの類似物質の存在下で酵素の安定性は増加することが知られている．この理由はこれらの物質が酵素分子の結合部位に結合することにより，酵素のゆらぎが抑えられるためである．ES 複合体はまったく失活しないと仮定すると，失活速度は $C_{E0}-C_{ES}$ に比例するので，見かけ上 k_d は $K_m/(K_m+C_S)$ 倍に減少する．

酵素の活性と安定性は反応溶液の pH に強く依存する．酵素の活性部位は，カルボキシ基，アミノ基，イミダゾール基，スルフィド基，フェノール性ヒドロキシ基などのイオン性の側鎖を有する 2 個あるいはそれ以上の数のアミノ酸から構成される．活性部位を構成するアミノ酸残基の解離状態は，活性部位の構造，基質の結合性や触媒活性に著しく影響を及ぼす．ここでは，以下の仮定に基づいて反応速度の pH 依存性の解析例を述べる．まず，酵素の活性部位を構成する 2 個のアミノ酸側鎖の解離状態の違いに基づいて，酵素は E_{n+1}，E_n，E_{n-1} の 3 つの状態をとるとする．3 種類の分子種としては，たとえば，$\mathrm{E}_{n+1}(-\mathrm{COOH},\ -\mathrm{NH_3^+})$，$\mathrm{E}_n(-\mathrm{COO^-},\ -\mathrm{NH_3^+})$，$\mathrm{E}_{n-1}(-\mathrm{COO^-},\ -\mathrm{NH_2})$ である．また，これらの 3 種類の分子種と $\mathrm{H^+}$ の間の関係は，式 (3.72) と式 (3.74) で与えられ，解離平衡の状態にあるとする．酵素と基質の間の解離・結合も平衡状態にあり，さらに，E_n のみが活性な酵素の状態であると仮定する．この様子を図 3.10 に示す．

$$\mathrm{E}_n + \mathrm{H^+} \rightleftarrows \mathrm{E}_{n+1} \tag{3.72}$$

$$K_{E1} = \frac{C_{En}}{C_{En+1}}\left[\mathrm{H^+}\right] \tag{3.73}$$

$$\mathrm{E}_{n-1} + \mathrm{H^+} \rightleftarrows \mathrm{E}_n \tag{3.74}$$

$$K_{E2} = \frac{C_{En-1}}{C_{En}}\left[\mathrm{H^+}\right] \tag{3.75}$$

図 3.10 反応速度の pH 依存性
E_{n+1}, E_n, E_{n-1} は活性部位近傍の解離基に着目した遊離酵素の形態.

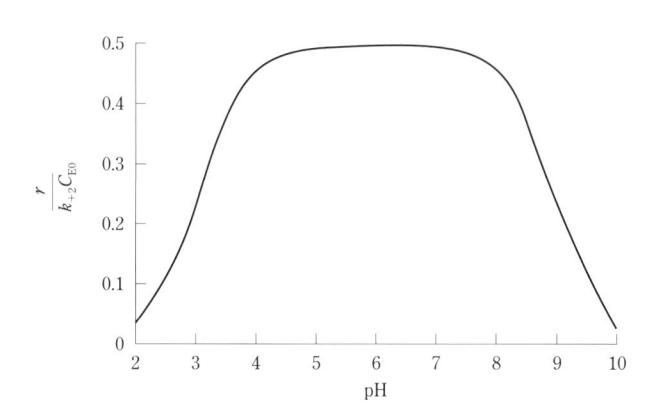

図 3.11 反応速度の pH 依存性
$pK_{E1} = pK_{ES1} = 3$, $pK_{E2} = pK_{ES2} = 9$, $K_m = 10$, $C_S = 10$ M

ここで，[H$^+$] はプロトン H$^+$ の濃度である．

迅速平衡法を用いると，反応速度 r が得られる．

$$\frac{r}{k_{+2}C_{E0}} = \frac{C_S}{K_m\left(1+10^{pK_{E1}-pH}+10^{pH-pK_{E2}}\right)+C_S\left(1+10^{pK_{ES1}-pH}+10^{pH-pK_{ES2}}\right)} \tag{3.76}$$

ただし，$pK_{E1} = -\log K_{E1}$, $pK_{E2} = -\log K_{E2}$, $pK_{ES1} = -\log K_{ES1}$, および $pK_{ES2} = -\log K_{ES2}$ である．

図3.11に，式(3.76)から得られるrのpH依存性の一例を示す．通常の酵素反応でよく観察される釣鐘型の傾向が再現される．$pK_{E1} = pK_{ES1}$ および $pK_{E2} = pK_{ES2}$ とすると，最大の反応速度が得られる至適pHは $(pK_{E1} + pK_{E2})/2$ であり，最大速度の半分の反応速度を示すpHは，pK_{E1} と pK_{E2} で与えられる．

3.3 ■ 細胞増殖の速度論

適切な栄養素を含む液体培地に微生物を植菌すると，増殖に伴い培地が懸濁する．微生物の濃度は慣用的に $1\,cm^3$ あたりに含まれる菌体数として表記される．菌体を含む培地を希釈し，寒天を含む固体培地に塗布し培養すると1個の細胞がコロニー(colony)を形成し，目視で計数することができる．コロニーの計数値をもとに細胞濃度を CFU（colony forming unit）$\cdot cm^{-3}$ として表記することができる（図3.12）．$1\,cm$ は $1 \times 10^4\,\mu m$ であるから，もし菌体の体積が $1\,\mu m^3$ であるなら $1\,cm^3$ あたりに1兆(10^{12})個の細胞が存在できることになる．もっとも，栄養素や酸素の供給がスムーズに行われるためには空間が必要である．液体培養における大腸菌の最大菌体濃度は約 $1 \times 10^9\,CFU \cdot cm^{-3}$ であるので，約99.9％は空間ということになる．

微生物を用いて物質生産を行う際，微生物を一種の反応器ととらえると，原料である基質が反応器である微生物内で変換を受け，製品である代謝産物を生成する系として取り扱うことができる．したがって，細胞に着目した反応速度解析の対象としては，

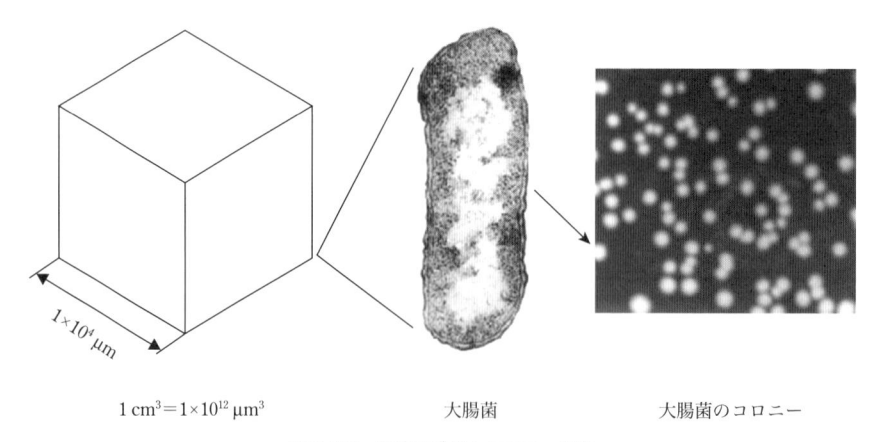

$1\,cm^3 = 1 \times 10^{12}\,\mu m^3$　　　　大腸菌　　　　大腸菌のコロニー

図 3.12　細胞の濃度とコロニー形成

(1) 基質の消費速度
(2) 細胞の増殖速度
(3) 生成物の生成速度

の3つの速度過程がある．

培養液中の微生物の集団における個々の細胞は，一般的には形状，大きさだけでなく生理的な機能も異なる．しかし，我々が実際に取り扱うことができるのは，特性が個々に異なる細胞よりなる集団の平均値である．個々のばらつきを考慮しないで，平均値のみで全体を把握する立場を決定論的取り扱いという．細胞の存在形態に着目すると，細胞が培養液中に固相として存在していることを考慮する生物相分離モデルと，溶液中で均一化されているとみなす均相モデルに大別される．細胞の構造をミクロに見ると，細胞壁，細胞膜や細胞質など明らかに異なった部分から構成されている．これらの部分は，増殖時に必ずしも同じ挙動を示さない．細胞質中のさまざまな代謝系の形成も必ずしも同時に進行するのではない．こうした細胞における構造形成挙動の差も考慮に入れた考え方を構造モデル（structured model）という．一方，細胞の構造形成挙動の差を考えずに，細胞全体をまとめて取り扱う考え方を非構造モデル（unstructured model）とよぶ．ここでは，決定論的取り扱いおよび均相モデル，非構造モデルの立場から述べる．

なお，増殖を伴わない静止状態の菌体内に存在する特定の酵素を用いる場合には，基質や生成物の細胞膜・細胞壁内の透過を考慮すると，酵素反応と類似の取り扱いができる．

3.3.1 ■ 増殖速度

菌体の増殖は自己触媒反応的に起こると考えられるので，増殖速度（growth rate）は，次式のように菌体濃度 C_X に比例する．

$$r_X = \frac{dC_X}{dt} = \mu_r C_X \tag{3.77}$$

ここで，r_X [kg-乾燥菌体・m^{-3}・s^{-1}] は乾燥菌体質量基準の増殖速度，C_X [kg-乾燥菌体・m^{-3}] は乾燥菌体質量濃度である．通常，菌体質量としては乾燥菌体質量が用いられる．式（3.77）を次式のように変形すると，μ_r [s^{-1}] は単位乾燥菌体質量あたり，単位時間あたりの菌体量の増加を表すことがわかる．このことから μ_r を比増殖速度（specific growth rate）とよぶ．

$$\mu_r = \frac{1}{C_X}\left(\frac{dC_X}{dt}\right) \tag{3.78}$$

菌体の質量が2倍になるのに要する時間 t_d [s] を倍加時間（doubling time）とよぶ．一方，細胞分裂するのに要する平均的な時間 t_g [s] を平均世代時間（mean generation time）とよぶ．大腸菌のように細胞が2分裂して増殖する場合には，倍加時間は平均世代時間に一致する．細胞が2分裂して増殖する場合には，μ_r と t_d および t_g の間には次の関係式が成り立つ．

$$t_d = t_g = \frac{\ln 2}{\mu_r} = \frac{0.693}{\mu_r} \tag{3.79}$$

比増殖速度 μ_r や倍加時間 t_d は細胞の種類および培地組成，細胞濃度，温度，pH などの培養条件によって大きく異なる．適切な条件で培養した場合の比増殖速度と倍加時間の一例を表3.5に示す．一般的に，遺伝情報が多い高等な生物の細胞ほど μ_r は小さく，逆に t_d は大きい値をとる．大腸菌などの細菌の t_g は 10～60 分，酵母類は2～4 時間，藻類などは数時間から数十時間程度である．

培地中には種々の成分が含まれているが，ある特定の成分Sに着目する．S以外の成分は培地中に十分量存在し，増殖はSの濃度 C_S のみに依存すると考える．すなわち $\mu_r = f(C_S)$ で表される．このような基質Sを制限基質（limiting substrate）という．μ_r の C_S に対する依存性に関しては種々のモデルが提案されている．最も単純なモデルは，次式で与えられる Monod の式である．

$$\mu_r = \frac{\mu_{r,\max} C_S}{K_S + C_S} \tag{3.80}$$

ここで，$\mu_{r,\max}$ は最大比増殖速度，K_S [M] は基質の飽和定数であり，$\mu_{r,\max}$ の 1/2 を与

表3.5　種々の細胞の倍加時間と平均世代時間

[山根恒夫，生物反応工学 第3版，産業図書（2002），p.190，表2.3-2 を一部改変]

微生物または培養細胞	温度 [℃]	比増殖速度 [h^{-1}]	倍加時間
Bacillus stearothermophilus	60	5.0	8.4 min（0.41 h）
Escherichia coli	40	2.0	21 min（0.35 h）
Aerobacter aerogenes	37	2.3～1.4	18～30 min（0.30～0.30 h）
Bacillus subtilis	40	1.6	26 min（0.43 h）
Pseudomonas putida	30	0.92	45 min（0.75 h）
Chlorella vulgaris	30	0.24	3 h
Aspergillus niger	30	0.35	2 h
Sacchromyces cerevisiae	30	0.35～0.17	2～4 h
Trichoderma viride	30	0.14	5 h
胎児線維芽細胞	37	0.025	28 h
ヒトリンパ球ナマルバ細胞	37	0.024	29 h
HeLa 細胞	37	0.023～0.014	30～50 h
タバコ	30	0.019	36 h

える基質濃度と定義される．

Monodの式は，Michaelis–Menten型の酵素反応速度式と同じ形である．しかし，注意しなければならないことは，Michaelis–Mentenの式は明確な反応機構に基づいて導かれた理論式であるのに対し，Monodの式は経験式であり，反応機構の背景は明確でない点である．

K_S の値は，炭素源では 10^{-5} M（ただし，グルコースは 10^{-7} M），金属イオンでは 10^{-5} M，アミノ酸では 10^{-6} ～ 10^{-7} M，酸素では 10^{-5} M のオーダーである．菌体の維持代謝に必要な単位乾燥質量あたり，単位時間あたりの基質消費量を維持定数 m（maintenance constant）と定義すると，式 (3.80) は次式のようになる．

$$\mu_r = \frac{\mu_{r,max} C_S}{K_S + C_S} - m \tag{3.81}$$

単一成分の基質阻害を考慮した式として次の式が提案されている．

$$\mu_r = \frac{\mu_{r,max} C_S}{K_S + C_S + \dfrac{C_S^2}{K_I}} \tag{3.82}$$

式 (3.82) は，3.2.4 項で述べた基質阻害型の酵素反応速度式と同じ形である．

3.3.2 ■ 増殖曲線

式 (3.77) のように，菌体の増殖速度が菌体濃度に対して一次の反応であると仮定できるのであれば，時間 t における菌体濃度 C_X は次式のようになる．

$$C_X = C_{X0} \exp(\mu_r t) \tag{3.83}$$

式 (3.83) は菌体濃度の時間変化（増殖曲線）が指数関数的に増大することを表している．環境制約がない限られた条件の下では，菌体の増殖曲線は指数関数を描く．しかし，回分培養における菌体の培養曲線は単純な指数関数ではなく，通常，誘導期（lag phase または induction period），加速期（accelerating phase），対数増殖期（logarithmic phase）または指数増殖期（exponential phase），減速期（decelerating phase），静止期（stationary phase），および死滅期（decline phase）という軌跡を描く（図 3.13）．

誘導期は細胞分裂が始まるまでの準備期間である．細胞分裂は見られないが増殖に必須な RNA，酵素などは菌体内で合成され，菌体質量は増加する．誘導期間の長さは培養条件や接種する菌体の菌齢によって変わる．誘導期は対数増殖期の菌体を接種すると短くなるが，静止期の菌体を接種すると長くなる傾向がある．細胞分裂開始に必要な物質が存在し，その濃度によって誘導期間の長短が決まるという報告もされている．

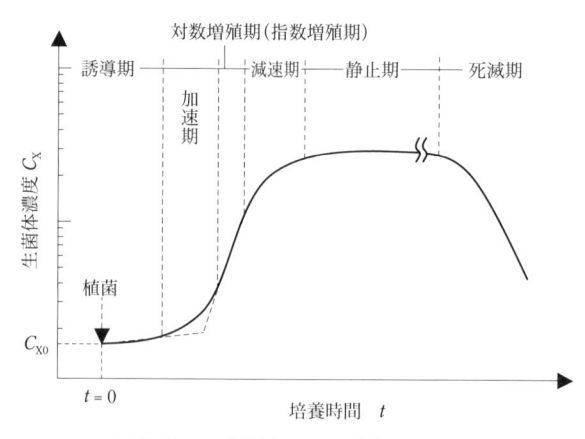

図 3.13 回分培養における菌体の増殖曲線

　細胞の分裂がいったん開始されると，加速期を経て対数増殖期へ移行し，増殖曲線は式 (3.83) で示されるような指数関数を描く．この期間は制限基質の濃度 C_S が十分であり，$C_S \gg K_S$ が成立する期間である．菌体の増殖に伴い制限基質の濃度が次式に従って減少する．

$$\frac{dC_S}{dt} = -\frac{(dC_X/dt)}{Y_{X/S}} \tag{3.84}$$

ここで，$Y_{X/S}$ は制限基質の質量基準の細胞収率である．Monod の式が示すように，基質濃度が減少すると比増殖速度が減少する．このような期間が減速期である．減速期における増殖速度の減少は，制限基質濃度の減少だけではなく，代謝産物である有機酸やアルコールによる増殖の阻害や，代謝産物の蓄積による pH の変化なども要因となる．減速期を経ると菌体濃度が変化しない静止期に至る．静止期は菌体の増殖速度と死滅速度が等しくなった期間ととらえることができ，次式が成り立つ．

$$\frac{dC_X}{dt} = \left(\frac{\mu_{r,\max} C_S}{K_S + C_S}\right) C_X - k_d C_X \tag{3.85}$$

式 (3.85) において，$dC_X/dt = 0$ の状態が静止期である．

　静止期がしばらく続くと，$k_d C_X$ の値が大きくなり，生菌体数の減少が始まる．この期間を死滅期とよぶ．

3.3.3 ■ 基質消費速度

　菌体が基質を消費する速度は，基質の細胞内への取り込み速度と，細胞内での酵素反応速度により決まるが，通常前者の速度過程が律速段階である．基質が細胞膜・細

胞壁を通して細胞内へ取り込まれる過程は，単純拡散による受動輸送（passive transport），促進拡散（facilitated transport）および能動輸送（active transport）などの機構に従う．膜透過速度および細胞内での代謝速度を考慮して基質の消費速度を定量的に取り扱うことは困難である．そこで，便宜上，基質消費速度は細胞収率を用いて増殖速度と関係付けた形で取り扱われる．すなわち，基質消費速度（substrate uptake rate）$r_S = -dC_S/dt$ は，次式で与えられる．

$$r_S = \frac{r_X}{Y_{X/S}} \tag{3.86}$$

ここで，$Y_{X/S}(= r_X/r_S)$ は細胞収率である．細胞収率に関しては，多くの実験データが報告されているので，およその値を推定することができる．

菌体濃度に対する基質消費速度を比消費速度（specific uptake rate）とよび，r_r で表す．

$$r_r = \frac{r_S}{C_X} \tag{3.87}$$

菌体の維持代謝に消費される基質量も考慮に入れると，次式のようになる．

$$r_S = \frac{r_X}{Y^*_{X/S}} + mC_X \tag{3.88}$$

ここで，$Y^*_{X/S}$ は実際に増殖のために消費される基質量から算出される細胞収率である．$Y^*_{X/S}$ と m は，培養条件により異なる．基質として酸素に着目した場合の r_S を呼吸速度（respiration rate）とよび，q_{O2} で表す．

3.3.4 ■ 代謝産物の生成速度

微生物反応を考えた場合，その目的物質は菌体そのものの場合もあるが，多くの場合は代謝産物である．目的代謝産物はアルコール，有機酸，ビタミン，抗生物質などの低分子物質から多糖や酵素などの高分子物質にいたるまで多岐にわたっている．代謝産物生成速度も，増殖速度や基質消費速度と同様に，乾燥菌体単位質量あたりの生成速度で表される．生成物の生成速度 dC_P/dt を r_P で表すと，菌体濃度に対する生成速度である比生成速度（specific production rate）π_r は次式で与えられる．

$$\pi_r = \frac{r_P}{C_X} \tag{3.89}$$

菌体濃度に対する二酸化炭素の生成速度を特に q_{CO2} で表す．q_{CO2} と q_{O2} の比は前述の呼吸商であり，RQ で表す．グルコースの完全酸化（$C_6H_{12}O_6 + 6O_2 \rightarrow 6H_2O + 6CO_2$）では，RQ は 1 である．

代謝産物生成速度を統一的に表現することは困難である．これは代謝産物の種類により，その生合成経路や代謝調節機構などが大きく異なるためである．代謝産物の生成過程は，次に示す種々の観点から分類される．しかしこれらの分類は必ずしも独立したものではなく，互いに関連する部分も多い．

遺伝子組換え大腸菌によりタンパク質を生産させると，タンパク質は封入体として菌体内に蓄積される．このような場合は，代謝産物の濃度は菌体濃度に比例する．菌体内蓄積物の割合を α とすると，菌体を含む培養液中の生成物の濃度 C_P は次式のようになる．

$$C_P = \alpha C_X \tag{3.90}$$

式 (3.90) を t で微分すると生成速度は，

$$r_P = C_X \frac{d\alpha}{dt} + \alpha r_X \tag{3.91}$$

となり，比生成速度 π_r は次式で表すことができる．

$$\pi_r = \frac{d\alpha}{dt} + \alpha \mu_r \tag{3.92}$$

代謝産物が菌体外に分泌される場合には，培養液中の代謝産物の蓄積量は菌体質量だけでは決まらない．その時点までの生成物分泌量の経時的な変化を知る必要がある．分泌型の場合の生成物生成過程は，次に示す増殖連動型（growth associated）と増殖非連動型（non-growth associated）に大別される．代謝産物生成速度が増殖速度と比例する場合を増殖連動型とよぶ．増殖連動型の場合は r_P は r_X に比例する．

$$r_P = \beta r_X \tag{3.93}$$

または

$$\pi_r = \beta \mu_r \tag{3.94}$$

となる．β は比例定数である．

生成速度が増殖速度ではなく菌体量に比例する場合を増殖非連動型とよぶ．ペニシリンをはじめとするさまざまな抗生物質や複雑な構造を有する物質の生成挙動は通常，増殖非連動型に従う．増殖非連動型の場合は，

$$r_P = \gamma C_X \tag{3.95}$$

または

表 3.6　微生物反応による代謝産物生成に関する Gaden の分類

	特徴	増殖との関連	代謝産物の例
形式 I	生成物の生成が，微生物の主要なエネルギー代謝（炭水化物の消費など）と連動している	増殖連動型	エタノール，乳酸，グルコン酸
形式 II	生成物の生成が，微生物の主要なエネルギー代謝と関連はあるが直接は比例しない	形式 I と III の中間	クエン酸，ある種のアミノ酸
形式 III	生成物の生成が，微生物のエネルギー代謝と関係しない	増殖非連動型	ペニシリンなどの抗生物質，酵素，多糖，ビタミン類

$$\pi_r = \gamma \tag{3.96}$$

となる．γ は比例定数である．

多くの微生物反応は，増殖連動型と非連動型の中間の挙動を示すが，この場合には上に示した2つのモデルを折衷したモデルが適用される．すなわち，

$$r_P = \beta' r_X + \gamma' C_X \tag{3.97}$$

または

$$\pi_r = \beta' \mu_r + \gamma' \tag{3.98}$$

となる．式 (3.97) および式 (3.98) は Luedeking–Piret の式とよばれている．Luedeking–Piret の式は，乳酸発酵，エタノール発酵や酢酸発酵など多くの微生物反応の代謝産物生成速度の解析に適用される．

Gaden は微生物反応を炭化水素のようなエネルギー源となる基質の消費に対して，生成物の生成過程がどのような挙動を示すのかに基づいて3種類に分類した．表 3.6 にはそれぞれの形式の特徴と例を示す．形式 I は増殖連動型，形式 III は非連動型，形式 II は両者の中間の型として取り扱うことができる．

■ 演 習 問 題 ■

【1】グルコースを基質とする S. cerevisiae の嫌気条件下での増殖反応は次式で表される.

$$C_6H_{12}O_6 + \alpha NH_3 \rightarrow$$
$$0.59\,CH_{1.74}N_{0.2}O_{0.45} + 0.43\,C_3H_8O_3 + 1.54\,CO_2 + 1.3\,C_2H_5OH + 0.036\,H_2O$$
（菌体）

単位に注意して以下の諸量を求めよ.
(1) 対基質の細胞収率
(2) 各生産物の対基質収率
(3) 量論係数 α

【2】エタノールを基質とする S. cerevisiae の好気増殖反応は次式で表される.

$$C_2H_5OH + a\,O_2 + b\,NH_3 \rightarrow c\,CH_{1.704}N_{0.149}O_{0.408} + d\,CO_2 + e\,H_2O$$
（菌体）

(1) 呼吸商 RQ = 0.66 のとき, 量論係数 a, b, c, d, e を求めよ.
(2) 対基質, 対酸素の細胞収率を求めよ.

【3】微生物 A はヘキサデカンあるいはグルコースを唯一の炭素源として生育できる. 基質に含まれる炭素の 70 wt% が菌体に変換されるとし, 次の問いに答えよ.
(1) ヘキサデカンとグルコースを代謝する際の化学量論式は以下のようであった. それぞれの反応における量論係数を求めよ.

ヘキサデカンを用いた場合

$$C_{16}H_{34} + a\,O_2 + b\,NH_3 \rightarrow c\,(C_{4.4}H_{7.3}N_{0.86}O_{1.2}) + d\,H_2O + e\,CO_2$$

グルコースを用いた場合

$$C_6H_{12}O_6 + a\,O_2 + b\,NH_3 \rightarrow c\,(C_{4.4}H_{7.3}N_{0.86}O_{1.2}) + d\,H_2O + e\,CO_2$$

(2) 細胞収率 $Y_{X/S}$ [g-cell・g^{-1}-substrate] および酸素消費量あたりの収率因子 $Y_{X/O}$ [g-cell・g^{-1}-O_2] をそれぞれ求めよ.
(3) 基質の違いにより収率が異なる理由について考察せよ.

【4】 グルコースを炭素源とする合成培地を用いて *Zymomonas mobilis* を嫌気培養したところ，グルコース 1 mol からエタノール 1.5 mol，乳酸 0.2 mol が代謝産物として得られた．細胞収率 $Y_{X/S}$ の値を 4.1 g-cell·mol^{-1}-glucose として全代謝エネルギーを基準とした収率因子 Y_{kJ} の値を求めよ．ただし，細胞の炭素含量は 0.5 g-carbon·g^{-1}-cell とする．

【5】 グルコースを炭素源とする複合培地を用いて *Streptococcus agalactiae* を好気培養したとき，グルコース 1 mol から乳酸 0.79 mol，酢酸 0.86 mol，ギ酸 0.119 mol，アセチルメチルカルビノール 0.092 mol が代謝産物として得られた．また，基質消費量に対する酸素要求量の割合 $R_{O/S}$ の値は 1.23 mol-O$_2$·mol^{-1}-glucose であった．細胞収率 $Y_{X/S}$ の値を 51.6 g-cell·mol^{-1}-glucose として全代謝エネルギーを基準とした収率因子 Y_{kJ} の値を燃焼熱量から求めよ．また，Y_{kJ} の値を酸素消費量からも求め，これらの値を比較せよ．

【6】 基質阻害型の酵素反応に関する以下の問いに答えよ．ただし，1 分子の基質 S から 2 分子の生成物 P が生成するとする．また，K_m = 50 mM，K_{ESS} = 20 mM，V_{max} = 2.0 mM·min^{-1} とする．
(1) 基質 S の初期濃度を 100 mM とした場合，生成物 P の濃度が 40 mM に達するまでに要する時間を求めよ．
(2) (1) において，生成物 P の濃度が 40 mM に達するまでに要する時間を 1/3 にするためには，酵素濃度を何倍にすればよいか．
(3) (1) で計算された時間において，生成物 P の濃度が 3 倍の 120 mM に達するためには，酵素濃度をもとの何倍にすればよいか．

【7】 大腸菌および BHK (baby hamster kidney) 21 細胞の 37℃ における比増殖速度は，それぞれ 2.0 h^{-1}，0.25 h^{-1} である．細胞数が 10 倍になる時間を求めて比較せよ．

第4章 バイオリアクター

> 反応器（リアクター）とは反応を行う装置であり，特に生体触媒（酵素や細胞）を用いて反応を行う反応器をバイオリアクターという．バイオリアクターはバイオプロセスの中心的役割を担う．バイオリアクターで用いられる生体触媒は多種多様である．そのため，バイオリアクターは生体触媒の特性に合わせて設計，操作する必要がある．
>
> 本章では，バイオリアクターの種類と特徴，バイオリアクターの基本的な設計手法，および代表的なバイオリアクターについて解説する．

4.1 ■ バイオリアクターの種類と特徴

　バイオリアクターは形により，槽型と管型に大別される．理想的には，槽型のバイオリアクターでは槽内で反応が均一に進行し，管型のバイオリアクターでは反応溶液が管内を流れるに従って反応が進行する．また，反応溶液の添加方法は，回分操作，連続（流通）操作および流加（半回分）操作に大別される．回分操作は，一般的なビーカーやフラスコのような槽型のバイオリアクターを用い，原料である基質や触媒をバイオリアクターに入れて反応を開始し，反応終了後にはバイオリアクター内の生成物を含む物質を取り出す方法である．一方，連続（流通）操作は，バイオリアクター入口より連続的に基質や生体触媒を供給するとともに，バイオリアクター出口より連続的に生成物を排出する方法であり，理想的には基質などを供給している限り，未来永劫，生成物を得ることが可能となる反応操作である．連続操作は，槽型と管型のどちらのバイオリアクターを用いても行うことができる．また，槽型のバイオリアクターを用い，不足する基質を供給しながら反応を行う方法を流加操作という．

4.1.1 ■ 槽型のバイオリアクターを用いた回分操作

　回分操作の特徴は，槽型のバイオリアクターを用い，反応を開始する前に反応に必要な基質や生体触媒をバイオリアクターに入れ，反応が開始した後には基質や生成物をバイオリアクターに入れたり，出したりしないことであり，このようなバイオリア

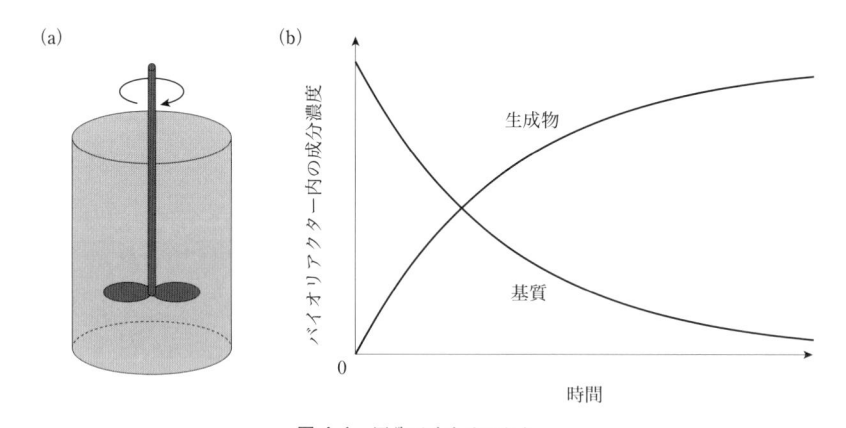

図 4.1 回分バイオリアクター
(a) 回分バイオリアクターの概略, (b) 回分バイオリアクター槽内での典型的な基質と生成物の濃度変化.

クターを回分バイオリアクター (batch bioreactor) という．回分バイオリアクターの槽内での局部的な濃度の偏りを防止するために，槽内を混合することが一般的である．そのため，理想的には槽内は完全混合状態 (complete mixing) になっており，各成分の濃度は均一になっている．小規模な回分バイオリアクターの場合，振とうする（ゆさぶる）あるいは回分バイオリアクターを回転させることにより内部を撹拌することも可能であるが，大規模な回分バイオリアクターの場合は，槽内に設置した撹拌羽根を回転する，あるいは空気や酸素を吹き込むことによって溶存酸素濃度を一定に保つとともに槽内を撹拌する．回分バイオリアクターの概略と回分バイオリアクター槽内での典型的な基質と生成物の濃度変化を図4.1に示す．このように回分バイオリアクターでは，時間経過とともに基質が減少し，生成物が増加する．反応速度が基質濃度に比例する場合などでは，反応初期の基質濃度が高いときには反応速度が大きく，基質の減少速度と生成物の増加速度は大きいが，反応が進行するにつれて反応速度が低下し，基質の減少速度と生成物の増加速度は小さくなる．また，目的とする生成物が逐次反応の中間生成物 (A→B→C という反応におけるB) である場合には，中間生成物の濃度はいったん増加した後に減少するので，目的とする中間生成物濃度が最も高くなったときに反応を終了する必要がある．

4.1.2 ■ 槽型のバイオリアクターを用いた連続操作

槽型のバイオリアクターでは，入口より反応に必要な基質を含む溶液を一定流量で流入して，槽内で反応するとともに，出口より流入と同じ流量で槽内の溶液を取り出

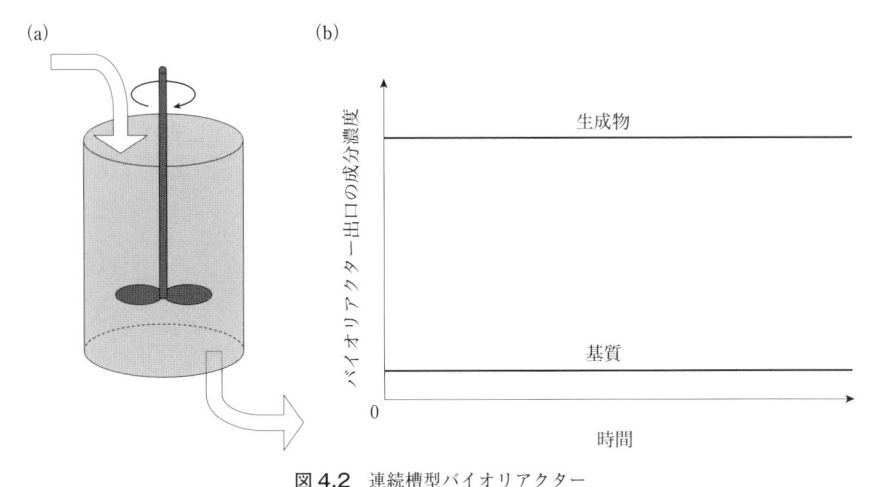

図 4.2 連続槽型バイオリアクター
(a) 連続槽型バイオリアクターの概略，(b) 連続槽型バイオリアクターの出口の成分濃度．

すことで連続操作が可能となる．このようなバイオリアクターは連続槽型バイオリアクター（continuous stirred tank bioreactor : CSTB）という．理想的には，槽内は撹拌などにより完全混合状態になっていることが望ましい．この場合，各成分の槽内濃度とバイオリアクター出口濃度は等しいとみなすことができる．連続槽型バイオリアクターの槽内に溶液が滞留する平均時間を空間時間または平均滞留時間（mean residence time）という．空間時間 τ は連続槽型バイオリアクターに流入する溶液の体積流量 v と連続槽型バイオリアクター内の溶液の体積 V によって次式のように決まる．

$$\tau \equiv \frac{V}{v} \tag{4.1}$$

図 4.2 に連続槽型バイオリアクターの概略および連続槽型バイオリアクターから流出する典型的な基質と生成物の濃度を示す．流入する溶液の組成が一定であり，連続槽型バイオリアクター内の混合や生体触媒の状態が常に同じであれば，連続槽型バイオリアクターの内部と流出する溶液の組成は常に一定となる．

4.1.3 ■ 管型のバイオリアクターを用いた連続操作

管型のバイオリアクターでは，一方の入口から基質溶液を流入し，溶液が管内を流れるに従って反応が進行し，他方の出口から生成物が流出する．管内を流れる溶液は，理想的には，ピストンのように押し出し流れ（plug flow）になっており，このようなリアクターを管型バイオリアクター（plug flow bioreactor : PFB）という．管型バイ

図 4.3 管型バイオリアクターの概略
出口の成分濃度については図 4.2 (b) と同じ.

オリアクターの概略を図 4.3 に示す．塔型のバイオリアクターであっても，バイオリアクター内の溶液の流れが押し出し流れになっていれば，管型バイオリアクターと同じである．管型バイオリアクターから流出する基質と生成物の濃度変化は連続槽型バイオリアクターの場合と同じであり，これらはともに流通バイオリアクターとよばれる．流通バイオリアクター内の触媒はバイオリアクター外に出ないように保持する，あるいはバイオリアクター内の触媒量が常に一定になるように流入，あるいは増殖させる必要がある.

4.1.4 ■ 槽型のバイオリアクターを用いた流加操作

流加（半回分）操作とは，槽型のバイオリアクターに基質を供給しながら反応を行い，反応液を流出させない操作であり，流加操作のためのバイオリアクターを流加バイオリアクターという．流加バイオリアクターの概略と流加バイオリアクター内の典型的な基質と生成物の濃度変化の例を図 4.4 に示す．槽内の基質濃度は一定に保たれ，

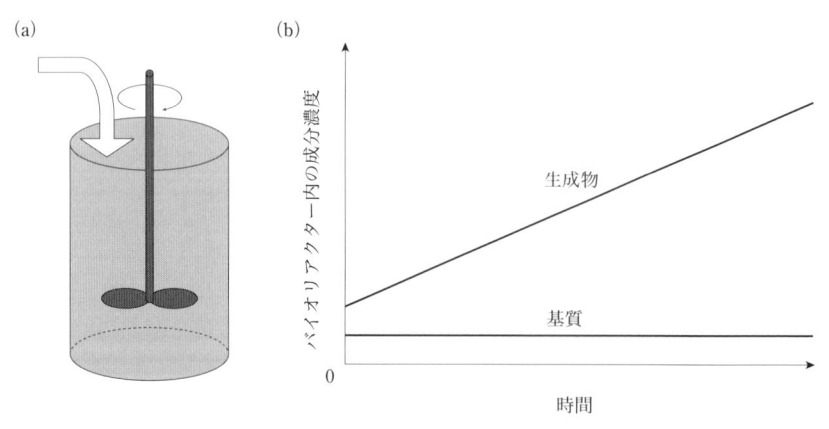

図 4.4 流加バイオリアクター
(a) 流加バイオリアクターの概略，(b) 流加バイオリアクター内での典型的な基質と生成物の濃度変化.

生成物の濃度は増加する．高濃度の基質が生体触媒の触媒活性に悪い影響を与える場合，初期の基質濃度を高くして回分操作をすることや基質濃度の高い溶液を流通バイオリアクターに流入することが困難であるが，基質の消費速度と同じ速度で基質を供給する流加操作により，基質濃度は低く維持でき，生産物を高濃度にすることが可能になる．

4.2 ■ バイオリアクターの基本設計——設計方程式

　バイオリアクターの基本設計は，バイオリアクターの体積，物質の流入や流出速度，および反応時間を設定することにある．これらの値はバイオリアクター内での物質の変換速度（反応速度）に依存しており，バイオリアクターへの物質の流入速度，バイオリアクターからの物質の流出速度，バイオリアクター内の物質の生成速度と蓄積速度の項からなる物質収支式によって定量的に表現できる（図4.5）．

$$\text{流入速度} - \text{流出速度} + \text{生成速度} = \text{蓄積速度} \tag{4.2}$$

この物質収支式は，任意の反応成分に対して当てはめることが可能であり，たとえば，成分Sについては，

$$\underbrace{vC_{S0}}_{\text{Sの流入速度}} - \underbrace{vC_S}_{\text{Sの流出速度}} + \underbrace{r_S V}_{\text{Sの生成速度}} = \underbrace{\frac{dn_S}{dt}}_{\text{Sの蓄積速度}} \tag{4.3}$$

となる．ここで，$v\,[\mathrm{m^3 \cdot s^{-1}}]$ はバイオリアクターに流入あるいはバイオリアクターから流出する溶液の体積流量，$C_{S0}\,[\mathrm{mol \cdot m^{-3}}]$ はバイオリアクターに流入する成分Sの初期濃度，$C_S\,[\mathrm{mol \cdot m^{-3}}]$ はバイオリアクターから流出する成分Sの濃度，$r_S\,[\mathrm{mol}\cdot$

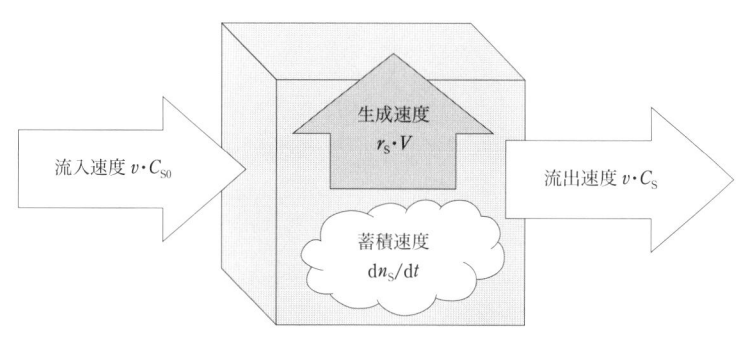

図4.5 バイオリアクターの物質収支

m$^{-3}\cdot$s^{-1}] は単位体積あたりの成分 S の反応速度，V [m^3] はバイオリアクター内の溶液の体積，n_S [mol] はバイオリアクター内の成分 S の物質量，t [s] は時間であり，式 (4.3) の右辺 dn_S/dt はバイオリアクター内の成分 S の蓄積速度を表している．成分 S が基質の場合，式 (4.3) の左辺第 3 項は基質の減少速度に相当し，負の値となる．以下では，種々のバイオリアクターに物質収支を適用し，それぞれのバイオリアクターの設計方程式を導出する．

4.2.1 ■ 回分バイオリアクター

図 4.1 (a) に示した回分バイオリアクターでは，反応が開始した後には基質や生成物を槽型バイオリアクターに入れたり，出したりしない．すなわち，物質収支式（式 (4.2) や式 (4.3)）では，物質の流入速度，流出速度に関する左辺第 1 項と第 2 項がゼロであり，回分バイオリアクターの場合，式 (4.3) は次式のようになる．

$$r_S V = \frac{dn_S}{dt} \tag{4.4}$$

槽内の溶液の体積 V が一定の場合，式 (4.4) は次式のように変形される．

$$r_S = \frac{d(n_S/V)}{dt} = \frac{dC_S}{dt} \tag{4.5}$$

時間 0 から t の間に成分 S の濃度が C_{S0} から C_S へ変化する場合，その区間で積分すると，回分バイオリアクターの設計方程式は次式のように導かれる．

$$t = \int_{C_{S0}}^{C_S} \frac{dC_S}{r_S} = \int_{C_S}^{C_{S0}} \frac{dC_S}{-r_S} \tag{4.6}$$

r_S は成分 S の反応速度である．成分 S の濃度 C_S を変数とする成分 S の反応速度式を代入すれば，右辺を積分することができ，反応時間 t と槽内における成分 S の濃度 C_S の関係式を導出することができる．なお，成分 S が基質の場合には，dC_S/dt < 0 であるので $-r_S$ は正の値となる．

4.2.2 ■ 連続槽型バイオリアクター

図 4.2 (a) に示した連続槽型バイオリアクターでは，原則として，一定の流速で槽型のバイオリアクターに基質溶液を供給し，それと同じ流速で溶液をバイオリアクターから排出する．また，槽内は完全に混合されるため，槽内部と流出する溶液の組成は同じである．このような操作により連続して物質を生産することができる．定常状態では，槽内での物質の蓄積速度はゼロとなる．したがって，連続槽型バイオリアクターの場合，式 (4.3) は次式のようになる．

$$vC_{S0} - vC_S + r_S V = 0 \tag{4.7}$$

この式を変形すると，連続槽型バイオリアクターの設計方程式は次式のようになる．

$$\tau \equiv \frac{1}{D} \equiv \frac{V}{v} = \frac{C_{S0} - C_S}{-r_S} \tag{4.8}$$

τ [s] は上述の空間時間であり，槽内に溶液が滞留している平均時間を表している．また，τ の逆数は希釈率 D [s^{-1}] とよばれ，単位時間あたりに槽内の液が何回入れ替わるかという概念を表している．式 (4.8) の r_S として成分 S の濃度 C_S を変数とする成分 S の反応速度式を代入すれば，空間時間 τ または希釈率 D と，連続槽型バイオリアクターから流出する溶液に含まれる成分 S の濃度 C_S との関係式を導出することができる．

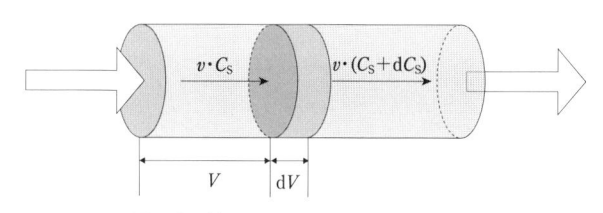

4.2.3 ■ 管型バイオリアクター

回分バイオリアクターや連続槽型バイオリアクターでは槽内が撹拌され，バイオリアクター内部に存在する物質の濃度は均一であるが，管型バイオリアクター内部の流れは押し出し流れになっており，溶液が管内を流れるにつれて刻一刻と反応が進行する．バイオリアクター内部の流れ方向では各成分の濃度は均一でないが，図 4.6 のように，管型バイオリアクターの微小体積 dV に関しては，式 (4.3) の考え方が成立し，微小体積内での物質の蓄積速度はゼロとなる．すなわち，微小体積に成分 S の濃度 C_S の溶液が流入，反応が進行し，成分 S の濃度が dC_S だけ変化した溶液が流出する．この微小体積での物質収支は，

$$vC_S - v(C_S + dC_S) + r_S dV = 0 \tag{4.9}$$

となる．この式 (4.9) を変形すると，次式のようになる．

$$\frac{dV}{v} = \frac{dC_S}{r_S} \tag{4.10}$$

図 4.6 管型バイオリアクターの物質収支

管型バイオリアクターの入口（$V=0$）での成分Sの濃度をC_{S0}，溶液が体積Vまで進んだところの成分Sの濃度をC_Sとし，式(4.10)をこの区間で積分する．

$$\frac{1}{v}\int_0^V dV = \int_{C_{S0}}^{C_S} \frac{dC_S}{r_S} \tag{4.11}$$

上の式(4.11)の左辺は積分することができ，管型バイオリアクターの設計方程式が次式のように導かれる．

$$\tau = \frac{V}{v} = \int_{C_{S0}}^{C_S} \frac{dC_S}{r_S} = \int_{C_S}^{C_{S0}} \frac{dC_S}{-r_S} \tag{4.12}$$

τ [s] は空間時間であり，溶液の管型バイオリアクターの入口から出口までの所要時間である．バイオリアクターの形や操作方法，バイオリアクター内部での溶液の流れは回分バイオリアクターとまったく異なるものであるが，管型バイオリアクター（式(4.12)）と回分バイオリアクター（式(4.6)）の設計方程式の右辺は同じ形になる．管型バイオリアクターは，微小な回分バイオリアクターが押し出し流れによって次々と移動しているのと同様であると理解できる．

4.2.4 ■ 流加バイオリアクター

図4.4(a)のように，基質を含む溶液を一定流速vで槽型バイオリアクターに加えながら反応を行った際，バイオリアクターから溶液を流出させない流加バイオリアクターの物質収支は，次式のようになる．

$$vC_{S0} - 0 + r_S(V_0 + vt) = \frac{dn_S}{dt} \tag{4.13}$$

ここで，V_0 [m^3] は基質を含む溶液の添加を開始した際のバイオリアクター内の溶液の体積であり，溶液の体積は時間とともに増加する．一般に，式(4.13)は非線形の微分方程式となるので，数値解析によって解く．

4.3 ■ 基本的なバイオリアクター

4.3.1 ■ 回分バイオリアクターを用いた酵素反応

回分バイオリアクターを用い，Michaelis–Mentenの式に従う酵素反応を行う場合，反応時間とバイオリアクター内の成分の濃度の関係式は，回分バイオリアクターの設計方程式（式(4.6)）にMichaelis–Mentenの式

$$r = -r_S = \frac{V_{\max}C_S}{K_m + C_S} \tag{3.40}$$

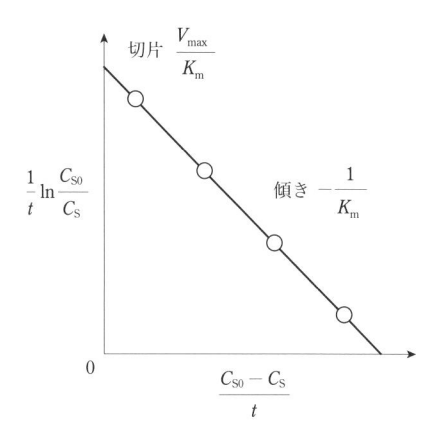

図 4.7 回分バイオリアクターを用いた酵素反応の積分法による動力学定数の決定

を代入して導出する．すなわち，

$$t = \int_{C_S}^{C_{S0}} \frac{dC_S}{-r_S} = \int_{C_S}^{C_{S0}} \frac{K_m + C_S}{V_{max} C_S} dC_S = \int_{C_S}^{C_{S0}} \left(\frac{K_m}{V_{max} C_S} + \frac{1}{V_{max}} \right) dC_S = \left[\frac{K_m}{V_{max}} \ln C_S + \frac{C_S}{V_{max}} \right]_{C_S}^{C_{S0}}$$

$$= \frac{K_m}{V_{max}} \ln \frac{C_{S0}}{C_S} + \frac{C_{S0} - C_S}{V_{max}}$$

(4.14)

となる．成分 S（基質）の初期濃度 C_{S0} と動力学定数 K_m, V_{max} が既知である場合，この式を用いれば任意の時間 t での濃度 C_S が算出可能である．

一方，回分バイオリアクターを用いた酵素反応において，反応時間 t でのバイオリアクター内の成分 S の濃度 C_S を測定することにより，動力学定数 K_m と V_{max} を導出することも可能である．式 (4.14) を変形すると，

$$\frac{1}{t} \ln \frac{C_{S0}}{C_S} = -\frac{1}{K_m} \frac{C_{S0} - C_S}{t} + \frac{V_{max}}{K_m}$$

(4.15)

が得られる．図 4.7 のように縦軸を $(1/t) \ln (C_{S0}/C_S)$，横軸を $(C_{S0} - C_S)/t$ としてプロットした場合，酵素反応が Michaelis–Menten の式で表現できるのであれば，プロットは直線上にあり，その傾きは $-1/K_m$，縦軸の切片は V_{max}/K_m である．こうして，直線の傾きと切片の値から動力学定数 K_m と V_{max} を求めることができる．このように反応速度式を設計方程式に代入し，積分した式と実験データを比較して動力学定数を算出する方法を積分法というのに対し，3.2.2 項に示したように反応成分濃度と反応時間の関係を示す実験データを図示し，その曲線を微分して得られる傾き（反応速度）と反応成分濃度の関係と反応速度式を比較して動力学定数を算出する方法を微分法とい

う．反応速度を求める際に誤差を生じやすい場合，積分法を用いることにより，比較的精度の良い動力学定数を算出することが可能となる．

4.3.2 ■ 流通バイオリアクターを用いた酵素反応

Michaelis-Menten の式に従う酵素反応のように反応速度が基質濃度の増加に従って単調増加する場合，基質濃度 C_S と反応速度の逆数 $1/(-r_S)$ の関係は図 4.8 の曲線のようになる．連続槽型バイオリアクターを用いて基質濃度が C_{S0} から C_S となるまで反応するのに必要な空間時間は設計方程式（式 (4.8)）より，図 4.8 中の四角 DEFG で囲まれた長方形の面積と同等である．一方，管型バイオリアクターを用いて反応した際の空間時間は設計方程式（式 (4.12)）より，図 4.8 中の曲線と横軸で囲まれた DEFH の面積と同等である．このことはすなわち，連続槽型バイオリアクターで行った際の空間時間は管型バイオリアクターで行った際の空間時間より常に大きくなることを示しており，反応成分が目的の濃度 C_S に達する時間は連続槽型バイオリアクターを用いるより管型バイオリアクターを用いるほうが短いことを意味している．基質溶液の体積流量が同じであるなら，連続槽型バイオリアクターより管型バイオリアクターのほうが小型であり，流通バイオリアクターとしては管型バイオリアクターのほうがすぐれている．

なお，回分バイオリアクターの設計方程式（式 (4.6)）の右辺と管型バイオリアクターの設計方程式（式 (4.12)）の右辺は同じであるので，回分バイオリアクターを用いて目的の濃度に達する反応時間は管型バイオリアクターで同濃度に達する空間時間と同じである．

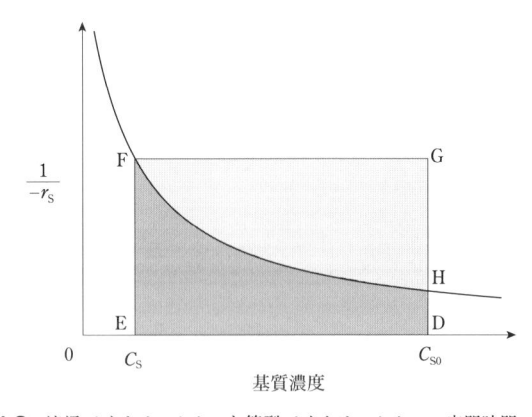

図 4.8 流通バイオリアクターと管型バイオリアクターの空間時間の比較

4.3.3 ■ 流加バイオリアクターを用いた酵素反応

基質阻害を生じる酵素反応では，高い基質濃度での反応速度が小さくなってしまうため，低い基質濃度で反応を行う必要がある．しかし，低い基質濃度の溶液を用いて反応すると，生成物濃度も低くなる．そのような場合，槽型のバイオリアクターを用いて，流加操作をすることが望ましい．流加バイオリアクターを用いて，式 (3.59) で表される基質阻害型の酵素反応を行う場合の基質濃度の経時変化は，物質収支式 (式 (4.13)) に式 (3.61) を代入し，積分することにより求めることができる．流加バイオリアクターを用いて高濃度の基質を加えながら反応を行った場合と，回分バイオリアクターを用いて最終的に同じ基質量と体積の溶液で反応を行った場合のバイオリアクター内の基質濃度の経時変化の一例を図 4.9 に示す．流加操作では基質濃度が一定に保たれるが，回分操作では基質濃度が高いとき，反応速度が低下するため基質濃度の低下が遅く，反応に多くの時間を必要とする．

4.3.4 ■ 回分バイオリアクターを用いた微生物反応

回分バイオリアクターを用いてMonodの式に従う細胞を増殖させる場合，式 (4.5) に，Monodの式（式 (3.80)）を代入し，

$$\frac{dC_X}{dt} = r_X = \mu_r C_X = \frac{\mu_{r,\max} C_S C_X}{K_S + C_S} \tag{4.16}$$

を導くことができる．また，制限基質の減少速度は，式 (3.88) の関係より，

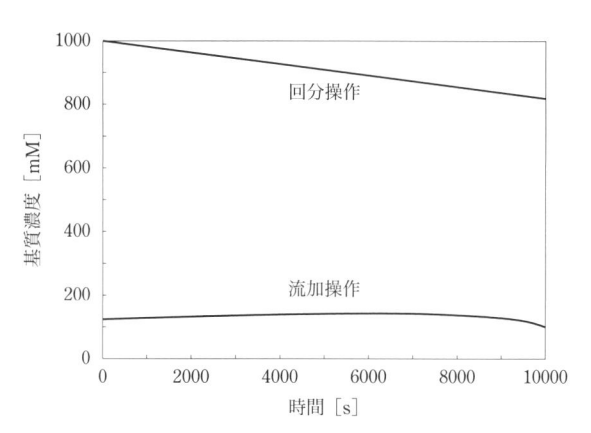

図 4.9 基質阻害を生じる酵素反応において回分操作と流加操作をした場合の基質濃度の経時変化
$V_{\max} = 0.5$ mM·s^{-1}, $K_m = 0.05$ mM, $1/K_{ESS} = 0.03$ mM^{-1}. 回分バイオリアクターは $V = 1$ m^3, $C_{S0} = 1000$ mM，流加バイオリアクターは $V_0 = 0.8$ m^3, $v = 0.00002$ m^3·s^{-1}, $C_{S0} = 125$ mM.

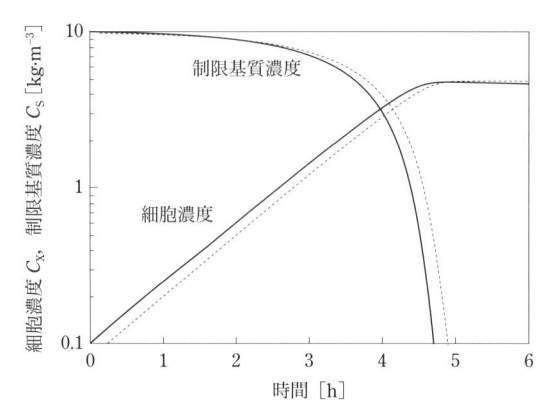

図 4.10 回分バイオリアクターでの細胞濃度と制限基質濃度の経時変化
$C_{X0} = 0.1$ kg·m^{-3}, $C_{S0} = 10$ kg·m^{-3}, $Y_{X/S}^* = 0.5$, $m = 0.005$ h^{-1}, $Y_{X/S} = 0.5$, $K_S = 1$ kg·m^{-3}, $\mu_{r,\max} = 1$ h^{-1}.

$$-\frac{dC_S}{dt} = -r_S = \frac{r_X}{Y_{X/S}^*} + mC_X \tag{4.17}$$

となる．式 (4.16) と式 (4.17) の連立微分方程式を数値的に解くと，細胞と制限基質の経時変化が計算でき，図 4.10 中の実線のようになる．

また，対数増殖期では，増殖速度は細胞濃度に比例することから，

$$\frac{dC_X}{dt} = \mu_{r,\max} C_X \tag{4.18}$$

が成立する．

微生物を用いた反応は，基質となる物質の処理や細胞の取得を目的とする場合と，細胞の触媒作用によって生成する代謝産物の取得を目的とする場合がある．また，細胞の触媒作用によって生成する代謝産物の取得を目的とする場合は，増殖する細胞を用いる場合と増殖しない休止細胞を用いる場合に分けられるが，細胞が増殖する場合には，微生物は基質を栄養成分として増殖し，また基質は代謝産物に変換されると考えることができる．この場合，時間の経過とともに細胞が増え，その細胞が基質を代謝産物に変換する触媒の役目を果たすことになる．生成物が触媒作用を示す化学反応を自触媒反応というが，微生物反応も自触媒反応のような挙動を示す．

制限基質を栄養分として細胞が増殖するとともに制限基質が代謝産物に変換される場合，制限基質 S は細胞 X と代謝産物 P に転換されることになり，この反応は，

$$S \rightarrow Y_{X/S} X + Y_{P/S} P \tag{4.19}$$

と表現することができる．ここで，$Y_{X/S}$ と $Y_{P/S}$ はそれぞれ次式で定義される細胞収率，代謝産物収率である．

$$Y_{X/S} = \frac{C_X - C_{X0}}{C_{S0} - C_S} \tag{4.20}$$

$$Y_{P/S} = \frac{C_P - C_{P0}}{C_{S0} - C_S} \tag{4.21}$$

ただし，C_S, C_X, C_P はそれぞれ，制限基質，細胞，代謝産物の濃度を示し，C_{S0}, C_{X0}, C_{P0} は，それぞれ初期の制限基質，細胞，代謝産物の濃度を示す．

式 (4.20) を式 (4.16) に代入し，$t = 0$ のとき $C_X = C_{X0}$ という初期条件下で積分すると，

$$\mu_{r,\max} t = \left(1 + \frac{K_S Y_{X/S}}{C_{X0} + C_{S0} Y_{X/S}}\right) \ln \frac{C_X}{C_{X0}} - \frac{K_S Y_{X/S}}{C_{X0} + C_{S0} Y_{X/S}} \ln \frac{C_{X0} + C_{S0} Y_{X/S} - C_X}{C_{S0} Y_{X/S}} \tag{4.22}$$

が導かれ，回分操作で微生物反応を行った場合の時間 t と細胞濃度 C_X の関係式を得る．また，細胞濃度 C_X を式 (4.20) に代入することにより，制限基質濃度 C_S を求めることができる．時間 t と細胞濃度 C_X や制限基質濃度 C_S の関係を図 4.10 に点線で追記する．

4.3.5 ■ 連続槽型バイオリアクターを用いた微生物反応

連続操作で微生物反応を行うことも可能である．細胞の増殖を伴う微生物反応の連続操作には通常，連続槽型バイオリアクターが用いられる．連続槽型バイオリアクターにおける細胞の物質収支は，

$$vC_{X0} - vC_X + r_X V = 0 \tag{4.23}$$

となる．ここで，v はバイオリアクターに流入あるいはバイオリアクターから流出する溶液の流量，C_{X0} はバイオリアクターに流入する細胞濃度，C_X はバイオリアクターから流出する細胞濃度，r_X はバイオリアクター体積あたりの細胞の増殖速度，V はバイオリアクターの容積である．通常のバイオリアクターでの連続操作では，汚染（コンタミネーション）防止の立場から滅菌した溶液をバイオリアクターに流入するため，

$$C_{X0} = 0 \tag{4.24}$$

であり，細胞の増殖速度が細胞濃度に比例して増殖する場合，

$$r_X = \mu_r C_X \tag{4.25}$$

が成立する．ここで，μ_rは比増殖速度である．式(4.24)と式(4.25)を式(4.23)に代入すると，

$$D \equiv \frac{1}{\tau} \equiv \frac{v}{V} = \mu_\mathrm{r} \tag{4.26}$$

が導出できる．空間時間 τ ($\equiv V/v$) の逆数は希釈率 D ($\equiv v/V$)，あるいは空間速度とよばれ，式(4.26)より希釈率は細胞の比増殖速度に等しく，単位時間あたりにバイオリアクター内の液が入れ替わる頻度と同じく細胞の世代交代が行われていることを意味している．すなわち，バイオリアクターに流入する溶液の体積流量によって変化する空間速度によって細胞の増殖を制御できる可能性を示している．式(4.26)の比増殖速度がMonodの式（式(3.80)）で表現できる場合，バイオリアクターから流出する制限基質濃度 C_S は，

$$C_\mathrm{S} = \frac{K_\mathrm{S}}{\dfrac{\mu_{\mathrm{r,max}}}{D} - 1} \tag{4.27}$$

となり，細胞の濃度 C_X は式(4.24)と式(4.27)を式(4.20)に代入することで，

$$C_\mathrm{X} = Y_{\mathrm{X/S}} \left(C_{\mathrm{S}0} - \frac{K_\mathrm{S}}{\dfrac{\mu_{\mathrm{r,max}}}{D} - 1} \right) \tag{4.28}$$

となり，代謝産物の濃度 C_P は式(4.27)を式(4.21)に代入することで，

$$C_\mathrm{P} = C_{\mathrm{P}0} + Y_{\mathrm{P/S}} \left(C_{\mathrm{S}0} - \frac{K_\mathrm{S}}{\dfrac{\mu_{\mathrm{r,max}}}{D} - 1} \right) \tag{4.29}$$

となる．また，バイオリアクターの体積あたりの細胞の増殖速度 P_X と代謝産物の生成速度 P_P については，それぞれ式(4.28)と式(4.29)を用いると，

$$P_\mathrm{X} = \frac{vC_\mathrm{X}}{V} = DC_\mathrm{X} = DY_{\mathrm{X/S}} \left[C_{\mathrm{S}0} - \frac{K_\mathrm{S}}{\dfrac{\mu_{\mathrm{r,max}}}{D} - 1} \right] \tag{4.30}$$

$$P_\mathrm{P} = \frac{vC_\mathrm{P}}{V} = DC_\mathrm{P} = D \left[C_{\mathrm{P}0} + Y_{\mathrm{P/S}} \left(C_{\mathrm{S}0} - \frac{K_\mathrm{S}}{\dfrac{\mu_{\mathrm{r,max}}}{D} - 1} \right) \right] \tag{4.31}$$

となる．希釈率 D と制限基質濃度 C_S，細胞濃度 C_X，代謝産物の濃度 C_P およびバイオリアクターの体積あたりの細胞の増殖速度 P_X，代謝産物の生成速度 P_P の関係を図4.11に示す．希釈率が増加すると細胞濃度が急激に低下する．これはバイオリア

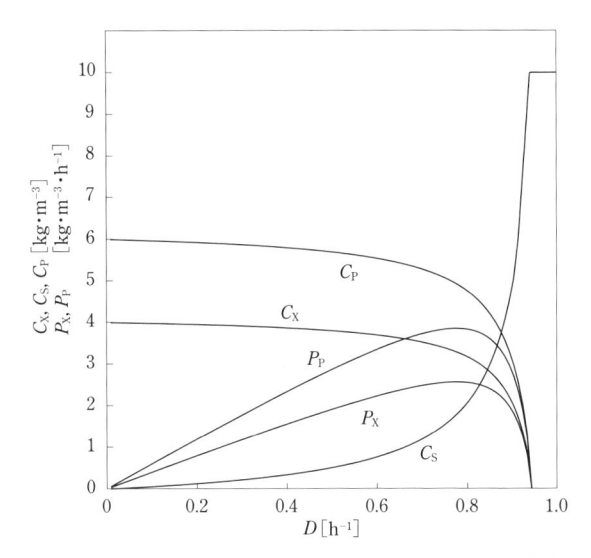

図 4.11 連続槽型バイオリアクターを用いた微生物反応における希釈率と各種濃度などの関係
$K_S = 0.5 \text{ kg·m}^{-3}$, $\mu_{r,\max} = 1 \text{ h}^{-1}$, $C_{S0} = 10 \text{ kg·m}^{-3}$, $Y_{X/S} = 0.4$, $Y_{P/S} = 0.6$, $C_{P0} = 0 \text{ kg·m}^{-3}$

クターに流入する溶液の流速が大きくなると細胞の増殖が追いつかず，細胞が増殖する前にバイオリアクターから流出してしまうことを示しており，この現象をウォッシュアウト（wash out）とよぶ．ウォッシュアウトが起こる臨界希釈率（critical dilution rate）D_{crt} は式（4.28）において $C_X = 0$ とすることにより次式のように導出される．

$$D_{crt} = \frac{\mu_{r,\max} C_{S0}}{K_S + C_{S0}} \tag{4.32}$$

臨界希釈率以上では細胞や代謝産物濃度は 0 となり，基質濃度は C_{S0} になる．一方，バイオリアクター体積あたりの代謝産物の生成速度 P_P を空時収量（space time yield）という．生産性の高さを示す値である．最大の生産性を示す希釈率 D_{opt} は式（4.31）を D で微分したものを 0 とすることにより，次式のように導出される．

$$D_{opt} = \mu_{r,\max} \left(1 - \sqrt{\frac{K_S}{K_S + C_{S0}}}\right) \tag{4.33}$$

このようにバイオリアクターに流入する溶液の組成と流量を制御する方法をケモスタット（chemostat）とよぶ．回分培養では培養液の組成が常に変化しているため，比増殖速度を示す Monod の式（式（3.80））の定数 K_S を求めることは困難であるが，ケモスタットでは式（4.26）が成立するため，種々の希釈率 D で操作したときのバイ

オリアクターから流出する制限基質濃度 C_S を測定することにより，K_S を精度良く求めることができる．$K_S \ll C_{S0}$ となるケモスタットでは，D_{crt} と D_{opt} は近い値となり，わずかな希釈率の変動でウォッシュアウトを起こしてしまうため，D_{opt} より低い希釈率で操作をすることが望まれる．

一方，培養液中の特定の成分を検出し，流入・流出する培養液の量を制御する方法はフィードバック制御（feedback control）とよび，バイオリアクターから流出する基質濃度を検出して一定にする制御をニュートリスタット（nutristat），細胞濃度を一定にする制御をタービッドスタット（turbidstat）という．

4.4 ■ 種々のバイオリアクター

4.4.1 ■ 固定化生体触媒を用いたバイオリアクター

酵素は基本的に水溶性である．また，単細胞は比較的小さく，撹拌などで容易に均一に懸濁できる．そのため，このような生体触媒を用いた水溶液中での反応は均相系の反応として取り扱うことが可能である．均相系の反応では物質移動の影響を無視できるため，比較的反応速度が大きく，解析も容易であるが，反応後に酵素や細胞などの生体触媒を容易に回収できない，および流通バイオリアクターでは生体触媒が容易に流出するという欠点がある．生体触媒を不溶性の固体（担体という）に結合すれば，生体触媒の回収やバイオリアクター内への保持が容易となる．生体触媒を担体などに結合して不溶化することを固定化（immobilization）といい，担体に結合した生体触媒を固定化生体触媒（immobilized biocatalyst）という．

A. 固定化酵素の特徴

固定化した酵素である固定化酵素（immobilized enzyme）は，
(1) 反応後，生成物と容易に分離し，回収できる
(2) 繰り返し利用が容易である
(3) 流通バイオリアクター内に保持することが可能となる
(4) 高密度に担体内に固定化することにより，バイオリアクターの体積あたりの活性が高まる
(5) 酵素の安定性が高まる

などの特徴を有しており，高価な生体触媒を有効に利用するためには欠かせない技術となっている．しかしながら，
(1) 固定化操作が必要となる
(2) 固定化の際に活性が低下する

(3) 固体触媒となるため,液固界面や固定化担体内での物質移動抵抗が生じ,見かけの反応速度が低下する

などの欠点を有しており,これらの欠点をできる限り克服した固定化法や操作が必要となる.

B. 酵素の固定化法

酵素の固定化法は,図 4.12 に示すように担体に結合する担体結合法,ゲルなどの中に封じ込める包括法,あるいは酵素どうしを結合して不溶性の高分子とする架橋法に大別できる.

(1) 担体結合法

担体結合法は酵素を固定化する結合の種類により,共有結合法,イオン結合法,疎水結合法,物理的結合法,およびバイオアフィニティー法に分類される.共有結合法は酵素のアミノ基（NH_2）,カルボキシ基（COOH）,ヒドロキシ基（OH）,チオール基（SH）,グアニジル基,イミダゾール基,インドール基などの官能基と担体に存在

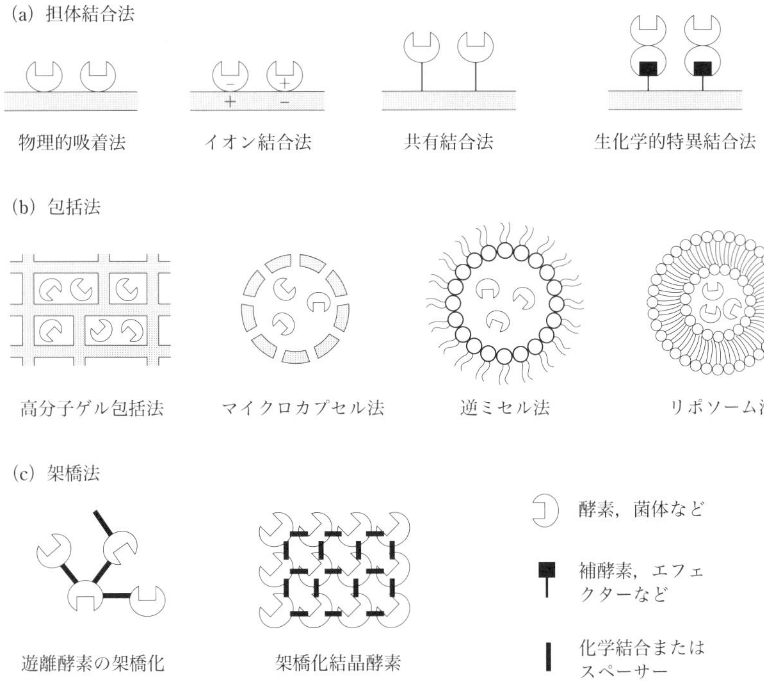

図 4.12 酵素固定化法の概念図
[田中渥夫,松野隆一,酵素工学概論,コロナ社 (1995), p.21]

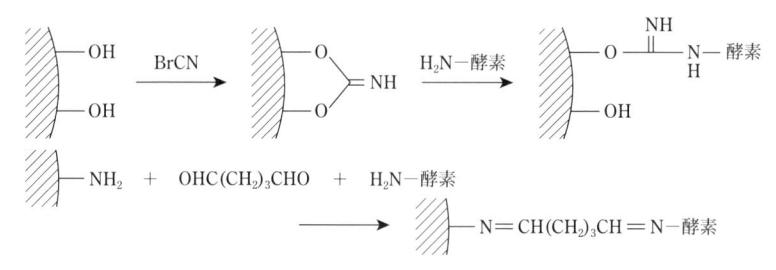

図4.13 共有結合で酵素を固定化する方法の例

する官能基を直接，あるいはスペーサーを介して共有結合で固定化する方法である．たとえば，担体のヒドロキシ基を臭化シアンで活性化した後，酵素のアミノ基とイソウレア結合させる臭化シアン法やグルタルアルデヒドを介して担体のアミノ基と酵素のアミノ基を結合させる化学的方法（図4.13）などがよく用いられる．共有結合法は結合が強固であるが，固定化操作が比較的煩雑であることや，固定化操作中に酵素が失活しやすいという問題がある．一方，グルタミン残基とアミノ基を架橋するトランスグルタミナーゼを用いて酵素的に固定化することも可能である．化学的方法に比べトランスグルタミナーゼを用いる酵素的方法は固定化する酵素の失活を抑えることが可能であるが，架橋する官能基が酵素や担体の表面に露出している必要がある．

　イオン結合法は酵素の中のイオン化する官能基と，不溶性の担体の中のイオン化する官能基をイオン的に結合する方法であり，担体としてはイオン交換樹脂やイオン化する官能基を導入したセルロースなどの多糖高分子が用いられる．たとえば，酵素のカルボキシ基と陰イオン交換樹脂のジエチルアミノエチル（DEAE）基間のイオン結合や酵素のアミノ基と陽イオン交換樹脂のカルボキシメチル基間のイオン結合などが用いられる．イオン結合法による固定化操作は容易であるが，結合力が弱いため，反応操作中に脱離しやすい．特に，高塩濃度下では容易に脱離する．

　疎水結合法は酵素の疎水的領域と担体のアルキル基などを疎水的相互作用で結合させる方法である．疎水結合法はイオン結合法と同様に固定化操作は容易であるが，結合力が弱いため，反応操作中に脱離しやすい．反応溶液に水溶性有機溶媒などが含まれる場合には酵素と担体間の疎水的相互作用が弱くなるため脱離しやすくなるが，反応溶液の塩濃度が高い場合には疎水的相互作用が強くなるため，疎水結合法で固定化した固定化担体は高塩濃度下で用いることができる．ただし，高濃度の塩が存在することによる酵素活性の低下や変性には注意を必要とする．

　バイオアフィニティー法は，抗原と抗体間の結合，タンパク質と核酸間の結合，タンパク質間の結合，あるいはタンパク質と金属イオン間の結合など生物学的特異性が

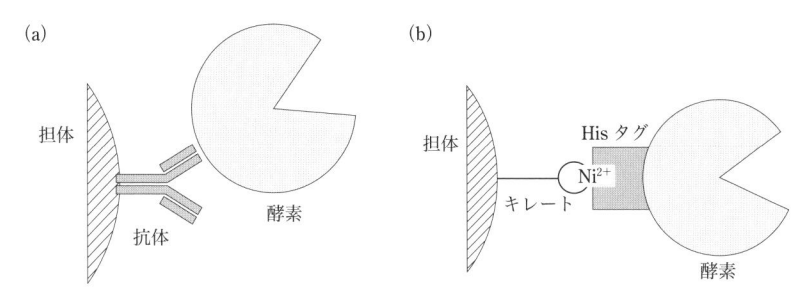

図 4.14 バイオアフィニティー法で酵素を固定化する方法の例

高い結合により担体に固定化する方法であり，他の結合法とは異なり，部位特異的に結合できる．固定化した酵素の方向性を合わせることも可能である．たとえば，図 4.14 (a) のように抗酵素抗体を共有結合した担体に酵素を結合する方法では，モノクローナル抗体を用いると酵素の特定部位に結合させることができる．また，図 4.14 (b) のようにタンパク質にヒスチジン残基が 6～11 個連続した部分（His タグとよばれる）が存在するとニッケルイオンやコバルトイオンなどと特異的に結合することが知られている．タンパク質工学的に His タグを付与した酵素とキレート作用などを利用して金属イオンを配位した担体を用いると酵素を特異的に結合させることが可能となる．バイオアフィニティーによる結合は特異性が高く，結合力も比較的強い．

物理吸着法は酵素と担体をファンデルワールス力などの弱い力で結合する方法であり，担体としては，活性炭，シリカゲル，アルミナ，セラミックス，珪藻土，多孔質ガラスビーズ，合成樹脂などが用いられる．物理吸着法では担体表面に酵素の多分子層を形成する点が他の結合法とは異なる．

担体結合法では担体として，球形粒子，高分子膜，繊維，あるいはスポンジ状の合成樹脂などを用いることが多く，球形粒子を用いる場合は担体を多孔質化することにより表面積を広くし，固定化量を増やす工夫が行われる．また，結合の様式は必ずしも一つとはかぎらず，物理吸着と疎水的相互作用が複合して結合している場合や，バイオアフィニティーで結合した酵素と担体がさらにイオン結合などを形成し，固定化した酵素の方向性が必ずしも一致しない場合もある．このような場合，溶液の塩濃度や pH などを調整することにより単一の結合様式での固定化が可能となる．

(2) 包括法

包括法はゲル，マイクロカプセル，リポソーム，逆ミセル，あるいは膜を用いたバイオリアクター中に酵素を封じ込める方法である．

ゲルの素材としては，アクリルアミドのモノマーと N,N'-メチレンビスアクリルア

ミドを重合して作製するポリアクリルアミドゲルや天然の多糖高分子であるκ-カラギーナン，アルギン酸あるいは寒天をゲル化したものや，ウレタン樹脂，光硬化性性樹脂などが用いられる．また，温度やpHに応答性をもつ樹脂を用いた場合には，温度やpHの変化により酵素の固定化と脱離が制御可能となる．

マイクロカプセルは高分子などの薄膜で覆われた微小な粒子であり，油の中で酵素溶液のエマルションを形成させた後に界面重合などを行いそのエマルションを薄膜で覆うことにより作製される．脂質や界面活性剤によって形成されるリポソームや逆ミセルに酵素を封じ込めることも可能である．通常のミセルの内側は油であり，油には酵素が溶解しないため，ミセルを用いた固定化には利点はないが，ミセルの水相と油相を逆にした逆ミセル中に酵素を封じ込める方法により有機溶媒中において酵素反応を行うことができる．マイクロカプセル，リポソーム，および逆ミセルの機械的強度は比較的低く崩壊しやすいため，脂質や界面活性剤が生成物に混入するおそれがある．

低分子量の基質や生成物は通過するが高分子量の酵素は通過しない限外ろ過膜をバイオリアクター内に設置することにより，酵素をバイオリアクター内，あるいは膜のスポンジ層に固定化することもできる．この場合，膜面積を大きくするため，中空糸膜や平板膜を組み込んだモジュールが用いられることも多い（膜については5.5節参照）．

(3) 架橋法

架橋法は，グルタルアルデヒドを介して酵素どうしを化学的に架橋，あるいはトランスグルタミナーゼを用いて酵素的に架橋し，高分子化する方法である．高分子化することにより膜を用いたバイオリアクターでの酵素の漏出防止が容易となる．また，物理吸着などによる担体結合法やゲルを用いる包括法で酵素を固定化した後に酵素を架橋することにより漏出の少ない固定化が可能となる．

C. 触媒有効係数

水溶液中では固定化していない酵素は基本的に溶解しており，濃度は均一である．しかしながら，担体の内部に酵素が固定化されている固定化酵素と，反応溶液に溶解している基質との反応においては，図4.15に示すように基質は，①担体表面に移動し，②担体内部に入り，③担体内部を移動し，④酵素の触媒作用を受けて，生成物に転換される．また生成物は，⑤担体内部を移動し，⑥担体表面に出て，⑦担体表面から反応溶液に移動する．このように，固定化酵素の表面近傍および担体内部では基質濃度は不均一である．一方で，それぞれの過程の物質移動速度や反応速度は同じである（擬定常状態）と仮定すると，この反応は次のように解析することができる．

まず，酵素が半径Rの球状の担体内部に均一に固定されているとする．担体表面での基質濃度が反応溶液の基質濃度より低い場合，濃度差に起因する物質移動が生じ，

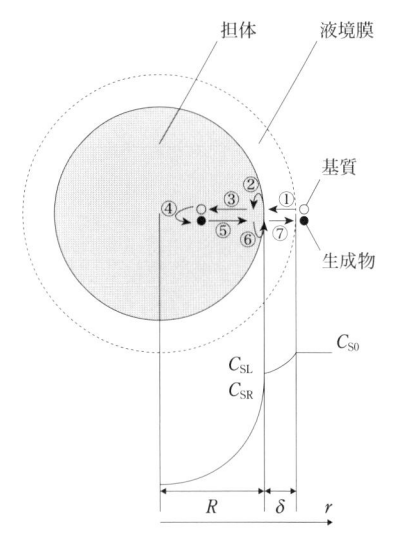

図 4.15 球状固定化酵素の表面近傍と担体内での反応および基質の濃度分布

 反応溶液に溶解している基質は担体表面に移動する．基質濃度が反応溶液よりも低くなっている担体表面近傍を液境膜（fluid film）とよぶ．境膜の厚みを δ とすると，半径 r（$R < r < R+\delta$，$\delta \ll R$）と $r + \mathrm{d}r$（$\mathrm{d}r \ll \delta$）で囲まれた液境膜内の微小球殻での基質の物質収支は，

$$\left(4\pi r^2 N_{\mathrm{SL}}\right)_{r=r} - \left(4\pi r^2 N_{\mathrm{SL}}\right)_{r=r+\mathrm{d}r} = 0 \tag{4.34}$$

となる．ここで，N_{SL} は境膜での単位表面積あたりの基質の移動速度，つまりフラックスを示している．式 (4.34) で，$\mathrm{d}r \to 0$ の極限をとれば，

$$\lim_{\mathrm{d}r \to 0} \frac{\left(4\pi r^2 N_{\mathrm{SL}}\right)_{r=r} - \left(4\pi r^2 N_{\mathrm{SL}}\right)_{r=r+\mathrm{d}r}}{\mathrm{d}r} = -\frac{\mathrm{d}}{\mathrm{d}r}\left(4\pi r^2 N_{\mathrm{SL}}\right) = 0 \tag{4.35}$$

となる．また，境膜での基質の移動は分子拡散に依存するものであり，移動速度は，

$$N_{\mathrm{SL}} = -D_{\mathrm{L}} \frac{\mathrm{d}C_{\mathrm{S}}}{\mathrm{d}r} \tag{4.36}$$

で示される Fick の第 1 法則に従う．ここで，D_{L} は境膜での基質の拡散係数を示している．式 (4.35) と式 (4.36) より，

$$\frac{\mathrm{d}}{\mathrm{d}r}\left(4\pi r^2 D_{\mathrm{L}} \frac{\mathrm{d}C_{\mathrm{S}}}{\mathrm{d}r}\right) = 0 \tag{4.37}$$

が得られる．境膜外側 $r = R + \delta$ での基質濃度は C_{S0}，担体表面 $r = R$ での基質濃度は

C_{SL} という境界条件を用いて，式 (4.37) を積分すると，

$$\frac{C_S - C_{SL}}{C_{S0} - C_{SL}} = \frac{R^{-1} - r^{-1}}{R^{-1} - (R+\delta)^{-1}} \tag{4.38}$$

となる．$\delta \ll R$ であるので，境膜での基質の移動速度は，

$$N_{SL} = -\frac{D_L}{\delta}(C_{S0} - C_{SL}) = -k_L(C_{S0} - C_{SL}) \tag{4.39}$$

と表現できる．ここで，k_L は境膜物質移動係数とよばれ，D_L/δ で与えられる．k_L の値は反応溶液の粘度，密度，流速や固定化酵素の大きさなどによって異なり，特に，反応溶液の撹拌の強さや流速を高めると境膜の厚さ δ が小さくなるので，k_L の値は大きくなる．

担体表面に到着した基質は担体内部に移動するが，担体表面の外側と内側での環境が大きく異なる場合，担体表面の外側と内側には濃度差が生じ，さらに平衡関係が成立する場合，外側と内側の基質濃度比は分配係数 K_d によって定義される．

$$K_d = \frac{担体表面内側の基質濃度}{担体表面外側の基質濃度} \quad \frac{C_{SR}}{C_{SL}} \tag{4.40}$$

基質の分配係数 K_d は，基質の立体障害，基質と担体との静電的相互作用や親水・疎水的相互作用などの影響を受け，基質が高分子の場合や，基質と担体が静電的に反発する場合は $K_d < 1$ となり，基質と担体が静電的に，あるいは疎水的相互作用によって引き合う場合は $K_d > 1$ となる．また，担体表面の外側と内側の濃度が同じ場合には，$K_d = 1$ となる．

担体表面内側の基質はさらに担体内部に移動するとともに，基質は担体内部では酵素によって消費される．半径 r ($0 < r < R$) と $r + dr$ ($dr \ll r$) で担体粒子内における囲まれた微小球殻での基質の物質収支は，

$$\left(4\pi r^2 N_S\right)_{r=r} - \left(4\pi r^2 N_S\right)_{r=r+dr} + 4\pi r^2 \, dr \cdot r_S = 0 \tag{4.41}$$

となる．ここで，N_S は担体内部での単位表面積あたりの基質の移動速度を示しており，r_S は単位体積あたりの基質の反応速度を示している．担体内部での基質の移動速度も境膜での拡散（式 (4.36)）と同様な次式

$$N_S = -D_{eS} \frac{dC_S}{dr} \tag{4.42}$$

で表現できるとする．ただし，担体内部の基質の拡散は複雑であり，分子拡散だけで説明するのは困難であるため，式 (4.42) では担体内部を基質が拡散する状態を総括的に表現する有効拡散係数 D_{eS} が用いられる．また，酵素の反応速度は Michaelis–

Menten の式

$$r_S = -\frac{k_{+2}C'_E C_S}{K_m + C_S} \tag{4.43}$$

で表現できるとする．ただし，C'_E は固定化酵素単位体積あたりの酵素濃度である．式 (4.42) と式 (4.43) を式 (4.41) に代入し，整理すると，

$$\frac{D_{eS}}{r^2}\cdot\frac{d}{dr}\left(r^2\frac{dC_S}{dr}\right) = \frac{k_{+2}C'_E C_S}{K_m + C_S} \tag{4.44}$$

となる．さらに，

$$r = R\text{ では，}\quad C_S = C_{SR} \tag{4.45}$$

$$r = 0\text{ では，}\quad \frac{dC_S}{dr} = 0 \tag{4.46}$$

が境界条件として与えられる．また，式 (4.44) に $C_S^* = C_S/C_{SR}$，$r^* = r/R$ を代入して無次元化すると，

$$\frac{D_{eS}}{r^2}\cdot\frac{d}{dr^*}\left(r^{*2}\frac{dC_S^*}{dr^*}\right) = \phi_m^2 \frac{C_S^*}{1+(C_{SR}/K_m)C_S^*} \tag{4.47}$$

$$r^* = 1\text{ では，}\quad C_S^* = 1 \tag{4.48}$$

$$r^* = 0\text{ では，}\quad \frac{dC_S^*}{dr^*} = 0 \tag{4.49}$$

$$\phi_m = R\left(\frac{k_{+2}C'_E}{D_{eS}K_m}\right)^{\frac{1}{2}} \tag{4.50}$$

となる．ϕ_m はチーレ数（Thiele modulus）とよばれる無次元数であり，ϕ_m を 2 乗した値は，担体内部の反応速度と拡散速度の比を表している．

固定化酵素を用いた酵素反応では固体化担体内部での基質濃度が低下するため，観察される見かけの反応速度は，固体化担体内部での基質濃度の低下がない場合よりも低下する．固定化酵素を用いた場合の反応速度の低下の程度は次式で定義される有効係数（effectiveness factor）η によって示される．

$$\eta = \frac{\text{見かけの反応速度（実際に観測される反応速度）}}{\text{担体内部の基質濃度が均一であり，担体表面と同じであると仮定したときの反応速度}} \tag{4.51}$$

よって，Michaelis–Menten の式に従う固定化酵素の有効係数は，

$$\eta = \frac{\left(4\pi R^2 D_{eS} \dfrac{dC_S}{dr}\right)_{r=R}}{\dfrac{4}{3}\pi R^3 \dfrac{k_{+2}C'_E C_{SR}}{K_m + C_{SR}}} = \frac{\left(3\dfrac{dC^*_S}{dr^*}\right)_{r^*=1}}{\phi_m^{\,2}\left[1+\left(C_{SR}/K_m\right)\right]^{-1}} \tag{4.52}$$

となる．Michaelis–Menten の式は非線形であるため，式 (4.52) をこれ以上解くことはできないが，有効係数 η は ϕ_m と C_{SR}/K_m の関数として表現できることがわかる．一方，$C_S \ll K_m$ の場合，Michaelis–Menten の式は $r_S = -k_{+2}C'_E C_S/K_m$ と表現でき，基質濃度に比例して反応速度が変化する一次反応式となる．また，$C_S \gg K_m$ の場合，Michaelis–Menten の式は $r_S = -k_{+2}C'_E$ と表現でき，反応速度は基質濃度に依存しない 0 次反応式となる．これらの両極限では，式 (4.52) を解くことが可能である．$K_d = 1$，$k_1 R/D_{eS} = 10$ の場合の η と ϕ_m の関係を図 4.16 に示す．一次の反応速度式の場合の計算結果を実線，0 次の反応速度式の場合の計算結果を点線で示している．Michaelis–Menten の式に従う酵素反応の場合，実線と点線の間に解が存在することになる．反応速度が拡散速度に比べて小さい，すなわち，基質の拡散の影響が無視できる反応律速の状態では ϕ_m が小さくなり，η は 1 に近づく．一方，拡散速度が反応速度に比べて小さい拡散律速の状態では ϕ_m が大きくなり，η は $1/\phi_m$ に比例する．

有効係数 η は酵素が有効に使用されている割合とも理解できる．たとえば，$\eta = 0.1$ のときは，固定化している酵素の触媒機能の 10% が有効に機能しているのと同等で

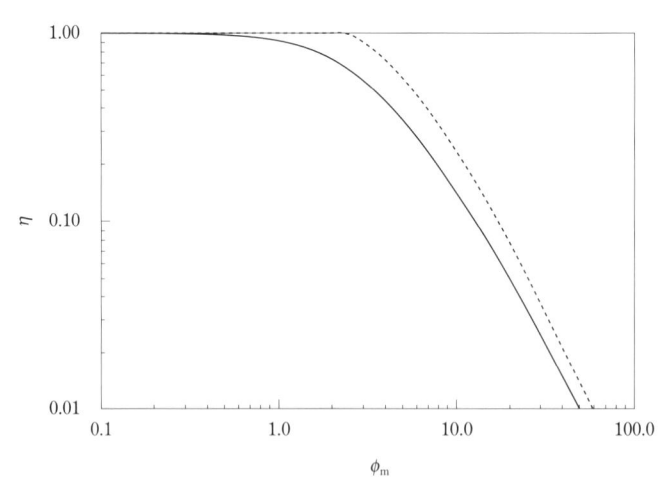

図 4.16 触媒有効係数とチーレ数の関係

$K_d = 1$，$k_1 R/D_{eS} = 10$ の場合．一次の反応速度式の場合を実線，0 次の反応速度式の場合を点線で示している．

ある．酵素が100％の触媒機能を発揮していないのは，固定化担体の内部に行くほど基質濃度が低くなり，担体内部での酵素の反応速度が低くなるためである．担体内部では拡散の影響により基質濃度が低下するが，低い基質濃度で反応速度が大きくなるような基質阻害を生じる酵素反応や $K_\mathrm{d}>1$ の場合には，η は1以上の値となる場合もある．

D. 固定化酵素を用いたバイオリアクターの設計

回分バイオリアクターや連続槽型バイオリアクターを用いる場合，どのような担体に固定化した酵素であっても利用可能であるが，球形粒子に固定化した固定化酵素，あるいは包括法や架橋法で調製した固定化酵素が一般によく用いられる．また，境膜内の物質移動抵抗を低減するため，撹拌しながら反応することになる．そのため，固定化酵素の機械的強度が高いことが望まれる．一方，管型バイオリアクターを用いる場合には，長期間の使用に耐えうる球形粒子，高分子膜，繊維，あるいはスポンジ状の合成樹脂などの担体に結合した固定化酵素，あるいは包括法で調製した固定化酵素が一般的によく用いられる．

固定化酵素の表面近傍に形成される境膜内の物質移動抵抗が無視できる場合，固定化酵素を用いたバイオリアクターの物質収支は，4.2節で扱ったバイオリアクターの物質収支と基本的に同様であるが，反応速度は式 (4.51) で定義される有効係数を掛けた速度になる．固定化酵素による反応が見かけ上，Michaelis–Menten の式（式 (3.40)）に従う場合の固定化酵素を用いたバイオリアクターについて次に述べる．

(1) 固定化酵素を用いた回分バイオリアクター

4.2.1項で扱った回分バイオリアクターの考え方は，固定化酵素を用いる回分バイオリアクターでも同様であり，Michaelis–Menten の式に従う固定化酵素の回分バイオリアクターの物質収支は，

$$-\eta \frac{V_\mathrm{max} C_\mathrm{S}}{K_\mathrm{m}+C_\mathrm{S}} \cdot (1-\varepsilon) V = \varepsilon V \frac{\mathrm{d}C_\mathrm{S}}{\mathrm{d}t} \tag{4.53}$$

となる．ただし，ε は空隙率（固定化酵素を含む溶液の体積中の溶液体積の割合）である．$\eta=1$ あるいは η が基質濃度に依存せず一定であるとみなせる場合には，$t=0$ のとき $C_\mathrm{S}=C_\mathrm{S0}$ という初期条件下で式 (4.53) を積分すると，

$$\frac{1-\varepsilon}{\varepsilon} t = \frac{K_\mathrm{m}}{\eta V_\mathrm{max}} \ln \frac{C_\mathrm{S0}}{C_\mathrm{S}} + \frac{C_\mathrm{S0}-C_\mathrm{S}}{\eta V_\mathrm{max}} \tag{4.54}$$

が得られる．固定化酵素を用いた回分バイオリアクターの設計方程式（式 (4.54)）と固定化していない遊離酵素を用いた場合の設計方程式（式 (4.14)）を比較すると，V_max に $\eta(1-\varepsilon)/\varepsilon$ が掛かっている点が異なる．なお，η が基質濃度に依存する場合には，式

(4.44) と式 (4.53) などを連立して，数値解析で解くことになる．

(2) 固定化酵素を用いた連続槽型バイオリアクター

4.2.2 項で扱った連続槽型バイオリアクターの考え方は，固定化酵素を用いる連続槽型バイオリアクターでも同様であり，Michaelis–Menten の式に従う固定化酵素の連続槽型バイオリアクターの物質収支は，

$$vC_{S0} - vC_S - \eta \frac{V_{max}C_S}{K_m + C_S} \cdot (1-\varepsilon)V = 0 \tag{4.55}$$

となる．連続槽型バイオリアクターの体積基準の空間時間を $\tau \equiv V/v$ とすると，$(1-\varepsilon)\tau$ は固定化酵素体積基準の空間時間であり，式 (4.55) より，

$$(1-\varepsilon)\tau = (1-\varepsilon)\frac{V}{v} = \frac{(C_{S0} - C_S)(K_m + C_S)}{\eta V_{max} C_S} \tag{4.56}$$

となる．

(3) 管型バイオリアクター

4.2.3 項で扱った管型バイオリアクターの考え方は，固定化酵素を用いる管型バイオリアクターでも同様であり，Michaelis–Menten の式に従う固定化酵素の管型バイオリアクターの物質収支は，

$$vC_S - v(C_S + dC_S) - \eta \frac{V_{max}C_S}{K_m + C_S} \cdot (1-\varepsilon)dV = 0 \tag{4.57}$$

となる．管型バイオリアクターの体積基準の空間時間を $\tau \equiv V/v$ とすると，$(1-\varepsilon)\tau$ は固定化酵素体積基準の空間時間であり，$\eta = 1$ あるいは η が基質濃度に依存せず一定であるとみなせる場合には，$V = 0$ のとき $C_S = C_{S0}$ という境界条件下で式 (4.57) を積分すると，

$$(1-\varepsilon)\tau = (1-\varepsilon)\frac{V}{v} = \frac{K_m}{\eta V_{max}} \ln \frac{C_{S0}}{C_S} + \frac{C_{S0} - C_S}{\eta V_{max}} \tag{4.58}$$

となる．

E. 固定化細胞

酵素に限らず，微生物，動物細胞，あるいは植物細胞などを担体に固定化することも可能である．動物細胞や植物細胞では，増殖する細胞を固定化する場合が多いが，微生物は増殖する細胞だけでなく，増殖が停止した細胞を酵素の塊ととらえ，固定化して使用する場合もある．それぞれ，固定化増殖細胞（immobilized growing cell），固定化静止細胞（immobilized resting cell）とよばれる．微生物，動物細胞，あるいは植物細胞を固定化し，固定化増殖細胞として用いた場合，多段階の反応を長期間触媒することが可能となるため，この方法は種々の物質生産に用いられている．また，

流通式では，連続生産が可能となるだけでなく，培養中に生成した阻害物質を除去できるなどの利点がある．動物細胞は細胞壁を有していないため機械的強度が低いが，浮遊性動物細胞を包括法で固定化する，あるいは足場依存性動物細胞を多孔性粒子や膜に固定化することにより，機械的衝撃を和らげることが可能となる．一方，微生物は生育が比較的早いため，固定化増殖細胞として用いた場合には，担体から細胞が漏出することが多くなる．

細胞から酵素を調製することが困難な場合，増殖が停止した細胞を固定化した固定化静止細胞として用いることがある．産業的に利用されることも多いが，反応溶液への細胞由来の不純物の混入が懸念される場合には，物理吸着法や包括法で固体化した細胞に対し，さらに架橋法を施すことが有効である．

4.4.2 ■ リサイクルを伴う微生物バイオリアクター

4.3.5 項で解説したように連続槽型バイオリアクターを用いた微生物反応では，排出液にはバイオリアクター内と同濃度の細胞が含まれている．細胞が作り出す代謝産物の生成速度は細胞濃度に依存するため，細胞が作り出す代謝産物が目的である場合，排出液に含まれる細胞をバイオリアクターにリサイクルするとバイオリアクターの代謝産物の生成効率が向上することが期待できる．リサイクルを伴うバイオリアクターの概略図を図4.17に示す．連続槽型バイオリアクターを出た後に膜分離，遠心分離，あるいは重力沈降などを利用して細胞を濃縮する分離器を設置し，バイオリアクターから流出する細胞濃度 C_{X2} を β 倍（$\beta>1$）に濃縮した βC_{X2} の細胞濃縮液を，系外に排出する液流量 v の γ 倍の液流量 γv でバイオリアクターにリサイクルする．この場合，分離器周りの細胞の物質収支は，

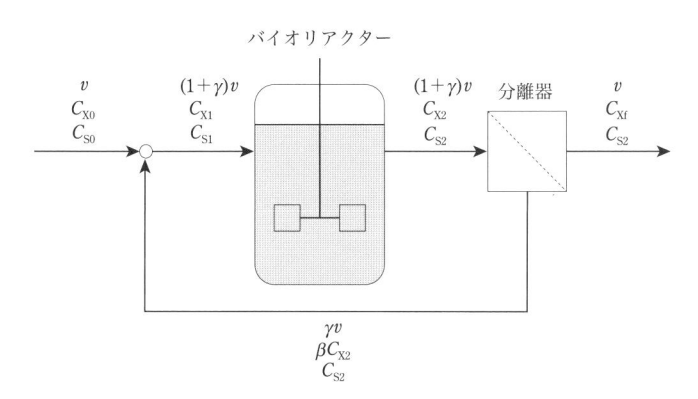

図 4.17 濃縮した細胞のリサイクルを伴う連続培養操作

$$(1+\gamma)vC_{X2} = \gamma v \cdot \beta C_{X2} + vC_{Xf} \tag{4.59}$$

となる．左辺は分離器に流入する細胞流量，右辺第1項はリサイクルする細胞流量，右辺第2項は系外に排出する細胞流量である．式 (4.59) を整理すると，

$$\frac{C_{Xf}}{C_{X2}} = 1 - \gamma(\beta - 1) \tag{4.60}$$

の関係が得られる．分離器によって高濃度の細胞を含む液がリサイクルすることから，C_{Xf}/C_{X2} は 0 から 1 の範囲の値となり，β や γ は，

$$0 < 1 - \gamma(\beta - 1) < 1 \tag{4.61}$$

を満たす条件で操作することになる．また，系内への流れとリサイクルが合流するところでの細胞の物質収支は，

$$vC_{X0} + \gamma v \cdot \beta C_{X2} = (1+\gamma)vC_{X1} \tag{4.62}$$

となる．左辺第1項は系内への細胞流量，左辺第2項はリサイクルする細胞流量，右辺はバイオリアクターに流入する細胞流量であるが，通常，系内に流入する液は細胞を含まない新鮮な培地 ($C_{X0} = 0$) である．式 (4.60) と式 (4.62) より C_{X2} を消去し，整理すると，

$$\frac{C_{Xf}}{C_{X1}} = \frac{(1+\gamma)[1 - \gamma(\beta - 1)]}{\gamma \beta} \tag{4.63}$$

の関係が得られる．また，バイオリアクターにおける細胞の物質収支は，

$$(1+\gamma)vC_{X1} - (1+\gamma)vC_{X2} + r_X V = 0 \tag{4.64}$$

となる．左辺第1項はバイオリアクターに流入する細胞流量，左辺第2項はバイオリアクターから流出する細胞流量，左辺第3項はバイオリアクターでの細胞の増殖速度，右辺はバイオリアクター内の細胞の蓄積速度がゼロである定常状態を示している．細胞の増殖速度が式 (4.16) のようにバイオリアクター内の細胞濃度に比例する場合，

$$r_X = \mu_r C_{X2} \tag{4.65}$$

と表現でき，式 (4.64) に式 (4.60)，式 (4.63) および式 (4.65) を代入し，整理すると，

$$\mu_r = [1 - \gamma(\beta - 1)]\frac{v}{V} = [1 - \gamma(\beta - 1)]D \tag{4.66}$$

の関係が得られる．ここで，D は系に流入する液流量 v をバイオリアクターの体積 V

で割った希釈率（空間速度）を示している．

一方，基質や代謝産物の濃度がバイオリアクターの出口に設置された分離器によって変化しない場合，系内への流れとリサイクルが合流するところでの基質 S の物質収支は，

$$vC_{S0} + \gamma v C_{S2} = (1+\gamma)vC_{S1} \tag{4.67}$$

であり，本バイオリアクターでの増殖収率 $Y_{X/S}$ は，本バイオリアクターの入口と出口の基質濃度と細胞濃度の関係より，

$$Y_{X/S} = \frac{C_{X2} - C_{X1}}{C_{S1} - C_{S2}} \tag{4.68}$$

と表現できる．式 (4.67) に式 (4.60)，式 (4.63) および式 (4.68) を代入し，C_{X2}, C_{X1} および C_{S1} を消去し，整理すると，

$$C_{Xf} = Y_{X/S}(C_{S0} - C_{S2}) \tag{4.69}$$

が得られる．

比増殖速度 μ_r が Monod の式（式 (3.80)）で表される場合には，式 (3.80) と式 (4.69) より，

$$C_{S2} = \frac{K_S}{\{\mu_{r,\max}/[1-\gamma(\beta-1)]D\}-1} \tag{4.70}$$

が得られ，式 (4.70) を式 (4.69) に代入すると，

$$C_{Xf} = Y_{X/S}\left[C_{S0} - \frac{K_S}{\{\mu_{r,\max}/[1-\gamma(\beta-1)]D\}-1}\right] \tag{4.71}$$

となる．4.3.5 項で述べたリサイクルしない連続槽型バイオリアクターの細胞濃度を示す式 (4.28) と式 (4.71) を比較すると，リサイクルしない連続槽型バイオリアクターの希釈率 D を $[1-\gamma(\beta-1)]D$ に置き換えたものと同様であることがわかる．すなわち，バイオリアクターの体積 V と細胞収率 $Y_{X/S}$ が同じ場合，系外に流出する細胞濃度をリサイクルしない場合と等しくするには，リサイクルした場合の液流量 v はリサイクルしない場合の液流量の $1/[1-\gamma(\beta-1)]$ 倍高めることができる．また，式 (4.60) よりリサイクルした場合のバイオリアクターの細胞濃度は $1/[1-\gamma(\beta-1)]$ 倍高く，リサイクルすることにより生産性を大きく向上できることを意味している．

また，リサイクルした場合，ウォッシュアウトする臨界希釈率 D_{crt} は式 (4.71) に $C_{Xf} = 0$ を代入することにより，次式のようになる．

$$D_{\text{crt}} = \frac{\mu_{r,\max} C_{S0}}{[1-\gamma(\beta-1)](K_S + C_{S0})} \tag{4.72}$$

式 (4.33) と式 (4.72) を比較すると，リサイクルすることによってウォッシュアウトする臨界希釈率も大きくなっていることがわかる．

4.4.3 ■ 通気を伴う微生物バイオリアクター

好気性微生物や通性嫌気性微生物などの好気性細胞は酸素を消費しながら生育する．細胞は液体培地に溶存している酸素分子を細胞内に摂取する．常温常圧での水溶液への酸素の飽和溶解度は約 $8\,\text{g}\cdot\text{m}^{-3}$ であり，好気性微生物の培養では速やかに消費されるため，液体培地に常時，空気を供給しなければならない．金魚鉢で金魚を育てる場合の通気を想像すればよいが，単にバイオリアクター底部で空気を供給しても多くの酸素は水溶液に溶解することなくバイオリアクター上部に達する．そのため，多数の小さな孔から気泡状の空気あるいは酸素をバイオリアクター底部から供給する，あるいは撹拌することが必要となる．

気泡状の空気に含まれる酸素が細胞に届くには，図 4.18 に示すような，①気泡内部の酸素が気泡表面に移動して液内部に溶解し，②液内部を移動し，③細胞表面に移動する，という移動過程が必要となる．また細胞が凝集し，フロック状になっている場合，酸素のフロック表面への移動，フロック内部への移動，フロック内部での移動なども考慮する必要がある．この酸素の移動は，4.4.1 項「C．触媒有効係数」で扱った基質の移動と似ている．気体に含まれる溶質成分が液体に移動することをガス吸収（gas adsorption）とよぶ．

A．二重境膜説

ガス吸収の機構を合理的に説明したモデルの一つとして二重境膜説（two-film theory または double film theory）がある．たとえば，ある程度撹拌されているバイオリアクター内では，気体や液体の多くの部分では各成分の濃度は均一であるが，気体と液体

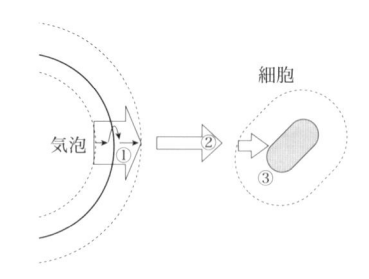

図 4.18　気泡から細胞への酸素の物質移動

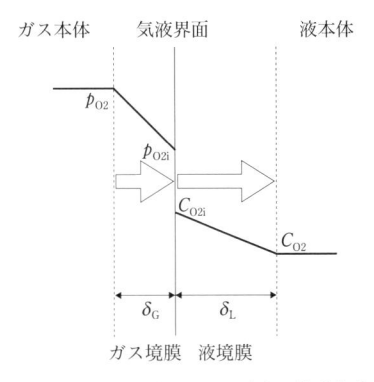

図 4.19 二重境膜説による酸素の物質移動

が接する界面近傍においては，溶質成分は不均一であり，物質移動の抵抗は気液界面近傍においてのみ生じていると考えることができる．二重境膜説では，図 4.19 に示すように，気液界面のガス側と液体側にはそれぞれガス境膜と液境膜が存在すると仮定し，境膜内の溶質成分の移動は Fick の第 1 法則（式 (4.36)）が成立し，また，気液界面では物質移動抵抗はなく，気体側界面表面の溶質成分の分圧と液体側界面表面の溶質成分の濃度は平衡に達しており，

$$p_{O2i} = H \cdot C_{O2i} \tag{4.73}$$

で示される Henry の法則が成立すると仮定する．ここで，p_{O2i} は界面での酸素分圧，C_{O2i} は界面での溶存酸素濃度，H は Henry 定数である．Henry の法則は，酸素の水溶液への溶解のように溶質が希薄である場合に成立し，H の値は溶質の種類によって大きく異なり，溶液の組成，温度などの影響を受ける．たとえば酸素では，溶液の塩濃度が高ければ，あるいは温度が高ければ H の値は大きくなる．

定常状態では，ガス境膜の酸素の移動速度と液境膜の酸素の移動速度が等しいので，

$$N_{O2} = k_G \left(p_{O2} - p_{O2i} \right) = k_L \left(C_{O2i} - C_{O2} \right) \tag{4.74}$$

が成立する．ここで，k_G と k_L はそれぞれガス境膜物質移動係数（gas-phase mass transfer coefficient）と液境膜物質移動係数（liquid-phase mass transfer coefficient），p_{O2} と C_{O2} はそれぞれ，ガス本体の酸素分圧と液本体の溶存酸素濃度を示している．p_{O2i} と C_{O2i} はそれぞれ，界面での酸素分圧と溶存酸素濃度であるが，仮想した境膜に挟まれた界面での分圧，濃度であるため，実測することはできない．測定可能な液本体の溶存酸素濃度 C_{O2} とガス本体の酸素分圧 p_{O2} に平衡な C_{O2}^*（$p_{O2} = HC_{O2}^*$）を用いて

酸素の移動速度 N_{O2} を表現すると,

$$N_{O2} = K_{OL}\left(C_{O2}^* - C_{O2}\right) \tag{4.75}$$

となる.ここで,K_{OL} は液境膜基準の総括膜物質移動係数(overall mass transfer coefficient)であり,式 (4.74) と式 (4.75) より,次式が成立する.

$$\frac{1}{K_{OL}} = \frac{1}{H \cdot k_G} + \frac{1}{k_L} \tag{4.76}$$

酸素に対する K_{OL} は $10^5\,\text{Pa}\cdot\text{m}^3\cdot\text{mol}^{-1}$ のオーダーであり,k_G と k_L はそれぞれ $10^{-6}\,\text{mol}\cdot\text{m}^{-2}\cdot\text{s}^{-1}\cdot\text{Pa}^{-1}$ と $10^{-4}\,\text{m}\cdot\text{s}^{-1}$ のオーダーである.そのため,式 (4.76) の右辺第 1 項は第 2 項に比べて非常に小さく,無視できる.したがって,空気中の酸素が水に溶解する速度は,液境膜内の物質移動に支配され,次式のように表現可能である.

$$N_{O2} = k_L\left(C_{O2}^* - C_{O2}\right) \tag{4.77}$$

B. 細胞の酸素摂取速度

細胞の酸素摂取速度は細胞や培養液の種類と状態に依存する.培養液の溶存酸素濃度が低く,細胞が多くの酸素を求めている場合は,酸素摂取速度は培養液への酸素の供給速度と同じになり,

$$k_L a\left(C_{O2}^* - C_{O2}\right) = q_{O2} C_X \tag{4.78}$$

が成立する.ここで,$a\,[\text{m}^2\cdot\text{m}^{-3}]$ は培養液単位体積あたりの気液界面積,$q_{O2}\,[\text{mol}\cdot\text{kg}^{-1}\cdot\text{s}^{-1}]$ は細胞質量あたりの酸素摂取速度,C_X は培養液単位体積あたりの細胞質量を示している.k_L と a の値を個別に求めることは容易ではなく,一括して容量係数(volumetric coefficient)$k_L a$ の値として評価することが多い.酸素の供給速度を高めることは容量係数 $k_L a$ の値を大きくすることである.容量係数 $k_L a$ の値は撹拌速度,通気量,培養液量,培養液組成に依存するが,バイオリアクターの場合,気液界面積を大きくすることが容量係数 $k_L a$ の値を大きくする有効な手段である.なお,酸素容量係数 $k_L a$ の値は振とうフラスコで約 $50\,\text{h}^{-1}$,ジャーファーメンター(好気性微生物を培養するためのバイオリアクター)では通常数百 h^{-1} 程度であるが,$1000\,\text{h}^{-1}$ 以上に達する培養装置も開発されている.

4.4.4 ■ バイオリアクターのスケールアップ

序章でもふれたが,スケールアップとは,試験管やフラスコ,あるいは小型のバイオリアクターなどを用いて実験室規模で得られたデータをもとに,より規模の大きい

工業的規模の装置を設計し，操作する指針を決め，製造規模を拡大することである．逆に，工業的規模の装置で生じた問題となる現象を解析するために，装置の大きさを小さくすることをスケールダウン（scale-down）という．いずれの場合も，考えられる種々の因子のうち，どの因子が装置の性能に大きく影響しているかを見定めていくことが重要となる．

たとえば，細胞が代謝熱を出す場合，小さなバイオリアクターでは培養液の体積あたりの表面積が大きいため，バイオリアクター表面を冷却し，温度を制御することが可能であるが，大きな装置は培養液の体積あたりの表面積が小さいため，バイオリアクター表面のみでは十分な冷却が困難となる．この場合，バイオリアクター内部に冷却管を設置するなどの工夫が必要となる．また，機械的な撹拌を行わずに通気のみを行う場合，容量係数 $k_L a$ は，次式のようにガスの供給流量 G [$m^3 \cdot s^{-1}$] と培養液の深さ H [m] に比例し，培養液体積 V [m^3] に反比例することが知られている．

$$k_L a \propto \frac{GH}{V} \tag{4.79}$$

たとえば，1 L のバイオリアクターに G/V が 100 $m^3 \cdot m^{-3} \cdot s^{-1}$ で通気した場合と同様な容量係数 $k_L a$ になるように相似形の 125 L のバイオリアクターに通気する場合，G/V が 20 $m^3 \cdot m^{-3} \cdot s^{-1}$ となるように通気する必要があり，ガスの供給流量は 1 L のバイオリアクターの 25 倍となる．しかしながら，このような操作因子を変えると，他の因子も変化することが多く，また，細胞や酵素の状態に影響することも考慮する必要がある．表 4.1 には，0.08 m^3 のバイオリアクターを体積比 125 倍にスケールアップ

表 4.1　バイオリアクターのスケールアップにおける物理的諸因子の変化の相対関係
[J. Y. Oldshue, *Biotech. Bioeng.*, **8**, 3 (1966)]

因子	0.08 m^3 のバイオリアクター	10 m^3 のバイオリアクター			
撹拌羽根の直径 d	1.0	5.0	5.0	5.0	5.0
撹拌所要動力 P	1.0	125	3125	25	0.2
溶液体積あたりの撹拌所要動力 P/V	1.0	1.0	25	0.2	0.0016
撹拌羽根の回転速度 n	1.0	0.34	1.0	0.2	0.04
槽内の液循環流量 F	1.0	42.5	125	25	5.0
槽内の液循環回数 F/V	1.0	0.34	1.0	0.2	0.04
撹拌羽根の先端速度 nd	1.0	1.7	5.0	1.0	0.2
槽内の循環液の R_e 数 $nd^2\rho/\mu$	1.0	8.5	25	5.0	1.0

$P \propto n^3 d^2$，$P/V \propto n^3 d^2$，$F/V \propto n$ の関係式を用いて d を 5 倍にスケールアップした場合の物理的諸因子の変化を示している．ρ は液体の密度，μ は液体の粘度．

した場合に関与する物理的因子の相対的な変化を示す．たとえば，バイオリアクター培養液体積あたりの撹拌所要動力 P/V が等しくなるようにスケールアップすると，回転翼の先端速度 nd は増加するが，リアクター内の液循環回数 F/V は低下する．逆に液循環回数 F/V を等しくすると，培養液体積あたりの撹拌所要動力 P/V は25倍に増加する．

　スケールアップは，実験室で得られた成果を工業化するための重要なステップであり，反応速度，収率，生体触媒の性質の変化，所要エネルギー，さらには経済性など，さまざまな観点から総合的に検討する必要がある．

4.4.5 ■ バイオリアクターの制御

　酵素，微生物，あるいは動植物細胞などの生体触媒は，環境のわずかな変化に対して敏感に応答するため，生体触媒を用いた反応は反応液の各種環境因子の影響を受け，さらに，その影響が生体触媒や他の反応に影響を及ぼす可能性がある．そのため，最適なバイオリアクターを設計，操作するためには，各種の環境因子がどのように反応に影響を及ぼすかを知るだけでなく，環境因子の変化による生体触媒の挙動の変化も明らかにする必要がある．このように生体触媒を用いた反応に影響する因子の数は多いが，実際に測定可能な因子や操作可能な因子は非常に限られている．バイオリアクターを含むバイオプロセスで計測可能な種々の因子の例を表4.2に示す．たとえば，バイオリアクター内の細胞濃度，基質濃度，生成物濃度，溶存酸素濃度，酵素活性などを測定し，測定されたデータが目標とした値に対して適切であるかを判断し，もし異常と認められたなら，対応を迅速に判断，実施することが質の高い製品を安定して製造することにつながる．そのためバイオプロセスの制御には，種々の環境因子や生体触媒の状態を正確かつ迅速に計測できるセンサーなどの測定機器の開発や，計測さ

表4.2　バイオプロセスにおける計測変数

バイオリアクターの特性
反応液温度，圧力，液面高さ，液量，泡面高さ，流量（培地，通気），撹拌特性（速度，動力），酸素移動速度，液粘度，冷却液の特性（流量，温度），加熱蒸気の特性（圧力，流量），湿度，光強度，物質濃度（供給培地，通気，排出培地，排気）
反応液特性
温度，pH，細胞濃度，溶存物質（酸素，二酸化炭素，制限基質（炭素源，窒素源），栄養成分，イオン，前駆体，阻害物質，中間代謝物，生理活性制御物質），酸化還元電位，浸透圧
生体触媒の特性
酵素活性，細胞内成分の濃度（プラスミドのコピー数，RNA，DNA，ATP，タンパク質の濃度など），増殖速度，基質消費速度，呼吸速度，発熱速度，細胞形態

れたデータをどのように処理しバイオリアクターの操作にどのようにフィードバックするかについての検討が欠かせない．バイオプロセスを制御するために必要な計測機器としては，正確に安定して計測できることだけではなく，滅菌が可能であること，無菌的な計測が可能であること，連続的に計測できること，現場（オンサイト）で計測できること，リアルタイムにデータが得られること，反応液を汚染しないことなどが要求される．また，このようにして得られたデータはどのように生体触媒や他の反応に影響を及ぼすかをあらかじめ検討したうえで，どのような操作条件を変更するかを決定する手順（アルゴリズム，algorithm）を構築しておくことが不可決である．ファジー制御，ニューラルネットワーク，遺伝的アルゴリズム，あるいはエキスパートシステムなどが開発され，各種バイオプロセスへの適用も行われている．

4.5 ■ 滅菌操作

　生産規模の培養操作では，たとえば数千リットルの液体培地と数百万リットルの空気を必要とする．連続培養では，培養の原料物質を雑菌汚染のない状態で供給し続けなければならない．一般的な滅菌の方法として，フェノール，クレゾール，エタノール，次亜塩素酸塩などの液体による処理，エチレンオキシド，プロピレンオキシド，オゾンなどの気体による処理，紫外線，ガンマ線またはエックス線など放射線の照射，加熱，ろ過などが知られている．このうち，加熱とろ過がバイオリアクターや培養液の滅菌方法としてよく用いられる．

　一般に，対象物に存在する菌類を高温や薬剤によって有用菌・有害菌の区別なく全滅させる概念として，滅菌（sterilization）という用語が用いられる．放射線滅菌やオートクレーブ滅菌がこれに相当する．殺菌（pasteurization）は包括的な概念として，病原菌を含めた有害微生物を死滅させることを指して用いられるが，全滅を意味するものではない．一般に，100℃以下で食品の加工に必要な菌種と拮抗する雑菌を死滅させる目的で行われる低温殺菌がその例である．この場合は，食品中に存在する微生物のすべてが死滅するわけではないので，他の何らかの方法で増殖を抑制する必要がある．この目的で利用される手段が，冷蔵，脱酸素，添加物（食塩，防腐剤など）などである．

　除菌は有害菌を洗浄や膜を用いたろ過などで排除する操作を指す用語として用いられる．消毒は感染防止のため，理容や調理器具，手足に付いた病原微生物を物理的・化学的手法によって死滅させることである．他に静菌とは微生物が増殖可能な条件下において，その増殖を阻止することを意味する．これらの用語の定義や概念の境界は

食品や医療などの分野によって異なる場合があり，また意味が重複していることも多い．そのため，バイオプロセスの設計に際しては，数値的に菌数の指標を定めておく必要がある．

4.5.1 ■ 加熱滅菌

A. 回分滅菌操作

回分滅菌操作（batch sterilization operation）の場合，液体培地はバイオリアクター内で滅菌することが多い．バイオリアクターに設置した蛇管あるいはジャケットに蒸気を導入して，培地を滅菌温度まで加熱する．蒸気を培地の中に直接吹き込む方法や電気ヒーターによって加熱する方法がとられる．回分加熱滅菌操作における温度変化過程の概略を，図 4.20(a) に示す．

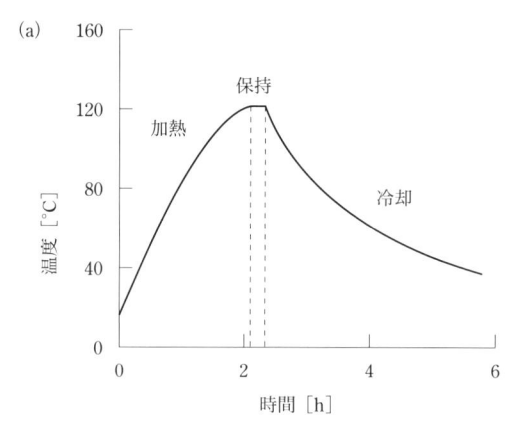

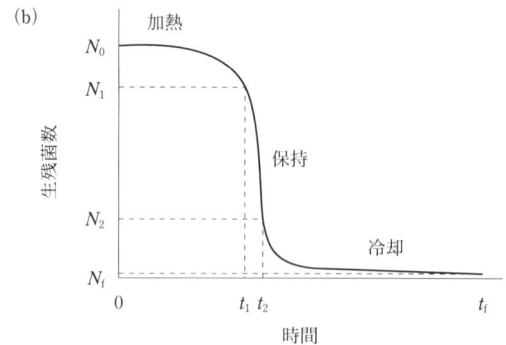

図 4.20 加熱滅菌操作における温度と生残菌数の変化
[P. M. Doran, *Bioprocess Engineering Principles*, Academic Press (1995)]

バイオリアクターが大きくなると，蒸気からの熱伝達速度（heat transfer rate）は必ずしも高くないので,滅菌温度に到達するまで加熱するのに長い時間を必要とする．たとえば，培地が所定の滅菌温度に到達した時点で，所定の保持時間（holding time, t_{hd}）の間その温度に保つ．その後，冷却して，培地の温度を培養温度まで下げる．

　加熱操作では雑菌だけでなく，物質によっては培地内の栄養源も変質することがある．この損失を最小にするために，滅菌操作中で最も高い温度となる時間は，できるかぎり短くする必要がある．一般に細胞の温度感受性は，たとえ同一種の細胞であっても一様ではない．細胞の死滅は加熱，保持，冷却のすべての期間で起こる．加熱滅菌過程における原料培地中の雑菌数の変化の概略を図 4.20（b）に示す．通常，100℃以下では細胞の完全な死滅は期待できないが，加熱と冷却が比較的に緩慢なとき，滅菌温度に近い温度にさらされる時間が長くなるので，保持期間以外でも雑菌は減少する．加熱時間や冷却時間は数時間であるが，保持期間は数分のオーダーである．保持期間中で雑菌は急激に減少し，さらに，冷却期間で徐々に減少する．最終的に残存する菌の数を 0 とするのが理想的である．しかしながら，雑菌の性質，操作方法の不確定な要因などにより，これを保証することは難しい．論理的にも 0（菌がいない）ということは証明できないので，滅菌に成功しているか否かは確率論的に扱わざるをえない．たとえば滅菌確率 0.999 とは，1000 回の滅菌操作のうち 999 回は成功するが,1 回の失敗が生じる可能性があることを意味する．

　滅菌すべき初期菌数 N_0 と最終目標の生残菌数 N_f を設定できれば，菌数を N_1 から N_2 に減らすのに必要な保持時間を求めることができる．1 つの菌が熱にさらされて死滅する確率が一定であれば，菌体の減少は一次式で表すことができる．

$$\frac{dN}{dt} = -k_d N \tag{4.80}$$

ここで，N [-] は生残菌数，t [s] は時間，k_d [s^{-1}] は死滅速度定数である．

　保持時間が t_1 のときの生残菌数を N_1，時間 t_2 のときの生残菌数を N_2 とおくと，保持期間（$t_{hd} = t_2 - t_1$）に関して次式が得られる．

$$t_{hd} = \frac{1}{k_d} \ln \frac{N_1}{N_2} \tag{4.81}$$

ただし，保持期間中の温度および速度定数 k_d は一定と仮定している．一般に，速度定数 k_d は温度によって変化し，次に示す Arrhenius の式で評価できる．

$$k_d = A \exp\left(-\frac{\Delta E}{RT}\right) \tag{4.82}$$

ここで，A [s^{-1}] は頻度因子（Arrhenius 定数），ΔE [J·mol^{-1}] は活性化エネルギー（activation energy），R は気体定数（= 8.314 J·mol^{-1}·K^{-1}），T [K] は絶対温度である．

k_d が式 (4.82) で表されるとき,熱死滅速度過程は次式で表される.

$$\frac{\mathrm{d}N}{\mathrm{d}t} = -A\exp\left(-\frac{\Delta E}{RT}\right)\cdot N \tag{4.83}$$

加熱期間中 ($0\sim t_1$) では,次の積分式が得られる.

$$\ln\frac{N_0}{N_1} = \int_0^{t_1} A\exp\left(-\frac{\Delta E}{RT}\right)\mathrm{d}t \tag{4.84}$$

同様にして,冷却期間 ($t_2\sim t_\mathrm{f}$) では次式が得られる.

$$\ln\frac{N_2}{N_\mathrm{f}} = \int_{t_2}^{t_\mathrm{f}} A\exp\left(-\frac{\Delta E}{RT}\right)\mathrm{d}t \tag{4.85}$$

加熱期間と冷却期間それぞれにおいて,温度の時間変化を定式化することで,式 (4.84) と式 (4.85) の積分が計算できる.しかし,一般には解析式として表すことは困難であり,数値計算で求めることが多い.

バイオリアクター全体で温度分布がなければ,この方法で滅菌操作を設計できる.しかし,もし菌体がフロックやペレット (pellet) のような,菌が集まった集合体を形成していれば,その中において温度分布が生じているため滅菌効果は液体の場合に比べて低くなる.その結果,所定の滅菌を達成するためには,より長い保持時間が要求されることになる.

原料培地中の雑菌の数 N_0 は培地の量に比例するので,生産規模の拡大は滅菌操作の負担を大きくする.バイオリアクターの体積が大きくなると,培養槽内の接触面積を増やすように蛇管式にするなどの工夫が必要となる.

B. 連続滅菌操作

連続滅菌 (continuous sterilization) は,雑菌の細胞破壊を高いレベルに維持しながら,培地成分の変性を大幅に減らすことができる.連続的な蒸気加熱滅菌では回分の場合の 20～25％の蒸気量で足りる.蒸気量が節約できるばかりでなく,その他の有利性がスケールアップの際に現れる.連続的な滅菌のための代表的な装置を図 4.21 に示す.原料培地は,まず熱交換器 (heat exchanger) で無菌となった高温の培地で加熱される.このことで,高温の無菌培地を冷却すると同時に原料培地も加熱されるので,加熱のための蒸気量を節約できる.液体の温度は速やかに所定の滅菌温度まで上昇する.この温度を保持する時間は,保持区間の管長で調節できる.連続滅菌における加熱と冷却の速度は,ともに回分に比べて速い.それゆえに,連続的な滅菌では,保持区間外での滅菌効果は考慮しなくてもよいことが多い.

連続滅菌操作に影響する重要な因子は液体の流れである.理想的には,すべての流体が同時に殺菌系に入り,同時に系外へ排出されることが望ましく,管内での混合の

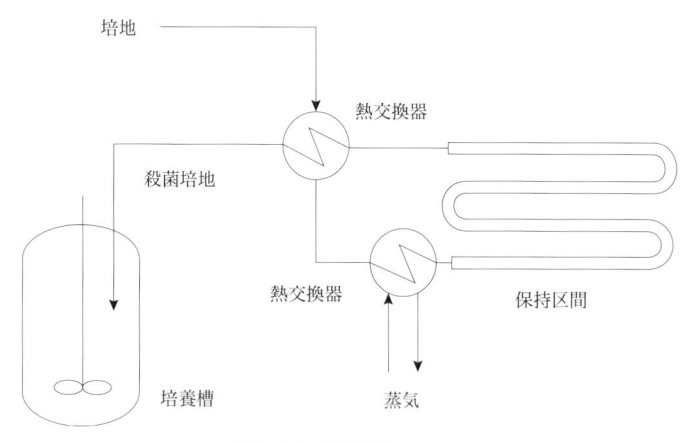

図4.21 連続滅菌のフロー
［P. M. Doran, *Bioprocess Engineering Principles*, Academic Press（1995）より改変］

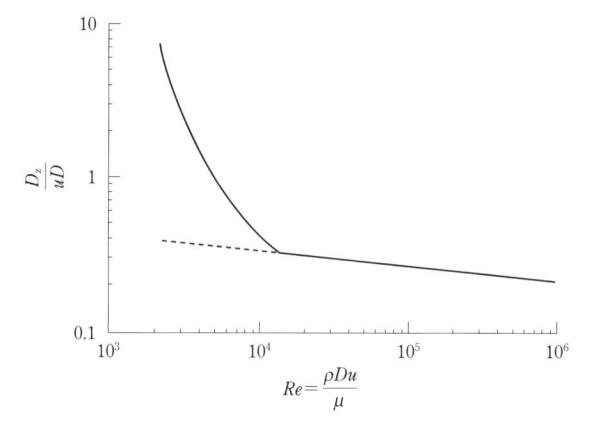

図4.22 滅菌管内の液流れに伴う軸方向分散係数
ρ は液密度，D は管径，μ は粘度である．
［O. Levenspiel, *Ind., Eng., Chem.*, **50**, 343（1958）より改変］

影響は最小限に抑えるべきである．管内の液体が一様速度となる押し出し流れは，この目的に対する理想的な流動様式となる．押し出し流れはレイノルズ数（1.3節参照）が 2×10^4 以上の条件でほぼ実現できる．このとき，流れ方向での液混合の程度を表す軸方向分散が重要な設計因子となる．円管内流れの軸方向分散の影響は，次のペクレ数（Peclét number）とよばれる無次元数 Pe によって評価できる．

$$Pe = \frac{uL}{D_z} \tag{4.86}$$

第4章 バイオリアクター

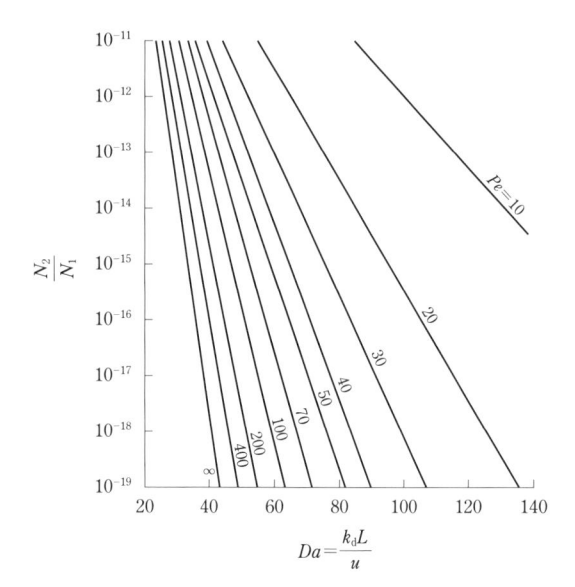

図4.23 生残菌数に及ぼすペクレ数 Pe とダムケラー数 Da との関係
[S. Aiba, A. E. Humphrey, N. F. Millis, *Biochemical Engineering*, Academic Press (1965)]

ここで，u は管内平均流速，L は管長，D_z は軸方向の混合拡散係数である．ペクレ数は 3〜600 程度である．押し出し流れでは D_z がゼロであるから，押し出し流れに近いほど Pe の値は大きくなる．D_z の値は管内流れのレイノルズ数と相関があり，図4.22 のような関係が得られている．ペクレ数が式（4.86）によって求められれば，熱死滅速度定数 k_d は，図4.23 を使って計算できる．この図で N_1 は滅菌前の雑菌数，N_2 は滅菌後の雑菌数，横軸の Da はダムケラー数（Damköhler number）とよばれる無次元数である．

$$Da = \frac{k_d L}{u} \tag{4.87}$$

N_2/N_1 の値が小さいほど，殺菌が高度に進んでいることを意味している．連続滅菌操作では，培地に固体成分を含むかどうかという問題は重要となる．菌体が粒子状に集合した中心部の温度は，培地本体の温度よりもかなり低いと考えられる．また，連続的な滅菌操作では，高温に保持する時間が非常に短いために，粒子状成分が完全に滅菌されない可能性がある．したがって，連続滅菌系に入る前にできるだけ固体成分を除かなければならない．

4.5.2 ■ フィルター滅菌

A. 液体の滅菌

　酵素や血清などは熱によって容易に変質するので，これを含む液は，加熱以外の手段によって滅菌しなければならない．雑菌のサイズを考慮すると，膜分離による雑菌の除去を考えるのが妥当である．一般に，液体のフィルター滅菌（filter sterilization）には，セルロースエステルなどの重合体で作られたメンブレンフィルターが用いられる．フィルターは直径 $0.2 \sim 0.45\,\mu m$ の孔をもっており，使用前に蒸気で滅菌される．培地がフィルターを通過するとき，穴径より大きな細菌や他の粒子はさえぎられて膜の表面に捕集される．処理流量を高くするためには，大きな表面積を必要とする．ただし，ウイルスとマイコプラズマ（各種の動植物細胞に寄生する最も単純な細胞構造をもつ細菌様の微生物）は，上記の孔径のメンブレンフィルターを通過するので注意が必要である．通常，フィルターによって滅菌された培地は，その無菌性を確認するために，使用の前に一定期間増殖試験を行う．

B. 気体の滅菌

　空気中の雑菌は $1\,m^3$ あたり $10^3 \sim 10^4$ 個のオーダーである．バイオプロセスで必要とされる大量の空気を滅菌するためには，フィルターを用いる方法が最も有効である．気体の加熱滅菌は経済的に非実用的である．グラスウールのような繊維質の材料を固く圧縮成型したデプスフィルター（depth filter）が広く使われている．デプスフィルターの繊維ネットワークの間隔は細菌や胞子の大きさ（$2 \sim 10\,\mu m$）の 10 倍ほどである．したがって，デプスフィルターによって，雑菌や胞子が直接的にネットワークによって捕集されるのではなく，雑菌などのブラウン運動をフィルターのネットワークが阻害し，繊維表面に吸着除去されると考えるほうが適当である．完全な滅菌を目指す場合は，抗菌性の気体成分とともに気体をろ過し，ネットワーク表面にいったん吸着した雑菌類の活性を失わせる工夫や，気体のろ過を多段化してより完全な滅菌を目指す手法が有効である．

　また，該当する空間の気体の滅菌に努めるとともに清浄な作業空間を常に周囲よりやや高圧にして，外部から滅菌されていない気体が不用意に流入しないように気流を制御することも重要である．人間が作業空間に入る際に衣類・履物に付着した雑菌類を同伴しないように清浄な空気によるエアシャワーを浴びることも効果的である．

　直径 D の繊維状フィルターによる全捕集効率が η_c のとき，そのフィルターを充填率 α で充填した深さ B の滅菌フィルターによる捕集効率は，次式で与えられる．

$$\eta_{\mathrm{f}} = 1 - \exp\left[-\frac{4B\alpha}{\pi D(1-\alpha)}\eta_{\mathrm{c}}\right] \tag{4.88}$$

湿った空気は繊維密集層において結露による気体流路の閉塞を誘発し，繊維表面の荷電状態を劣化させることもある．一般に高湿の空気はデプスフィルターでの捕集効率を低下させる．この対策として，疎水性繊維によるフィルターの利用や，フィルターに入る前処理として，比較的大きなネットによる気体からの大きな粒子，油分，水滴，および泡の除去が行われる．これにより，フィルターへの負荷は軽減し，フィルターの寿命を延ばすことができる．

フィルターはバイオリアクターからの流出気体に同伴する雑菌の除去にも使われる．外界への放出を阻止しなければならない組換え体のような細胞の除去が目的である．

4.5.3 ■ 高圧滅菌

液状食品を対象として比較的実用化が進んでいる滅菌方法に，高圧滅菌（high pressure sterilization）がある．加熱の代わりに数百～数千 MPa の静水圧を加える滅菌法である．圧力下では非共有結合が変化するため，タンパク質，核酸や多糖類などの生体高分子が圧力の影響を受け，立体構造が破壊され機能が失われる．また，脂質も影響を受け，細胞膜などが破壊される．そのため，加圧により生体成分，生体組織，細胞は変化し，微生物，雑菌などは死滅する．香り，味，栄養素などの変化が問題となっている加熱滅菌に比べ，高圧滅菌では共有結合が変化しにくいため，ビタミンや天然栄養素の機能が保持されて，食品本来の品質を維持することができる．さらに，加熱滅菌は伝熱速度の影響により媒体中に温度分布が生じるため滅菌に時間がかかるが，圧力は瞬時に作用するため，高圧滅菌は滅菌効果にむらがなく短時間で処理できるという特徴がある．脂質とタンパク質の複合体やタンパク質の高次構造は 200～300 MPa で変化し，核酸，デンプン，単量体の酵素はそれより高い圧力で変化する．雑菌，カビ，酵母，ウイルスなどは，300～400 MPa で死滅する．しかし，耐熱性の芽胞菌は，室温における高圧滅菌でもほとんど死滅しないと報告されている．

高圧滅菌では，上述したように滅菌効果が早く，短時間で処理が行える．また，加熱の必要がないため，共存する栄養成分の熱変性の懸念がなく，食品素材などの変色の可能性も低いことから今後の展開が期待できる手法といえる．高圧滅菌にかかるエネルギーコストは，熱エネルギーの移動を伴う加熱殺菌に比べて低い．高圧設備であるため，初期の設備費はやや高価であるが，ランニングコストが低いという利点を有する．高圧滅菌は，ジュース，サラダドレッシング，フルーツジャム，スープ，ワイン，ヨーグルト，酒など，熱変性が問題となる液状食品の殺菌に普及している．

■ 演 習 問 題 ■

【1】 バイオリアクターの触媒として酵素または微生物を用いる場合のそれぞれの長所と短所を示せ.

【2】 回分バイオリアクターを用いて一次反応（$-r_S = k_1 C_S$），二次反応（$-r_S = k_2 C_S^2$），あるいは Michaelis–Menten の式に従う酵素反応を行った場合の，反応時間とバイオリアクターの基質濃度 C_S の関係を示す式を導出せよ．また，連続槽型バイオリアクターあるいは管型バイオリアクターを用いて一次反応，二次反応，あるいは Michaelis–Menten の式に従う酵素反応を行った場合の空間時間とバイオリアクター出口の基質濃度 C_S の関係を示す式を導出せよ．なお，回分バイオリアクターの初期基質濃度，連続槽型バイオリアクターあるいは管型バイオリアクターのバイオリアクター入口の基質濃度を C_{S0} とする．

【3】 回分バイオリアクターを用いて Michaelis–Menten の式に従う酵素反応の反応時間と生成物濃度の関係を下の表に示す．これらのデータから動力学定数 K_m, V_{max} を求めよ．ただし，反応開始時の基質濃度は 100 mM であり，1分子の基質から2分子の生成物が生じるとする．

反応時間（min）	0	2	4	6	8	10	15	20
生成物濃度（mM）	0	19.6	34.6	52.0	67.0	82.0	113	143

【4】 連続槽型バイオリアクターと管型バイオリアクターを一台ずつ直列に接続し，基質阻害を生じている酵素反応を行う．基質のほとんどが消費される場合，空間時間を最も短くするには連続槽型バイオリアクターと管型バイオリアクターのどちらを上流に設置すべきかを答えよ．また，上流側のバイオリアクターの出口での基質の濃度を答えよ．

【5】 連続槽型バイオリアクターを用い，ケモスタットにより大腸菌を連続培養した．制限基質であるグルコースを $1.0\,\mathrm{g\cdot L^{-1}}$ 含む培地を希釈率 $D = 0.10\,\mathrm{h^{-1}}$ で供給したところ，バイオリアクター出口でのグルコース濃度は $0.050\,\mathrm{g\cdot L^{-1}}$，細胞濃度は $0.50\,\mathrm{g\cdot L^{-1}}$ であった．以下の値を求めよ．ただし，$K_S = 0.20\,\mathrm{g\cdot L^{-1}}$ である．

(1) 細胞収率 $Y_{X/S}$
(2) 比増殖速度 μ_r
(3) 細胞増殖速度 r_X
(4) 最大比増殖速度 $\mu_{r,max}$
(5) 倍加時間 t_d
(6) バイオリアクター体積あたりの細胞の増殖速度 P_X
(7) 臨界希釈率 D_{crt}

【6】 連続槽型バイオリアクターを用いて Michaelis–Menten の式に従う酵素反応を行った．基質濃度 1.0 mol·m^{-3} の溶液を空間時間が 100 s になるようにバイオリアクター入口から供給したところ，バイオリアクター出口の基質濃度は 0.50 mol·m^{-3} であり，空間時間が 200 s になるようにバイオリアクター入口から供給したところ，バイオリアクター出口の基質濃度は 0.20 mol·m^{-3} であった．動力学定数 K_m と V_{max} を求めよ．なお，酵素はバイオリアクター内に均一に固定化されており，空隙率 $\varepsilon = 0.50$，触媒有効係数 $\eta = 1.0$ とする．

【7】 管型バイオリアクターを用いて，【6】と同様な実験を行い，【6】と同様な結果が得られた場合の動力学定数 K_m と V_{max} を求めよ．

【8】 1 m^3 のバイオリアクターを用い，ある細菌を 30°C で回分培養したところ，対数増殖期の後期において，細胞密度は 8×10^7 個·mL^{-1} に達した．この細胞濃度を保つためには溶存酸素濃度を 2 mg·L^{-1} に維持する必要がある場合，バイオリアクターの酸素容量係数 $k_L a$ を求めよ．なお，この細菌 1 個の酸素摂取速度は 1×10^{-12} mol·h^{-1}，この培養液での Henry 定数は 0.87×10^5 Pa·m^3·mol^{-1} とする．

第5章 バイオセパレーション

> 前章まではバイオプロセスの中心である目的成分の生産工程について見てきた．しかし，生産工程の終了後に目的物質が製品の状態で得られるわけではない．細胞，細胞破片，可溶性成分，不溶性成分からなるブロス（broth）とよばれる反応後の混合物（溶液）の中に目的成分が存在するにすぎない．したがって，この中から目的成分のみを取り出すためには，分離・精製のプロセスが必要である．それがバイオセパレーションである．
> 本章では，バイオセパレーションに用いられる要素技術について述べる．

5.1 ■ バイオセパレーションの特徴と目的

5.1.1 ■ 生物化学工学におけるバイオセパレーションの位置付け

「序章　バイオプロセスの構成」で記したように，バイオプロセスの中心は原料物質を生体触媒（酵素や細胞など）の働きによって変換し，目的成分を生産する工程である．しかし，その後の目的成分の取り出しおよび精製工程によって，ようやくプロセス全体としての最終的な目的を達成することができる．こうしたバイオプロダクトの生産から製品化までを流れとして意識した場合，分離・精製工程は下流プロセス（down-stream process）とよばれる．

バイオプロセスにおける分離・精製操作は，タンパク質や糖質・脂質などの生体関連成分の特徴をよく踏まえたうえで，秩序正しく体系的に行う必要がある．化学工学の領域においては，抽出，吸着，吸収などの一連の単位操作は特に「分離工学」として体系化されている．一方，バイオプロセスにとって必要な学術的知見を取り入れ，実際に利用しやすい形にまとめられた体系は，「分離工学」に対して「生物分離工学」あるいは「バイオセパレーション（bioseparation）」とよばれる．バイオプロセスの中でもバイオセパレーションは重要視されており，現在も活発に研究と体系化が進められている．

生物の機能による物質生産の好適条件は，生体触媒の活性が高い条件である．一般に物理化学的には温和な条件であり，これはおもにタンパク質である酵素分子の変性・

失活を避けるためである．すなわち，通常は常温・大気圧下，強酸・強アルカリに偏っていない pH の媒体を用いて生産反応は行われる．媒体となる液体の激しい撹拌条件や流動状態はできるだけ避ける工夫がなされている．

バイオセパレーションについても同様にこうした諸条件が適用できると考えられる．一般の化学工業における分離プロセスでは，分離効率を高めるために，温度，圧力，pH などの条件を広範囲に利用し，また有機溶媒も自在に利用して設計できるのに対し，バイオセパレーションでは，媒体はおもに水であり，上記の温和な物理化学的条件のもとで一連の操作を完了する必要がある．これがバイオセパレーションが重視される一つめの理由である．

二つめの理由は，製品化に最も近いプロセスであるため，プロセスの運転・管理がバイオプロダクトの最終品質を直接決定付けるという点である．粗分離の状態で実用に供するに足る製品もあれば，分析・医療などの分野で利用される製品のように高度な精製純度が求められる場合もある．適切なバイオセパレーションの設計は製品のコストを支配する要素となる．

三つめの理由は，分離操作そのものがエネルギーコストの高い操作であることに由来する．一般に原料中の濃度が 1/10 に希薄になると，必要なエネルギーは 10 倍に増大する．分離操作にかかるコストは製品の価格にも反映されるため，同じ目的成分であっても，求められる製品純度によって，価格は飛躍的に変化する．

また，バイオプロセスでは多品種少量生産を目指す場合も多く，大規模装置が利用される重化学工業とは異なり，中規模以下で行われることが多い．したがって，バイオセパレーションも目的成分ごとに個別に設計し，バイオプロセス全体の設備の一部として効果的にコンパクトに組み込まれていることが望ましい．バイオセパレーションが重視される四つめの理由として，この点を挙げることができる．しかし，生体触媒の生産性が非常に高く，中規模以下の設備であっても現在の需要を賄える生産量を確保できている場合もある．

5.1.2 ■ バイオセパレーションの特徴

生物の機能によって生産される物質の中には，一般の化学反応では合成あるいは分解が困難なものも多い．また人間や他の生物に対する生理的な機能もきわめて多彩である．貴重な物質を分離・精製し，工業的に製品化し，食品・医薬品・化粧品などの分野で利用するための留意点としては以下のようなことが挙げられる．これらはバイオセパレーションの特徴でもある．

(1) 目的成分は多成分系の中に存在し，多くの共存成分がある．

バイオプロセスは水溶液系で反応が行われることが多く，培養に必要な栄養塩や緩衝溶液の電解質が共存成分として避けられないことが多い．界面活性剤，アルコールやエステル類のような両親媒性をもつ有機分子が添加されていることも多い．
(2) 目的成分の濃度は一般にきわめて希薄である．
　目的成分は大量の溶媒に希釈されているため，一般に濃度は希薄である．細胞内に蓄積しているときには高濃度であっても，細胞を破砕して外部に取り出す際には希薄になってしまうことが多い．
(3) 製品には高い純度が求められることが多い．
　製品の利用分野にもよるが，特に医薬品として利用する場合には安全基準を厳格に満たす必要があるため，選択的かつ高濃度に濃縮する必要がある．ただし，製品がタンパク質である場合は，分子構造を安定化して保存性を高めるため，あえて糖類などの添加剤を加えて市販の製品とする場合がある．この場合は，利用する直前に目的成分を損ねることなく精製し，使用目的に応じた適正な純度に高めてから使用する．分離の過程で用いた溶媒などの残留毒性にも留意する必要がある．
(4) 分離操作が多岐にわたり，何段階にも分かれている．
　目的成分は多成分系の中で希薄に存在することが多いので，共存成分の中身を知り，成分をグループ化して分離するなどして徐々に目的成分の濃度を高めていく戦略が必要である．分離過程における分子構造の不可逆的な変性・分解によって，貴重なバイオプロダクトの損失を招かないように，秩序正しく目的成分を単離するためには，目的成分分子については生命科学的な見地に立ち，操作や装置設計については化学工学の見地に立って，学術的な知見を総合する必要がある．また，製品コストとエネルギーコストをできるだけ抑制できるように，必要最小限の分離操作を段階的かつ合理的に組み立てる必要がある．

　このようにバイオセパレーションは，石油化学工業や重化学工業で用いられる分離操作と共通の学問的基盤に加えて，生化学や生命科学系の物理化学の知見を活かして体系化されている．
　上記の(4)に関連して，目的成分の単離に至る過程を概観しておく（図5.1）．バイオセパレーションの段階的・合理的な組み立てを考えるうえで重要である．
(1) 固形物の分離
　プロセス中に含まれる微生物や細胞，細胞の破片など，水に不溶で比較的大きなサイズの粒子を分離するプロセス．沈降，遠心分離，ろ過などの操作を挙げることができる．

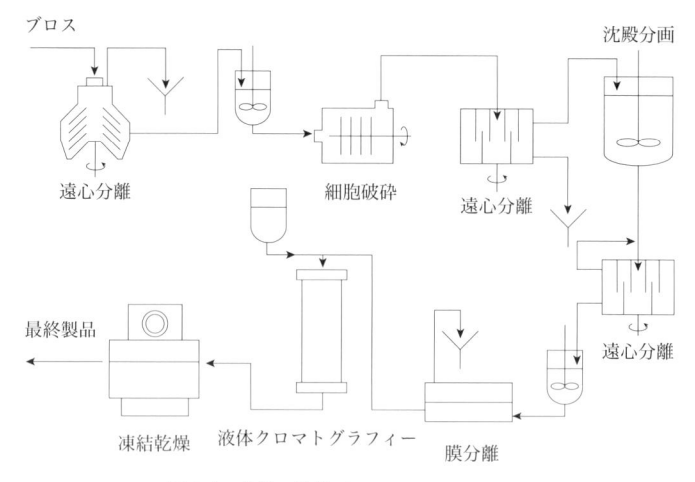

図 5.1 分離・精製プロセスのフローシート
たとえばトマトなどの果実からリコピンを分離する際には，果実を破砕し，水分を遠心分離して水相に移行した注目成分を精密ろ過膜で分離し，クロマトグラフィーで精製した後，乾燥して最終製品の粉末を得る．

(2) 細胞などの破砕

細胞内に存在する脂肪酸や多糖類・タンパク質（酵素）が目的成分の場合は，細胞を化学的手法や物理的手法によって破砕し，媒体中に溶解（または分散）する必要がある．この操作は，(1)に先立って行われることもある．

(3) 粗分離

目的成分と物性が大きく異なる分子群と物性が類似した分子群を分離する段階で，群（グループ）分離ともよばれる．多くの共存成分の影響を考えなくてはならないバイオセパレーションにおいては，分子のサイズ，親水性・疎水性の相違，静電的作用の相違など，物理化学的な分子物性をよく把握しておくことが，粗分離プロセスを効果的に組むための重要なポイントとなる．溶媒抽出，沈降分離などの手法がこれに適している．

(4) 精密分離

粗分離を経た後，分子の物性が比較的似ている物質群の中から，目的成分を選択的に分離する段階である．最終的には生物由来の分子がもつ特異的親和性（アフィニティー：affinity）などを用いることが効果的である．アフィニティー吸着や晶析，膜分離などの手法がこれに適している．バイオセパレーションの最終段階であり，製品の純度，ならびに価格が決定付けられる．

5.1.3 ■ バイオセパレーションの基本原理

　バイオセパレーションの特徴とともに基本原理を理解しておくことは，具体的な分離手法を選択する際，あるいは予備試験実施のうえで重要である．バイオセパレーションには以下に述べる三つの基本原理がある．

　一つめは物質の大きさや質量の違いによる，機械的分離操作である．ふるい分け，沈降分離，ろ過がその代表的な手法である．粒子が非常に小さい場合や，液相の粘度が高い場合には遠心力の利用が有効である．生物体を破砕した後，その内容物を取り出す際など，分離プロセスの上流部において機械的分離操作が行われる．おもに固液系を扱う．

　二つめは，拡散的分離操作である．溶液中に溶け出した成分の濃度勾配による物質移動，および異相間の分配平衡に基づいて物質分離を行う．抽出，吸着，クロマトグラフィーがこれに分類される手法である．クロマトグラフィーは抽出，吸着を発展させて，移動相を活用した手法と考えることができる．溶液中に分子レベルで可溶化したバイオプロダクトが対象物質であり，濃縮分離が期待できる．物質の平衡状態に基づいて行われる分離操作であるため，相平衡を正確に把握し，温度，圧力，共存成分の影響など物理化学的な因子の寄与をあらかじめ評価しておくことが重要である．

　これらの操作を連続して行うための基本的な方法論は化学工学の分野で確立しているものを用いることができる．ただし，流動状態によって発生する強い剪断応力によってバイオプロダクトが損傷する可能性などを考慮して用いる必要がある．また，化学工学における抽出では通常，有機相‒水相の液液系を扱うが，バイオセパレーションでは水相相互の水性二相分配やマイクロエマルション系による抽出など多彩な手法が開発されている．吸着は多孔質の固体微粒子を用いて液相系において行われる．特定の目的分子を認識して吸着するアフィニティー吸着が精製手法として重視されている．拡散的分離操作はバイオセパレーションの中核的な操作として位置付けられることが多い．

　三つめは，溶液中の物質移動速度の差に基づいて分離する輸送的分離操作である．その例として，膜分離や電気泳動を挙げることができる．膜分離の推進力には濃度差と圧力がある．圧力による膜分離は，圧力を加えた際の注目成分，その他の成分，溶媒の膜内の移動速度が異なることに基づいている．膜内に存在するモデル的な細孔径よりも大きい分子は，移動が阻止あるいは抑制される．このため，分子の動きが自由な溶液本体中よりも細孔内では動きが低下し，自由溶液系との差が顕著になる．

　荷電を有する分子は電位勾配を駆動力として，溶媒中を泳動させることができる．

濃度勾配によって拡散する物質移動では平衡濃度以上に濃縮することはできないが，電位勾配という駆動力が存在する限り物質移動を継続できるという点ですぐれている．たとえば，注目タンパク質の等電点のpH条件下で電気泳動を実施すれば，当該タンパク質の移動は停止し，他の成分は移動するので，結果的に濃縮することが可能である．

バイオセパレーションではこのような三つの基本原理のもと，種々の分離手法が展開されている．

5.2 ■ 細胞の破砕

前節で述べたとおり，細胞内に存在する物質が目的成分である場合は，細胞を破砕（cell disruption）し，媒体中に溶解または分散する必要がある．微生物細胞を破砕するためには，外膜とペプチドグルカン層を破壊しなくてはならないが，目的成分がミトコンドリアなどのオルガネラ（organelle）に存在する場合には，オルガネラも破壊しなければならない．強力な物理的・化学的手段によって細胞を徹底的に破砕して目的成分を取り出そうとすると，いたずらに共存成分を増やすことになり，ただでさえ多成分系を対象とするバイオセパレーションの戦略として得策とはいえない．目的成分の所在を十分に事前調査し，選択的な細胞破砕によって放出させようとする考え方をコントロールドリリース（controlled release）とよんでいる．

化学的な手法としてはアルカリ処理，酵素による処理，浸透圧の作用によって細胞を膨潤させて破砕する方法などを挙げることができる．この際，化学的処理に用いる成分による目的成分の変性や失活がないように留意する必要がある．特にアルカリ処理は細胞膜の溶解に有効であるが，一律に細胞膜が溶解し，内容物がいっせいに放出されることになるので，上記のコントロールドリリースの考え方にはそぐわない．

酵素による細胞膜の分解は化学的処理の中でも，生化学的処理として位置付けられ，コントロールドリリースの考え方に沿った方法であると考えられる．たとえば，グラム陽性菌の細胞膜に対して特異的に作用する酵素リゾチームによって，物理化学的に温和な条件で内容物の放出を促す方法がある．また，細胞表面の特性をあらかじめ調査し，グリコシド結合に対してはグリコシダーゼを，糖ペプチド結合に対してはアミラーゼを，ペプチド結合に対してはエンドペプチダーゼをそれぞれ作用させることによって，効果的な細胞膜の破壊が可能となる．ただし，生化学的処理に用いる酵素の価格は必ずしも安価とはいえず，また処理後には使用した酵素を除去する必要があり，酵素の再利用は望めないことに留意する必要がある．

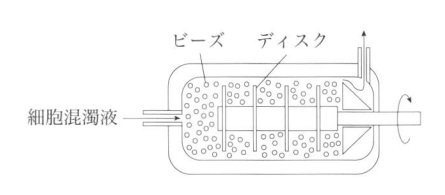

図 5.2 細胞破装置ビーズミルの模式図と写真

　界面活性剤によって細胞膜を破壊する手法も化学的処理に含まれる．疎水基を側鎖にもつタンパク質は非イオン性界面活性剤と相互作用してミセル内に取り込まれるので，溶出させることができる．また，タンパク質は等電点より酸性側では正に荷電し，塩基性側では負に荷電することを利用すると，タンパク質と反対の電荷をもつイオン性界面活性剤を利用して，ミセル内に取り込むことができる．これはタンパク質の抽出方法としても利用されている．

　物理的な処理は，物質添加を伴わないので，その後に続く分離プロセスが増える心配がない点ですぐれている．超音波発振（10〜25 kHz）によって，微小気泡を破裂させ，その衝撃（キャビテーション）を水相内に与える方法が広く用いられている．この際，少量のビーズを懸濁液に加えると破壊効率が著しく高まる．ただし，過度に用いると内部の細胞質なども破壊されるので，適正な利用が効果的である．

　高圧ホモジナイザーでは，細胞をいったん加圧下に置き，その後急激に減圧することで，細胞内に吸収されたガスが一気に膨張して細胞が破壊される．減圧弁の操作を工夫することによって，大量の細胞の破壊を連続的に行うことができる．細胞の強さに応じて，加圧と減圧の程度を決めておく必要がある．

　ビーズミル法では，ガラスビーズを入れた容器に細胞を仕込み，容器全体を激しく撹拌することによって，細胞がビーズや器壁と衝突することで破壊される（図 5.2）．細菌には直径 0.1 mm 程度，酵母など丈夫な細胞壁を有する細胞の場合には直径 0.2〜0.5 mm 程度のビーズを用いると効果がある．

　また，他に高速で回転する刃物によって細胞を破砕する試みもある．こうした物理的な処理では物質の添加を伴わないため，他成分が残留する懸念はないが，摩擦熱の発生による熱変性の心配がある．また，強い剪断応力の発生によって固液の相分離が困難に陥ることがないように留意する必要がある．

5.3 ■ 固体成分の分離

担体に固定化された酵素によって物質変換が行われる場合や，細胞外に目的成分が分泌される場合は，すでに水相などの液相本体に目的成分が溶質として可溶化しているので，溶液中からの成分分離プロセスにおいて，固体成分の分離が行われる．

一方，細胞内に目的成分が生成・蓄積している場合は一つ一つの細胞が一種の反応器としての役割を担っていると考えることができる．細胞内の目的成分を手にするためには，5.2 節で述べたように細胞を植物・動物の器官から取り出して収集し，細胞を破砕して内容物を媒体中に可溶化することから始めなければならない．

固体成分の分離法としては，以下に示す沈降分離とろ過がある．

5.3.1 ■ 沈降分離と遠心力の利用

沈降分離は菌体や細胞を液相中で分離する最も簡便な手法である．菌体などの粒子サイズや形状から考えて，沈降速度 u_t は次に示す Stokes の式で与えられることが多い（1.3.3 項参照）．

$$u_t = \frac{g d_p^2 (\rho_s - \rho_f)}{18\mu} \tag{5.1}$$

d_p [m] は粒子の直径，ρ_f [kg·m^{-3}] は流体の密度，ρ_s [kg·m^{-3}] は菌体や細胞の真の密度，g は重力加速度（9.8 m·s^{-2}），μ [Pa·s] は溶媒の粘度である．式 (5.1) は粒子が単一の球状であること，層流状態で沈降すること，重力と抵抗力と浮力のバランスがとれた定常状態で沈降していることが成立の条件であるが，微粒子の沈降現象を考える基礎式として重要であり，広範囲に用いられている．

一方で粒子濃度が高い場合や，粒子が凝集し粒子群として沈降している場合，凝集剤を意識的に用いて迅速に沈降させる場合は粒子間の相互作用を考慮せねばならない．このような沈降を干渉沈降（hindered settling）とよぶ．干渉沈降速度 u_h については，式 (5.1) に粒子群の凝集性を考慮した項を加えた式 (5.2) を便宜的に利用することができる．干渉沈降速度は，粒子の体積分率の増大に比例して，単一粒子の沈降速度より遅くなる．それぞれの粒子の体積分率 ϕ における干渉沈降速度については，次式のような経験式が提出されている．u_h/u_t を ϕ に対してプロットしたものが図 5.3 である．適用においては経験式が導出された条件を知って用いることが望ましい．

$$u_h = u_t \left(1 + \beta \phi^{0.33}\right)^{-1} \tag{5.2}$$

5.3 固体成分の分離

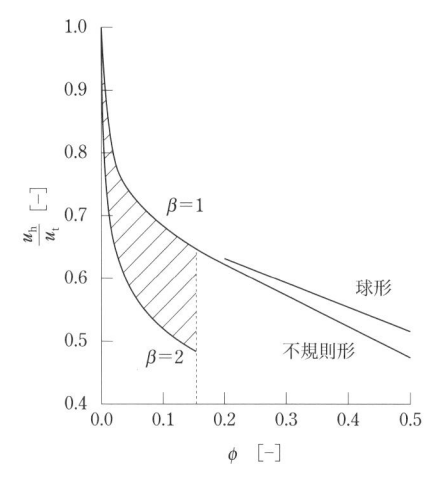

図 5.3 粒子沈降速度 u_h と粒子の体積分率 ϕ の関係

$$\begin{bmatrix} \beta = 1 + 3.05\phi^{2.84} & (0.15 < \phi < 0.5：不規則形) \\ \beta = 1 + 2.29\phi^{3.43} & (0.2 < \phi < 0.5：球形) \\ \beta = 1 \sim 2 & (\phi < 0.15) \end{bmatrix}$$

ただし，菌体や細胞の真の密度 ρ_s を求めることは現実には容易でなく，求められたとしても，細胞の構造から考えると当然であるが，水の密度に近いことが多い．また多くの場合，重力加速度に頼る沈降分離では沈降速度が小さいため，バイオセパレーションでは遠心力を利用した沈降分離を行うことが多い．この場合，式 (5.1) の重力加速度 g に代わり，遠心力による加速度 G を代入する．遠心力による加速度 G は，角速度を $\omega \mathrm{[rad \cdot s^{-1}]}$，回転半径を $r \mathrm{[m]}$ とすれば $r\omega^2$ となる．ここで，回転数を $N \mathrm{[s^{-1}]}$ とすれば $\omega = 2N\pi$ であるから，$G = 4(N\pi)^2 r$ となる．また，遠心力の加速度と重力加速度の比 $Z (= G/g)$ を遠心効果（centrifugal effect）とよぶこともある．

単一粒子の沈降速度 u_t を遠心加速度 $r\omega^2$ で除した比の値は時間の次元を有し，沈降係数 s（sedimentation coefficient）とよばれ，沈降しやすさを表す目安として用いられている．通常はその 10^{13} 倍の値（単位は秒）を，高分子の沈降を研究した Svedberg（スヴェドベリ）にちなんだ大文字の S によって記すことが多い（$1\,\mathrm{S} = 10^{-13}\,\mathrm{s}$）．表 5.1 にタンパク質の沈降係数の一例を示した．

また，$u = \mathrm{d}r/\mathrm{d}t$ であることを考慮すれば，

表5.1 タンパク質の沈降係数の例

タンパク質	分子量	沈降係数 [S: 10^{-13} s]
シトクロム c	12,400	1.8
卵白リゾチーム	14,300	1.9
トリプシン	23,000	2.5
ウロキナーゼ	32,000	2.7
サーモライシン	34,400	3.5〜3.6
卵白アルブミン	45,000	3.7
ヒトヘモグロビン	64,550	4.1〜4.5
ウシ血清アルブミン	66,000	4.3〜4.5
免疫グロブリン G	150,000	6.6〜7.3

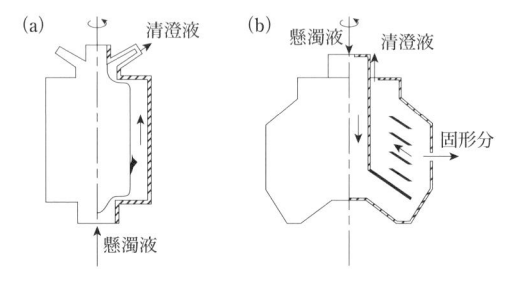

図5.4 遠心分離機の形式
(a) 円筒型,(b) 分離板型.

$$s = \frac{1}{r\omega^2} \cdot \frac{\mathrm{d}r}{\mathrm{d}t} = \frac{1}{\omega^2} \frac{\mathrm{d}}{\mathrm{d}t} \ln r \tag{5.3}$$

であるから,対象物質の沈降位置を経時的に測定し,$\ln r$ の値を遠心時間 t に対してプロットすれば,その直線の傾きと,既知である回転数 N から沈降係数を実験値として求めることも可能である.

固形物分離プロセスに用いられている連続式遠心分離機としては,図5.4に示すような円筒型と分離板型が一般的である.円筒型は,細長い円筒を回転させ,円筒の下部から懸濁液を連続的に供給する形式である.懸濁液中の粒子は,遠心分離機内で遠心力をはじめとした種々の力の作用によって機内を運動するが,遠心分離機外に排出されるまでに粒子が円筒壁まで到達すれば,その粒子は捕集される.捕集可能な限界粒子径と供給流量の間の関係は,遠心分離機内の粒子の運動を考えることによって求められる.

5.3.2 ■ ろ過

菌体や細胞ならびに細胞の破片などの水に不溶な物質を除去する操作として，分離プロセスの上流部において粗分離に先立ち，ろ過（filtration）が広く用いられている．固体粒子を通過させない微細な流路や細孔を有する多孔質のろ材を用いて，溶液本体から固体物質を分離する．ろ材としては，ろ紙，ろ布，多孔質焼結ガラス板，高分子膜が用いられる．

化学実験で行われているように，ろ過は重力によって進行するが，工業的には加圧や減圧によって圧力差を発生させ，これを推進力として高速化が図られている．また，多大なろ過面積をコンパクトな体積内に収める工夫もなされており，ろ布を蛇腹状に重ねて圧縮する方式や，回転ドラムにろ布を巻いた方式などが考案されている．

一定の圧力差のもとで行われるろ過の透過流束 $N\,[\mathrm{m^3 \cdot m^{-2} \cdot s^{-1}}]$ については，Ruth の式が広く用いられている．

$$N = \frac{1}{A}\frac{dV}{dt} = \frac{\Delta P}{\mu(R_c + R_m)} \tag{5.4}$$

ここで，$A\,[\mathrm{m^2}]$ はろ材の面積，$V\,[\mathrm{m^3}]$ は透過したろ液量，$t\,[\mathrm{s}]$ はろ過時間，$\Delta P\,[\mathrm{Pa}]$ はろ材に作用する圧力差，$\mu\,[\mathrm{Pa\cdot s}]$ はろ液本体溶媒の粘度，$R_c\,[\mathrm{m^{-1}}]$ は単位ろ過面積あたりのケークの流動抵抗，$R_m\,[\mathrm{m^{-1}}]$ はろ材自身の流動抵抗である．

ろ過が進行すると，ろ材の表面にケーク（cake）とよばれる不溶性物質が付着して，それ自身もろ材の一部と化し（ケーク層），流動抵抗を形成する要因となる．いったん形成されたケーク層はろ材の表層を覆う．ケーク層こそが液相に直接接触していることを考えると，ろ過を行っているのは実はろ材ではなく，ケーク層であるということができる（図5.5）．

単位ろ過面積あたりのケークの抵抗 R_c は単位ろ材面積あたりのケークの乾燥質量 $W_c\,[\mathrm{kg}]$ に比例すると仮定して，比例定数 α_T を用いて次式のように表される．

$$R_c = \alpha_T \frac{W_c}{A} \tag{5.5}$$

$\alpha_T\,[\mathrm{m\cdot kg^{-1}}]$ は比抵抗（specific filtration resistance）とよばれる．後に式(5.11)で記すように比抵抗 α_T はケークの種類や初期濃度，ろ過圧力によって異なる値をとる．また，ろ過の進行によって，ケーク自身が圧密を起こして変化することもある．

ここで，ろ液単位体積あたりの不溶性物質の密度を $\rho_0\,[\mathrm{kg\text{-}乾燥物質\cdot m^{-3}}]$ とすれば，

第5章 バイオセパレーション

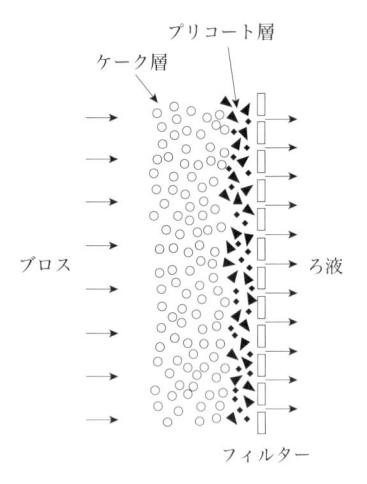

図 5.5 ケークろ過の原理
［P. M. Doran, *Bioprocess Engineering Principles*, Academic Press（1995）より改変］

$$W_c = \rho_0 V \tag{5.6}$$

であるから，

$$R_c = \frac{\alpha_T \rho_0 V}{A} \tag{5.7}$$

となり，式 (5.4) の Ruth の式は次式のようになる．

$$\frac{1}{A}\frac{dV}{dt} = \frac{\Delta P}{\mu\left[\alpha_T \rho_0 \left(\dfrac{V}{A}\right) + R_m\right]} \tag{5.8}$$

ろ過を一定圧力のもとで行い，比抵抗 α_T が時間とともに変化せず，供給液単位体積あたりの不溶性物質の質量 ρ_0 も一定であると仮定すれば，次の式が得られる．

$$\frac{A}{V}t = \frac{\alpha_T \rho_0 \mu}{2\Delta P}\left(\frac{V}{A}\right) + \frac{\mu R_m}{\Delta P} \tag{5.9}$$

縦軸に At/V，横軸に V/A をとって，ろ液の経時変化をプロットすれば，直線の勾配から比抵抗 α_T を，縦軸の切片から R_m を求めることができる．一般に，R_m は無視できるほど小さいので，ろ液が体積 V に達するまでに必要な時間は次式によって与えられる．

$$t = \frac{\alpha_T \rho_0 \mu}{2\Delta P}\left(\frac{V}{A}\right)^2 \tag{5.10}$$

バイオプロセスによって生成するケークは，圧密する可能性が高い．この場合の比抵抗 α_T は次式によって与えられる．

$$\alpha_T = \alpha_0 P^m \tag{5.11}$$

ここで，α_0 はケークの基本定数である．m はケークの圧縮性を示し，一般に 0～1 の値をとる．菌体を中心とするケークの m 値は 1 に近く，圧力に比例してケーク層によるろ過抵抗が増大する傾向がある．Ruth の式に示されるように，ろ過速度は圧力に比例して増大するものの，抵抗も圧力に比例して増大することを考慮すると，圧力の効果は相殺されてろ過速度の圧力依存性は著しく小さくなることが推察される．バイオセパレーションにおけるろ過では，いたずらに圧力を高めてもろ過速度は大きくなりにくい傾向があることに留意する必要がある．

発酵液を前処理せずにろ過すると，ケーク層の体積によって，急激にろ過流束が低下する．この点を改善するために，電解質などのろ過助剤を目的成分の変性などを予防するために添加する．懸濁している供給液に直接助剤を添加する方法をボディー

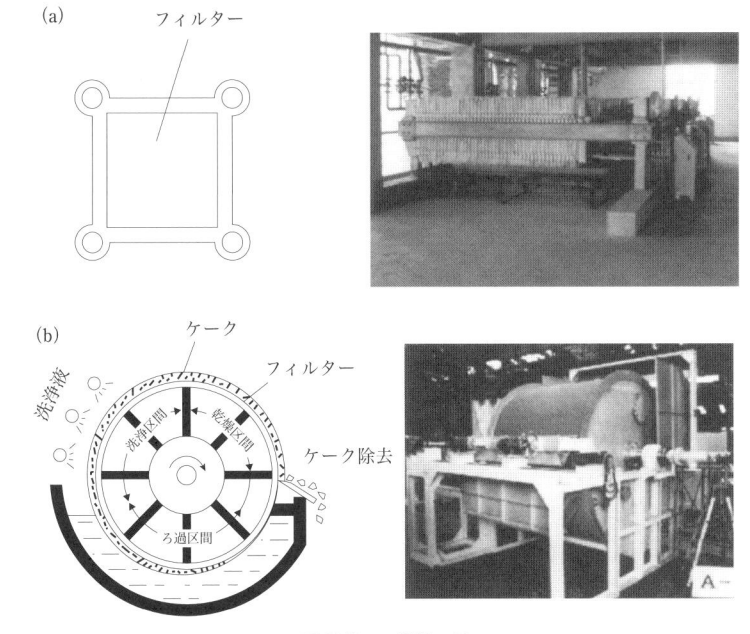

図 5.6 ろ過器の例
(a) フィルタープレス型ろ過器，(b) オリバー型ろ過器．

フィード（body feeding）という．

また，ろ材表面にあらかじめ 1 〜 2 mm の助剤層を形成して，生物由来のケーク層がろ材に密着しないようにして，急激なろ過流束の低下を予防する手法をプリコート（precoating）法という．おもにビール工場で用いられている．

固形分離プロセスに用いられているろ過器の形式には種々のものがある．図 5.6 には従来から使用されているフィルタープレス型ろ過器と，ケークを連続的に除去できるようにして，目詰まりの問題を回避したオリバー型ろ過器を示す．フィルタープレス型ろ過器では，ろ液はフィルター上に形成したケークの表面を垂直に流れる．このろ過器は開放系で操作されるので，分離対象物が汚染される可能性があり，有毒であるものには適さない．オリバー型ろ過器では，円筒の周囲フィルターとして円筒下部に懸濁液に浸し，その円筒をゆっくりと回転させながら，円筒内部を真空にしてろ過操作を行う．円筒周囲に形成されたケーク層は，円筒が回転していることにより懸濁液から離れ，洗浄，乾燥を経て機械的に円筒周囲から除去される．すなわち，操作の 1 サイクルが円筒の 1 回転に対応している．

5.4 ■ 吸着

5.4.1 ■ 吸着操作の種類と特徴

吸着操作は多孔質の固体担体に不純物または目的成分を固定化し，他の成分と分離する方法である．吸着成分と固体担体の間の親和性の差によって各成分が担体に吸着する量は異なる．バイオセパレーションにおいては気相中よりも，液相中での操作のほうが多い．

親和性のもととなる原動力は，物理的な相互作用と化学的な相互作用，あるいは生化学的な特異的相互作用（親和性：アフィニティー）に区別して考えることができる．物理吸着に影響を与える因子としては，担体表面と吸着成分の親水性・疎水性，あるいは極性の違いなどがある．吸脱着させる操作因子としては，温度，pH，電解質濃度（イオン強度）などがある．物理吸着は分子間力によって行われるので，吸着力は弱く，可逆的に吸脱着が行われる．

化学吸着は，固体の担体表面に存在する活性点と吸着成分の間の共有結合など，化学的な結合によって行われる吸着であり，吸着力は強く，不可逆的に吸着している場合が多い．脱着に際しては，別の物質を作用させることによって，結合を切断する必要がある．イオン交換も反対電荷をもつ別のイオンとの物質交換が行われるという点から，化学吸着の一種と考えてよい．

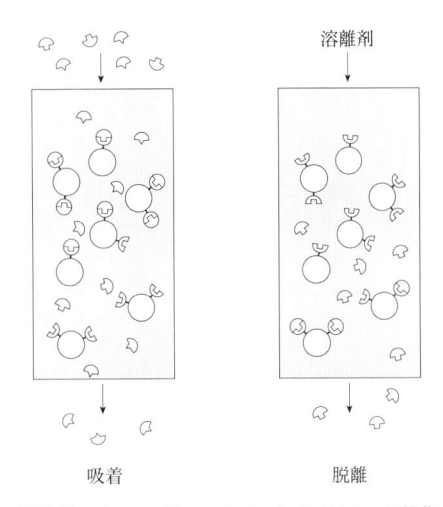

図 5.7 アフィニティークロマトグラフィーの操作

　吸着は溶媒中の成分がエネルギーを放出して固体表面に固定化されることによって生じるので，一般に発熱を伴う現象である．吸着熱が $50\,\mathrm{kJ\cdot mol^{-1}}$ 未満であれば，物理吸着，それ以上のエネルギー過程が認めるようであれば，化学吸着を推定することができる．

　特異的に物質を選択して吸着する方法をアフィニティー吸着とよぶ（図5.7）．分子の大きさ，形状，分子内の荷電の分布や疎水性部位の位置を分子認識の手がかりとして結合が生じるもので，高選択性分離法として注目されている．分子と分子を1対1に結合するアフィニティー吸着と，グループを一括して吸着分離の対象とする群分離のアフィニティー吸着に分けることができる．前者の例としては，抗原と抗体の結合があり，後者の例としては，レクチンによる糖ならびに糖タンパク質の結合がある．

5.4.2 ■ 吸着平衡

　吸着においては，液相あるいは気相中に存在する物質が吸着担体に吸着し，平衡に達する．平衡状態における濃度関係については，種々の式が提案されている．温度一定のもとで成立する吸着平衡を記述する式を吸着等温式（absorption isotherm）とよぶ．

　濃度が比較的低い場合には，平衡濃度 C と吸着量 q は比例関係にある．このような状態は，ガス吸収における溶解平衡の Henry の法則に倣って，Henry 型の吸着平衡とよばれ，吸着等温式は次式のように表される．

$$q = K_H C \tag{5.12}$$

ここで，定数 K_H は吸着担体と本体濃度の分配定数と考えることができる．本体濃度の範囲によって，K_H は変化することがある．

吸着では濃度領域が広範にわたることが多く，その場合には次に示す Freundlich 型の吸着等温式がよく適用される．

$$q = K_F C^{\frac{1}{n}} \tag{5.13}$$

K_F および n はあくまで経験的な定数であるが，液相あるいは気相の吸着に幅広く適用されており，実測値を整理する際に最初に検討される吸着等温式である．

多孔質の固体担体について，その細孔内部も含めた固体表面上での吸着サイトを仮定し，目的成分が占める吸着サイトの割合を考えたモデルによって導出された式が Langmuir 型の吸着等温式である．固体担体における吸着サイトを S，吸着成分を A とし，吸着する方向を正反応としてその速度定数を k_1，脱着する方向を逆反応としてその速度定数を k_{-1} とすれば，反応式は，

$$S + A \underset{k_{-1}}{\overset{k_1}{\rightleftarrows}} SA \tag{5.14}$$

で表される．ここで，目的成分で占められた吸着サイトの割合を θ とすると，空席になっているサイトの割合は $1-\theta$ となる．正方向である吸着の反応速度は，

$$r_1 = k_1 C_A i_S (1-\theta) \tag{5.15}$$

で表され，逆反応である脱着の反応速度は，

$$r_{-1} = k_{-1} i_S \theta \tag{5.16}$$

で表すことができる．ここで，C_A は注目成分の液相本体中の濃度，i_S は吸着担体表面に存在する活性吸着サイトの密度(濃度)である．吸着平衡に達している際には，正・逆両反応速度は等しいと考えられるので，

$$k_1 C_A i_S (1-\theta) = k_{-1} i_S \theta \tag{5.17}$$

が成り立つ．これを θ について解き，吸着平衡定数 $K = k_1/k_{-1}$ を導入すると，

$$\theta = \frac{k_1 C_A}{k_{-1} + k_1 C_A} = \frac{K C_A}{1 + K C_A} \tag{5.18}$$

得られる．吸着量は $i_S \theta$ に比例する量と考えられるので，比例定数を k' とおいて式

(5.18) を用いると，吸着量 q は，

$$q = k'i_S\theta = \frac{q_\infty KC_A}{1+KC_A} \tag{5.19}$$

で表される．ここで，q_∞ は飽和吸着量であり，液相濃度が無限大の場合の吸着量と考えることができる．q_∞ と K は実験値によって決められる定数である．一般に式(5.19)を Langmuir の吸着等温式とよぶ．式 (5.19) を簡便にするために分母と分子を K で除し，$1/K = K'$ とおくと，次式が得られる．

$$q = \frac{q_\infty C_A}{K'+C_A} \tag{5.20}$$

式 (5.20) は酵素反応の速度式である Michaelis–Menten の式と同じ形である．q_∞ と K という2つの未定定数を代数的に解くことはできないが，図解法によって求めることができる．ここでは，酵素反応の速度パラメーターの求め方として普及している Lineweaver–Burk プロットに倣って，q_∞ と K' を求めてみる．式 (5.20) を変形した式

$$\frac{1}{q} = \frac{K'}{q_\infty}\frac{1}{C_A} + \frac{1}{q_\infty} \tag{5.21}$$

に従い縦軸に $1/q$ を，横軸に $1/C_A$ をとってプロットすると，縦軸の切片から $1/q_\infty$ を，横軸の切片から $-1/K'$ を求めることができる．

Langmuir の吸着等温式では，活性吸着サイトにおいて単層吸着を仮定しており，n 層にわたる多重吸着の場合は，次の式を用いることがある．

$$q = \frac{q_\infty KC^n}{1+KC^n} \tag{5.22}$$

この場合は，未定定数が3つとなり，図解法を用いても一義的に定数の値を決定することはできないので，いずれかの定数を仮定して求めることになる．

5.5 ■ 膜分離

5.5.1 ■ 膜分離の特徴

膜分離（membrane separation）は，高分子膜や無機多孔質膜に対する物質の透過性の相違を利用して分離を行う手法である．物質移動の推進力としては濃度差，圧力，電場などが用いられる．膜の供給側に存在する注目成分が，膜の内部に存在する透過経路を通過して，透過側に出てくることによって分離される．分子サイズと透過経路の大きさや幾何学的な形状の差に基づく分子ふるい効果により分離が行われるという点ではろ過と類似しているが，透過物質と膜の素材における荷電状態や親水性・疎水

性などの物理化学的な相互作用によって透過流束が支配されるという点が異なる．その他，pHやイオン強度など，溶媒中の成分などによる物性も物質の透過性に影響を与える．物質は膜の細孔を透過していると考えてもよいが，分子レベルの非常に小さな細孔では，むしろ高分子膜内に物質が溶解して拡散しているという概念のほうが適している．

膜分離の特徴として，注目成分が存在している相は状態変化しないことが挙げられる．相変化がないために潜熱エネルギーの出入りがなく，エネルギーコストが低くなる．また，温度が変化しても膜自身の分離性能はあまり変化しないため，低温下でも操作を行うことができ，タンパク質などに対しても熱変性を心配することなく適用できる．また，膜は溶媒に対して不溶性であるため，分離プロセスによってもたらされる残留毒性の心配がない点でも，膜分離はバイオセパレーションの手法として適している．

膜分離の処理速度は膜面積に比例する．限られた装置体積中にできるだけ広い膜面積を確保するための工夫が必要である．この分野ではモジュールとよばれる膜を装填した装置の開発にも力が注がれている．それぞれのモジュールでは，できるだけ広い膜面積を確保し，液境膜物質移動抵抗が低くなるような流動状態を形成するとともに，膜面の汚染・ケーク除去を容易に行うための工夫がなされている．

膜分離は物質生産にかかわる工業的な分野ばかりでなく，腎臓疾患の治療の一環として行われている人工透析でも広く普及している．膜分離は人工透析以外にも医工学

表5.2 膜の分類と特徴

分離対象	膜構造	素材	膜物性	圧力［atm］	透過の原理	膜の種類
微粒子 微生物	延伸 高分子膜	テフロン	疎水性	0.01〜0.1	孔径サイズ	限外ろ過膜
		ポリエステル		0.1〜1		
コロイド 塩類 （分画分子量） 溶質	対称膜	セルロース エステル	親水性	1〜10	均質拡散	逆浸透膜
	非対称膜	酢酸セルロース ポリアミド		10〜70		
	複合膜	ポリスルホン				
イオン 荷電性微粒子	固定荷電膜	架橋 ポリスチレン		— 電位差 1〜5V	静電的 相互作用	イオン 交換膜
非イオン物質 気体成分	多孔性	セラミックス ガラス 金属	—	1〜100	孔径サイズ 溶解拡散	気体分離膜

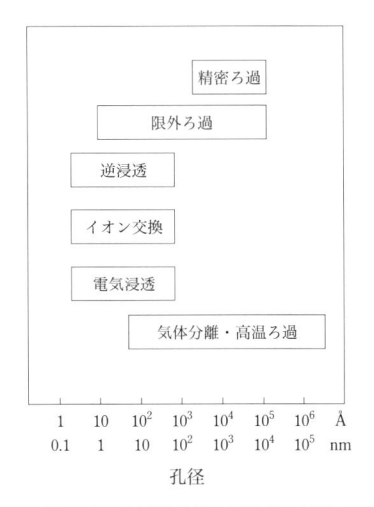

図 5.8　各種膜分離の細孔径の領域

の発展に大きく寄与しており，特に日本の膜科学と技術的展開は世界的にも高い評価を得ている．膜分離の種類については表 5.2 と図 5.8 を参照していただきい．

分離膜の細孔径が分子サイズに相当する 0.1〜1 nm レベルの場合は，多孔質膜というより，実質的には均質膜と考えてよい．膜の素材については，疎水性高分子膜としてポリプロピレン膜やポリテトラフルオロエチレン（テフロン）膜などを，親水性膜としてセルロースエステル膜や酢酸セルロース膜，ポリアミド膜を挙げることができる．最近は，キトサン，アルギン酸カルシウムやプルランと κ-カラギーナンの複合膜など，食品にも利用されているフードポリマーとよばれる生体高分子による製膜も試みられており，透過特性が研究されている．

膜の構造は，厚さ方向に均質な対称膜と，一方の表面に緻密なスキン層が存在し，他は多孔質のスポンジ層となっている非対称膜に分けることができる．このような膜では，物質分離の機能をスキン層に，膜の機械的強度と取り扱いやすさ（ハンドリング性）を向上させる役割をスポンジ層にというように，それぞれの層に役割を分担させている．

5.5.2 ■ 膜の透過流束

ここでは，膜分離の処理速度について考えてみる．透過流束 $N_\mathrm{V}\,[\mathrm{m^3 \cdot m^{-2} \cdot s^{-1}}]$ とは単位時間あたりに膜を透過する液の流束であり，膜の面積を $A\,[\mathrm{m^2}]$，単位時間 $\Delta t\,[\mathrm{s}]$ あたりに透過する液体積を $Q\,[\mathrm{m^3}]$ として，次式で表される．

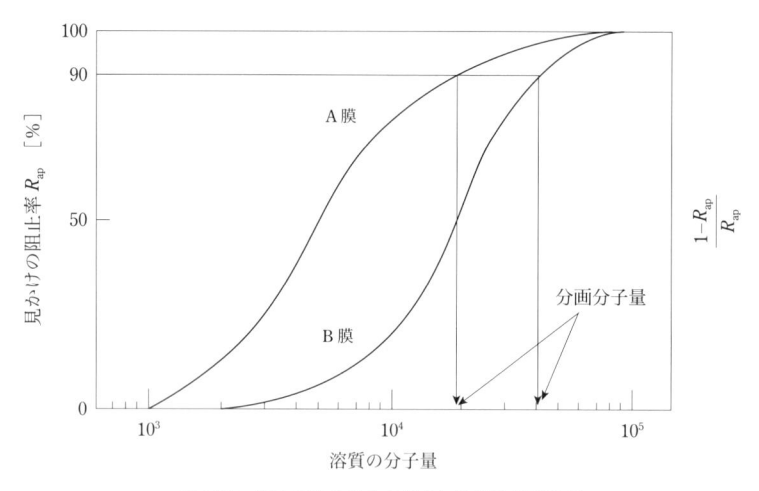

図 5.9 膜の分画分子量の定義と分子量分画曲線

$$N_V = \frac{Q}{A \cdot \Delta t} \quad (5.23)$$

一方,膜の分離性能を表す指標としては阻止率(rejection)R_{ap} [-] が用いられる.

$$R_{ap} = \frac{C_f - C_p}{C_f} = 1 - \frac{C_p}{C_f} \quad (5.24)$$

ここで,C_f [mol·m^{-3}] は供給液の濃度,C_p [mol·m^{-3}] は透過液の濃度である.特殊な膜を除き,一般に膜の細孔径は均一ではなく,ある程度の分布をもつ.したがって,透過分子サイズにも一定の幅がある.図 5.9 に示すように,阻止率 R_{ap} が 90% になるような分子量を分画分子量とよび,膜の分離性能を表す指標として用いられる.

阻止率 R_{ap} は圧力や温度,供給液の流動状態などの操作条件によって低下することがある.したがって,分画分子量も操作条件によって変化することがあるので,留意する必要がある.このため,式 (5.24) で定義される阻止率 R_{ap} は「見かけの阻止率」(apparent rejection rate)とよばれ,後述する「真の阻止率」R と区別される.

5.5.3 ■ 濃度分極と阻止率

膜を透過できない成分は,時間とともに膜面近傍に蓄積する.そして図 5.10 に示すように,膜面において局所的に高濃度となることによって,当初期待されていた全体の流れに逆らう物質移動が生じてしまう.これを濃度分極(concentration polarization)といい,上記の見かけの阻止率 R_{ap} にも影響を与える.このような場合,膜面近傍の溶質濃度 C_m を新たに定義し,さらに膜面近傍での濃度を基準とした「真の阻

5.5 膜分離

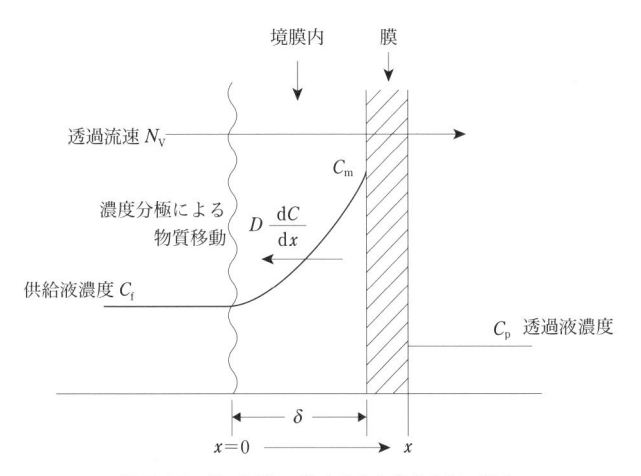

図 5.10 膜面近傍の濃度分布と濃度分極の概念

止率」R [−] を定義する．R は次式で表される．

$$R = \frac{C_m - C_p}{C_m} = 1 - \frac{C_p}{C_m} \tag{5.25}$$

濃度分極が生じて，膜面近傍での濃度が局所的に高くなるような場合は，$C_m > C_f$ であるから，真の阻止率 R は見かけの阻止率 R_{ap} より高い値となる．

ところが，膜面近傍での濃度 C_m を実測によって求めることは困難である．そこで，膜面近傍では厚さ δ の液境膜が存在し，濃度分極は液境膜内に集中していると仮定する．膜分離による物質収支は次式のように表される．

$$N_V \cdot C - D_s \frac{dC}{dx} = N_V \cdot C_p \tag{5.26}$$

ここで，C は液境膜における注目成分の濃度で変数である．D_s は膜面近傍に蓄積している注目成分の拡散係数である．液境膜の外側（$x = 0$）では $C = C_f$ と近似でき，膜面近傍（$x = \delta$）では $C = C_m$ であるので，式 (5.26) を積分して解くと，

$$N_V = k_L \ln\left(\frac{C_m - C_p}{C_f - C_p}\right) \tag{5.27}$$

となる．ここで，k_L は境膜物質移動係数であり，$k_L = D_s/\delta$ と定義される．k_L は液の流動状態によって変化し，層流や乱流条件でそれぞれ経験式が提出されている．

ここでは，k_L の流速 u への依存性に注目し，$k_L = au^b$ とおいて，実験値より a, b の値を決定する．層流条件では $a = 0.33$ 程度であり，乱流条件では $b = 0.8$ 程度になる．一連の式を変形すると，次の式が導出される．

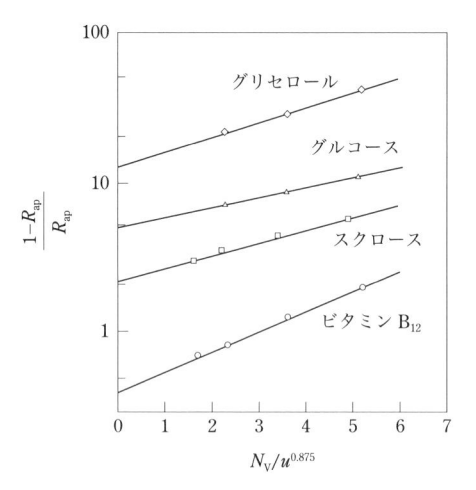

図 5.11　真の阻止率の決定の例
式 (5.28) より縦軸の切片から真の阻止率が求められる．ここでは，流束依存性を示す式 (5.28) の指数 b の値は Deisseler の実験式に従うとした ($b = 0.875$)．
［木村尚史，野村剛志，膜，**8**，177（1983）より］

$$\ln\frac{1-R_{\mathrm{ap}}}{R_{\mathrm{ap}}} = \ln\frac{1-R}{R} + \frac{N_{\mathrm{V}}}{au^b} \tag{5.28}$$

流速 u を変化させて見かけの阻止率 R_{ap} を求め，$\ln[(1-R_{\mathrm{ap}})/R_{\mathrm{ap}}]$ を縦軸に，$N_{\mathrm{V}}/(au^b)$ を横軸にとってプロットすると，直線の縦軸の切片から $\ln[(1-R)R]$ が得られ，真の阻止率 R が求められる．また R の値から膜面近傍での濃度 C_{m} を推算することができる．図 5.11 にその一例を示す．

バイオセパレーションでは溶質の分子量が比較的大きくなる場合が多く，分子量の大きい分子は拡散係数が小さいので，境膜物質移動係数も小さく，濃度分極によって膜面近傍の濃度が溶液本体の濃度の 10 倍以上に達することが多い．阻止率の推算においてはこの点に留意する必要がある．また，濃度分極を防ぐことができれば阻止率の正しい推算や，膜が本来の性能を発揮することにもつながるので，膜分離のモジュールの選定と設計，ならびに運転中の保守管理は重要である．

5.5.4 ■ 膜分離のモジュール

膜分離を実際に行う際には，限られた装置体積の中にできるだけ広い膜面積を確保することが重要である．また，上記のように膜の濃度分極や膜面の汚染を容易に除去できるように工夫されたモジュールであることが望ましい．

5.5 膜分離

(a) 平膜型モジュール

(b) スパイラル型モジュール

(c) 管型モジュール

(d) 中空糸型モジュール

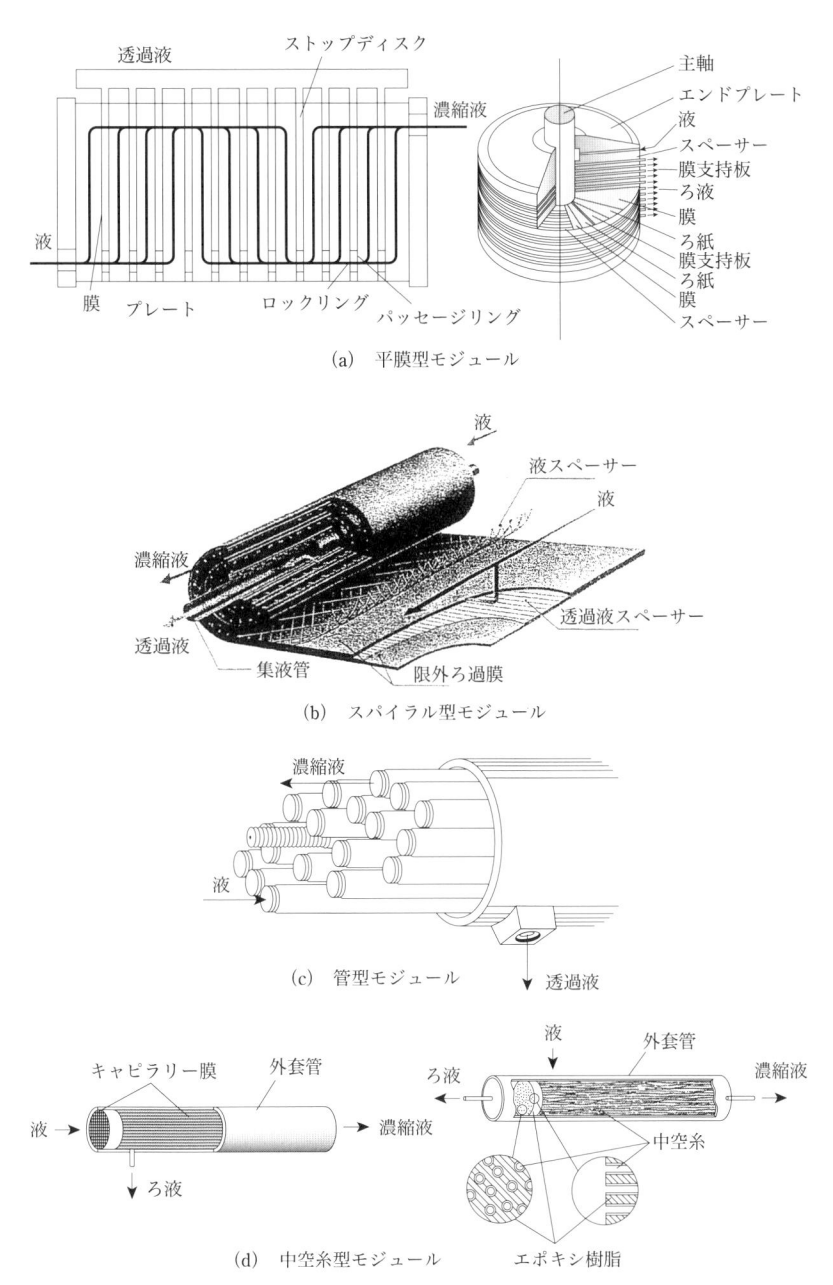

図 5.12 各種膜モジュールの構造と特徴
[古崎新太郎, 今井正直, バイオ生産物の分離工学, 培風館 (1990), 図 7.7]

表5.3　各種膜モジュールの膜面積と保守管理

モジュール	モジュール単位体積あたりの膜面積 [$m^2 \cdot m^{-3}$]	膜面付着層の除去	利用分野
平膜型	400～600	容易	限外ろ過，浸透気化
スパイラル型	800～1000	困難	逆浸透，限外ろ過
管型	20～30	容易	限外ろ過
キャピラリー型	600～1200	容易	限外ろ過，浸透気化
中空糸型	～10000	非常に困難	逆浸透

　各モジュールの概要を図5.12に，その特性について表5.3に示す．以下に膜分離に用いられるモジュールを概観する．

(1) 平膜型モジュール

　平膜を積層して組み立てたモジュールで，膜面の接触を避けるためにスペーサーが挿入されていることが多い．装置が安価で，分解と組み立てが容易であり，膜をろ布に代えれば，図5.6(a)のようにろ過の装置としても用いることができる．

(2) スパイラル型モジュール

　平膜型では広大な面積を得ることが困難であるため，平膜をスペーサーとともに巻物状にして円筒内に装填したモジュールである．膜面の汚染除去などを容易にできるような工夫が必要である．膜面の汚染除去のためには膜の反対面から強い流れを膜面に垂直に流す「逆洗」が効果的である．

(3) 管型モジュール

　内径数mm～数十mmの円管状の膜が，通常は多管群の束となって円筒内に装填されている．管状膜の周囲を液が垂直に交差するように邪魔板が設置され，液境膜物質移動係数が大きくなるように工夫されている．管径が数mmレベルの管型を特にキャピラリー型とよぶことがある．

(4) 中空糸型モジュール

　内径が30～100μmの中空糸膜を束にして，円筒内に装填されている．単位体積あたりの膜面積が他のモジュールと比べ最も大きくなる．腎臓疾患の治療として行われている人工透析はこの種のモジュールを利用している．膜の厚さは非常に薄く，高圧下での操作には適さない．細い中空糸膜が相互に接触して，膜面積の減損と外部液の偏流（チャネリング）が生じることのないように工夫する必要がある．

5.5.5 ■ 膜透過の輸送現象

　非荷電膜の輸送現象については，Katchlskyらによって提唱された非平衡の熱力学

に基づく輸送方程式が用いられている.

$$N_\mathrm{V} = L_\mathrm{p}(\Delta P - \sigma \Delta \Pi) \tag{5.29}$$

ここで，$N_\mathrm{V}[\mathrm{m^3 \cdot m^{-2} \cdot s^{-1}}]$ は単位膜面積あたりの透過液の流束，$\Delta P[\mathrm{Pa}]$ は膜面に作用する圧力差，$\Delta \Pi[\mathrm{Pa}]$ は浸透圧差である．$\sigma[-]$ は反射係数とよばれ，完全な半透膜の場合は1，すなわち膜間の圧力差と浸透圧差に比例した流束で溶液が膜を透過する．$\sigma = 0$ の場合は，透過液の流束は単に圧力差のみに比例し，浸透圧の影響は受けず，溶質の選択分離は期待できない場合に相当する．

$L_\mathrm{p}[\mathrm{m \cdot Pa^{-1} \cdot s^{-1}}]$ は純水の透過係数とよばれ，単位膜面積，単位圧力差，単位時間あたりに透過する液体の体積を意味する．必ずしも純水に限定されたパラメーターではない．溶質を含まない純水を用いた $\Delta \Pi = 0$ の条件下での実験によって決定されるのでこの名称がある．L_p は膜固有の物性値と考えられているが，圧力差が大きいと小さく求められる傾向があるので，L_p を決定した測定圧力を明記しておく必要がある．

また，溶質の膜透過流束 N_S は次式で与えられる．

$$N_\mathrm{S} = \omega \Delta \Pi + C_\mathrm{S}(1 - \sigma) N_\mathrm{V} \tag{5.30}$$

ここで，$\omega[\mathrm{mol \cdot m^{-2} \cdot s^{-1} \cdot Pa^{-1}}]$ は溶質の透過係数である．$P = \omega RT$ とおき，$P[\mathrm{m \cdot s^{-1}}]$ を溶質の透過係数と記している場合もある．同一の膜においては，一般に溶質分子のサイズが大きくなれば σ の値は大きくなり，P の値は小さくなる．$C_\mathrm{S}[\mathrm{mol \cdot m^{-3}}]$ は境界層内の溶質の平均濃度である．これら一連のパラメーターは現象論モデルに基づくパラメーターであって，膜の透過機構から直接的に導出されたものではないが，膜の透過性能を評価・比較する際の指標として用いられている．

SpieglerとKedemは，式(5.30)から阻止率を求める式を次式のように導出している．

$$R = \frac{C_\mathrm{ap} - C_\mathrm{p}}{C_\mathrm{ap}} = \frac{\sigma(1 - F)}{1 - \sigma F} \tag{5.31}$$

ここで，F は次式によって与えられる．

$$F = \exp\left[-\frac{N_\mathrm{V}(1 - \sigma)}{P}\right] \tag{5.32}$$

式(5.32)において，$N_\mathrm{V} \to \infty$ になると $F \to 0$ となり，式(5.31)の R は σ に収束して，膜の反射係数と真の阻止率は一致する．ΔP を変化させて純水の透過流束 N_V と真の阻止率 R の関係を実験より求め，横軸に N_V，縦軸に真の阻止率 R をプロットすることで，直線の縦軸の切片から反射係数 σ を求めることができる．

5.6 ■ 抽出

5.6.1 ■ 抽出操作の種類と特徴

　固体や液相中に存在している有用成分を溶媒中に分離する操作を抽出（extraction）とよぶ．バイオセパレーションにおける抽出操作は，生物組織や細胞から有用成分を溶媒中に分離する固液抽出（または浸出：leaching）と，液相中に溶解している有用成分を別の溶媒中に分離する液液抽出に大別できる．また，最近では超臨界状態の二酸化炭素や水を抽出溶媒として有用成分の分離を行う超臨界抽出も活発に研究され，実用化されている．

　溶媒抽出は目的成分と溶媒の親和性による溶解平衡に基づいた分離方法であるので，目的成分の親水性・疎水性や極性を把握することが重要である．すでに述べたように，バイオセパレーションにおいては目的成分が多成分系かつ希薄な濃度で存在することが多い．共存成分が非常に多い系から，単一の操作で目的成分のみを取り出すことは困難であり，多段階的に各種分離操作を組み合わせる必要がある．抽出操作は目的成分が含まれる物質群を1つのグループとして分ける群分離法としても活用できる．このようにグループ別に成分を分離する手法は粗分離とよばれる．

　一方，目的成分と特異的な親和性をもつ官能基を有するリガンドとよばれる分子によって排他的に目的成分のみを認識し，分離・抽出する方法はアフィニティー抽出とよばれ，高選択性分離法として期待されている．

　このように抽出操作は，粗分離としても，高選択性分離法としても幅広く利用することが期待できる分離操作である

5.6.2 ■ 抽出装置

　実験室規模で用いられる代表的な固体抽出用の装置としては回分式のソックスレー抽出装置がある．図5.13に示すように，下部に仕込まれている温められた抽出溶媒からの蒸気が凝縮部で液相となって落下し，固体の抽出原料を浸して目的成分を溶媒中に抽出する．徐々に溜まった抽出液はサイホンの原理によって間欠的に下部の容器に戻る．これを繰り返しながら，目的成分が溶媒中に分離濃縮される．

　多段化した抽出槽を配管で連結し，溶媒の流れをバルブや弁で制御して，上記の回分式を繰り返す方法も可能であり，この方法は一種の半回分式操作と考えることができる．量がやや多い場合の固体抽出に向いており，抽出時間の制御を槽ごとに個別にできるというメリットがある．

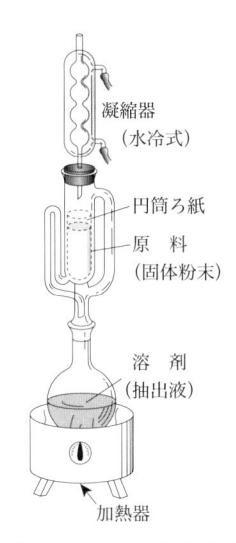

図 5.13 ソックスレー抽出装置の構造

実験室レベルで固体から抽出を行うとき用いる装置である．原則として回分式操作である．溶剤蒸気が凝縮器で凝縮して原料を浸し，サイホンの働きで間欠的に下のフラスコに落下する．こうして何回も抽出を繰り返すうちに，目的成分の大部分が下のフラスコに抽出され，濃縮液を得ることができる．

［化学工学編修委員会編，化学工学入門，実教出版（1999），図 6.36］

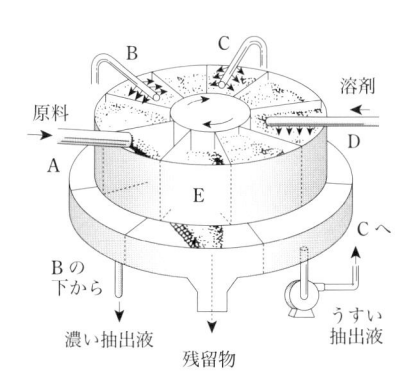

図 5.14 連続式（ロートセル法）固体抽出装置の例

上部の円盤形の部分がゆっくり回転している．Aで装入された原料はD→C→Bの順に送られた溶媒で抽出され，Bで最も濃い抽出液が得られる．残留物はEから落下する．

［化学工学編修委員会編，化学工学入門，実教出版（1999），図 6.37］

連続式固体抽出装置の例としては、ロートセル法を挙げることができる。図5.14に示すように、半径方向に仕切られた部屋をもつ円筒が回転し、抽出溶媒が順次供給されて徐々に濃度が高められる方式である。各部屋の溶媒の滞留時間は一定であるが、連続的に溶媒が供給され、固体原料も連続的に供給・排除されるという点で連続操作の基本形と見ることができる。

一方、液液抽出としては、実験室レベルでは分液ロートに原溶媒と抽出溶媒を仕込み、激しく撹拌して液と液の接触面積を増大させて抽出を行う方法や、撹拌翼や磁気撹拌子を回転させて2つの液相を撹拌する方法などがある。撹拌後、液相を静置し、比重差に基づいて重力により分相する方法が一般的であるが、微細化した液相の分相には時間がかかることが多いので、遠心分離を用いることもある。

工業的には、大型の撹拌翼によって槽内の液を撹拌し、撹拌停止後、分相させて抽出溶媒を取り出す。原理的には実験室規模のものと同じである。ただし、バイオプロダクトの中には、微細な固形分が浮遊している場合や、界面活性成分が共存している場合が多く、高速の撹拌によって微細な液相や気泡の巻き込みが発生する場合がある。これらは、速やかな分相の妨げになるので、撹拌条件の決定に際しては注意する必要がある。

また、撹拌によって液相中に生じる強いずり応力によって、タンパク質などの巨大分子がダメージを受ける場合もあるので、撹拌速度ばかりでなく、撹拌翼の形状を工夫して過度のずり応力の発生を抑制するという点にも留意すべきである。

連続的に抽出を行う方法として一般的なのが、ミキサー・セトラー方式とよばれる

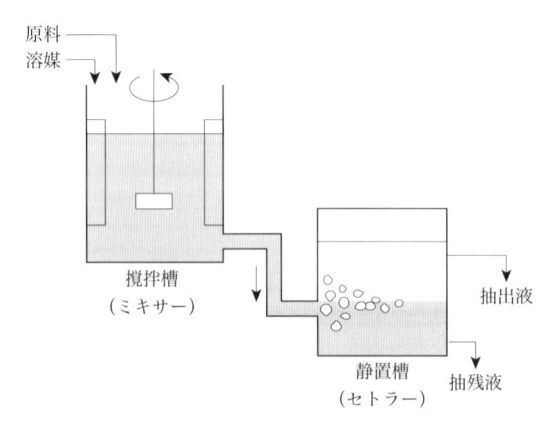

図 5.15 ミキサー・セトラー方式による抽出
抽出液と抽残液は上下が逆の場合もある。

方法である．図5.15に示すように，撹拌混合を専門に扱うミキサー槽と静置して分相を行う静置槽（セトラー槽）を1つのセットにして多段抽出を行う．セトラー槽では斜めに仕切り板を挿入して分散相の合一を促すことにより，分相を促進する効果も期待できる．

他に円筒型の抽出塔（カラムとよばれる）に多孔板や回転円板を設置し，分散相を微細化し，連続相の液相と向流接触させることによって抽出する方式もある．この場合も静置分相を行うセトラー槽が併設されることがある．

5.6.3 ■ 三角図表の利用

抽出操作の液液平衡においては，抽出原料を構成する原溶媒と溶質，ならびに抽出先である抽出溶媒の3成分の平衡関係が明らかになっている必要がある．この場合，原溶媒中の溶質が抽出対象となる成分である．平衡状態を定量的に示し，かつ視覚的にもわかりやすく示すものとして三角図表が用いられる．

三角図表では，三角形の各頂点を純成分100%とし，各辺上の点は2成分の混合割合をモル分率で示す．三角形内部の点は3成分の混合物の組成をモル分率で表す．三角図表としては正三角形を用いるのが正式であるが，直角二等辺三角形は一般的な方眼紙でも作図が容易であり，溶質や抽出溶媒の組成を軸から直接読み取ることができるので便利である．

図5.16に三角図表の例を示す．ここでは，点Aを溶質（注目成分），点Bを原溶媒，点Cを抽出溶媒とする．AB軸の目盛は，点AをA成分100%（モル分率としては

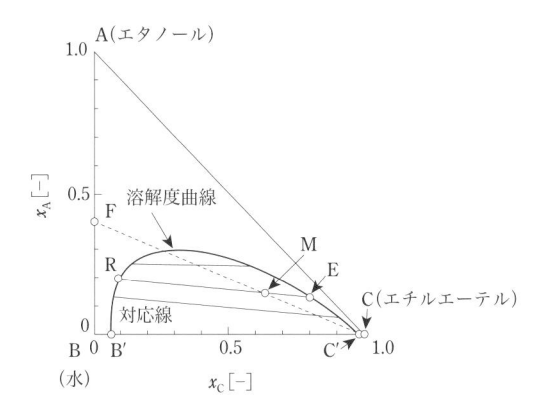

図5.16 溶解度曲線と抽出操作

原料供給液F（組成が点Fで表される液）に抽出溶媒Cを加えてよく撹拌し，混合液Mを作る．これを静置すると，抽出液Eと抽残液Rに分かれる．

$x_A = 1.0$) となるように記す．BC 軸の目盛は，点 C を C 成分 100 %（$x_C = 1.0$）となるように記す．点 B から辺 AC に垂線を引き，点 B を B 成分 100 %（$x_B = 1.0$）となるように垂線上に目盛を記すこともあるが，一般には $x_A + x_B + x_C = 1.0$ の関係式から x_B の値を決める．

図中の曲線は平衡状態の組成を結んだもので，溶解度曲線（binodal solubility curve）とよばれる．2 つの液相間の平衡組成を結ぶ線をタイライン（tie line：対応線）とよぶ．タイラインを順次結んでいくと，いずれ 2 つの液相組成が等しくなり，均一相となる．この臨界点 P をプレイトポイント（plate point），または共溶点（consolute point）とよぶ．通常，プレイトポイントの位置は溶解度曲線の頂点と一致しない．

タイラインの両端 R と E から，それぞれ水平線と垂線を引いて得られる交点 Q の軌跡を共役線（conjugate curve）という．多くのタイラインを三角図表に記入する代わりに，共役線から一方の組成と平衡な他の相の組成が求められ，タイラインを補間する手間が省略できる．

溶解度曲線の内側の領域の組成では 2 相に分相し，外側の領域の組成では均一相を呈する．溶解度曲線は系によって非常に異なる形を示す．また，同じ系であっても温度が異なると溶解度が変化するので，溶解度曲線の形も変化する．

たとえば，点 F で表される原料供給相（注目成分＋原溶媒）と抽出溶媒 C を質量比で 7 : 3 の割合で混合すると，混合物の組成は線分 FC の長さを $\overline{FM} : \overline{MC} = 3 : 7$ の比に内分する点 M で表すことができる．点 M が溶解度曲線の内側に存在する場合には，混合物の撹拌後に静置すると，抽出液 E と抽残液 R の 2 つの液相に分相する．

E の質量を W_E [kg]，R の質量を W_R [kg]，混合物の全質量を W_{total} [kg] とし，各相における注目成分 C のモル分率を $x_{C,E}$，$x_{C,R}$，$x_{C,total}$ とすると，

$$W_E + W_R = W_{total} \tag{5.33}$$

$$W_E x_{C,E} + W_R x_{C,R} = W_{total} x_{C,total} \tag{5.34}$$

が成り立つ．これより，$W_E/W_R = (x_{C,total} - x_{C,R})/(x_{C,E} - x_{C,total}) = \overline{RM}/\overline{MF}$ の関係が求められ，点 M が線分 ER 上に存在し，その質量比は $W_E : W_R = \overline{RM} : \overline{ME}$ となる．

タイラインの傾きは注目成分の原溶媒中の溶解度に対する，抽出溶媒中の溶解度の違いを表しており，分離性能を大きく支配する．抽出溶媒の選択に際しては，注目成分の溶解度が高いことが望ましいので，次式で定義される選択度 β が 1.0 より大きいことが条件となる．

$$\beta = \frac{x_{C,E}/x_{C,R}}{x_{A,E}/x_{A,R}} \tag{5.35}$$

この選択度 β の式の分子は，平衡状態にある抽出相と抽残相に溶解している注目成分（成分 C）の質量分率の値であり，これを特に分配係数（distribution coefficient）として m で表す．すなわち，$m = x_{C,E}/x_{C,R}$ である．この定義に従えば，選択度 β の式の分母は原溶媒（成分 A）の分配係数であるから，選択度 β は原溶媒の分配係数に対する注目成分の分配係数として理解することができる．

なお，原溶媒 A と抽出溶媒 C が相互にまったく不溶で注目成分のみが両相に分配される場合には，平衡時の関係はガス吸収の Henry の法則や蒸留の Raoult の法則で見られるような線形比例の関係となる．m が組成によらず一定の場合は比例定数を m として，$x_{C,E} = m \cdot x_{C,R}$ となる．この関係は Nernst の分配則（distribution law）とよばれる．

5.6.4 ■ 超臨界抽出

超臨界流体とは，臨界圧力・臨界温度以上に達した流体であり，抽出媒体としてばかりでなく，反応媒体や材料製造時の媒体としても利用されている．一般に粘性が液体よりも小さく，拡散係数は大きく，浸透性にすぐれており，生物の組織深部に潜む目的成分も溶解することが期待できる．

超臨界流体への溶解度は，一般に超臨界流体の密度に比例する傾向がある．臨界圧力以上の高い圧力，臨界温度以上の比較的低い温度条件下で高い溶解度を期待することができる．したがって，抽出された成分を取り出すためには，圧力を下げるか，温度を上げて溶解度を低下させることが有効である．

バイオプロダクトには熱による変性や分解を引き起こす物質が多く，この観点からは，臨界点が低い媒体が有望である．また，タンパク質の中には，高圧下で変性するものもあるので，媒体の選択に際しては目的成分が変性する温度・圧力条件を確認しておくことが重要である．表 5.4 に超臨界抽出に用いられる媒体の一例を示した．

表 5.4　バイオプロダクトの超臨界抽出に用いられる媒体の例

物質名	臨界圧力 P_c [MPa]	臨界温度 T_c [K]
二酸化炭素	7.4	304.2
エタン	4.88	305.4
エチレン	5.03	282
フルオロホルム（CHF_3）	4.74	299
フルオロメタン（CH_3F）	5.89	318
クロロトリフルオロメタン（$CClF_3$）	3.9	302
一酸化二窒素（N_2O）	7.26	309.8
プロパン	4.15	369.8

二酸化炭素の臨界点は304.2 Kと常温に近く，毒性もないため超臨界抽出において最も広く利用されている．ただし，二酸化炭素は無極性分子であるため，極性成分に対しては高い溶解度を期待することはできない．その場合，超臨界二酸化炭素に極性成分（アルコール・水など）を添加して，極性成分の溶解度を増大させることが有効である．この目的で添加される成分をエントレーナー（entrainer）とよび，添加割合と物質の溶解度の相関が報告されている．エントレーナーを使用する際は，超臨界抽出のメリットを損なうことのないように，エントレーナーの残留毒性や目的成分に対する変性作用の有無を検討しておく必要がある．

5.7 ■ 電気泳動

アミノ酸やタンパク質など水溶性である生体由来の化学物質の中には分子自身が荷電を有することが多く，電気的な引力による物質分離を行うことが可能である．

吸着や抽出は，濃度勾配を原動力とした，平衡状態に至るまでの拡散的な物質移動に基づいているが，電気泳動は電位勾配が主たる推進力であり，分子の荷電と反対側の極に向かう電気的な引力により物質移動が生じるため，原理的に異なる．電気泳動には分子が荷電を有し，電位勾配が存在する限り，濃度勾配とは独立して継続的に物質移動が生じるという特徴があり，5.1.3項で述べたように膜分離と並ぶ代表的な輸送的物質分離の手法である．

また，どのような溶液中でも物質移動を発生させることができ，分子が荷電を有していれば他の物質を添加する必要もないことから，タンパク質の変性や失活の懸念が少ない．なお，継続的な通電によって水溶液が発熱し，これによって生じる対流によって分子の泳動が阻害されたり，熱的な変性を受ける場合があるので，熱を除去する必要がある．

電気泳動では電位勾配 $d\phi/dz$ を推進力として物質を輸送する．注目している成分Aの移動速度 v_A は次式で与えられる．

$$v_A = u_A \frac{d\phi}{dz} \tag{5.36}$$

ここで，比例定数 u_A は成分Aの移動度（mobility）である．移動度は物質の荷電量によって変化するので，荷電状態が変化するタンパク質などを扱う場合は，pHによっても変化すると考えておく必要がある．他に溶媒の粘度や誘電率，系の温度によっても移動度は変化する．

一方，静電的引力 F は荷電量 Z_A，電気素量 e（1.6×10^{-19} C）に比例するため，次式

のように表される．

$$F = Z_A e \frac{d\phi}{dz} \tag{5.37}$$

定常状態では，静電的引力と液体中の抵抗力がつりあっていると考えられる．分子を球体と仮定すると，Stokes の法則が成立する条件下では，

$$F = 6\pi r\mu v_A \tag{5.38}$$

が成り立つ．したがって，注目成分の移動速度は，

$$v_A = \frac{Z_A e}{6\pi r\mu} \cdot \frac{d\phi}{dz} \tag{5.39}$$

となり，式 (5.36) と比較することにより，移動度 u_A は次式で与えられる．

$$u_A = \frac{Z_A e}{6\pi r\mu} \tag{5.40}$$

実際の分子のごく表面近傍にはその分子の反対電荷が集中する領域が存在する．これを電気二重層とよび，電気泳動速度はこれを考慮して求めなくてはならない．電気二重層の外側にはそれと反対の電荷が誘導されて集まる．

電気化学の分野では，電位 ϕ の変化は距離を x として $\phi = -\exp(-\kappa x)$ で表される．係数 κ [m^{-1}] の逆数 κ^{-1} [m] は電気二重層の厚さを表す．すなわち，κ^{-1} での電位は表面電位の 1/e（0.368 倍）になっている．Debye–Hückel の理論によると，κ^{-1} は次式で与えられ，温度の 1/2 乗に比例し，イオン強度の 1/2 乗に反比例する．

$$\kappa^{-1} = \left(\frac{2 \times 10^3 e^2 N_A I}{\varepsilon k_B T} \right)^{-\frac{1}{2}} \tag{5.41}$$

したがって，電解質濃度の高い系では荷電の遮蔽効果が大きく，電気二重層は薄くなるので，移動度は小さくなる傾向がある．電気泳動速度を高めるための条件を探るうえで電気二重層の厚さを決める物理化学的な各因子の寄与を正しく知ることは重要である．

大きな分子の場合，式 (5.39) に適用した Stokes の法則が利用できなくなるため，電気泳動速度には，次の式が適用される．

$$v_A = \frac{Z_A e}{4\pi r\mu} \cdot \frac{d\phi}{dz} \tag{5.42}$$

また，電気泳動速度に濃度を乗じたものが物質移動の流束になる．

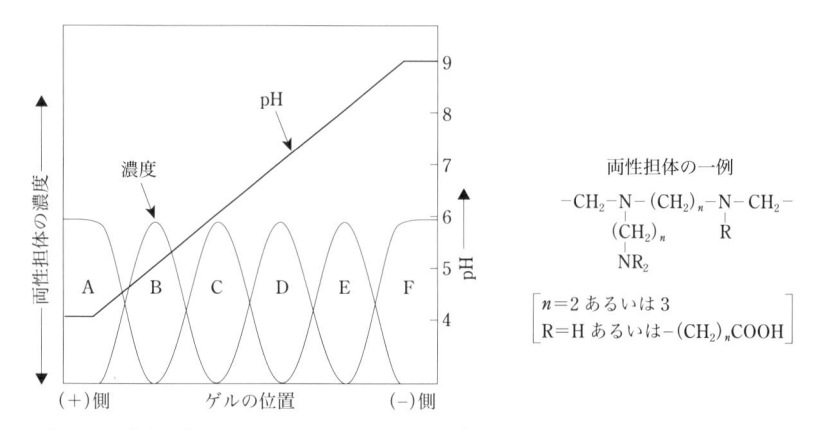

図 5.17 定常状態におけるゲル中での両性担体の各成分 A〜F の濃度分布と pH 勾配および両性担体の分子構造

両性担体 A〜F の等電点は，$pI_A = 4$，$pI_B = 5$，$pI_C = 6$，$pI_D = 7$，$pI_E = 8$，$pI_F = 9$．
[桐野 豊編，物理化学（下），共立出版（1999），図 14.22]

$$J = C_A v_A = C_A u_A \frac{d\phi}{dz} \tag{5.43}$$

電気泳動によるタンパク質の分離法として，等電点電気泳動法がある．これは，タンパク質の等電点の差を利用して分離する手法である．異なる等電点をもつ両性電解質高分子を含むゲルを調製し，その両端を異なる緩衝液に浸して電圧をかける．図 5.17 に示すように，両性電解質高分子（A〜F）はそれぞれの等電点に等しい pH に向かって移動し，定常状態に至ると両端からの距離に比例する直線的な pH 勾配が形成される．そこへ，タンパク質溶液を加えて泳動させると，タンパク質は自分自身の等電点と等しい位置まで泳動して停止し，やがてバンドを形成する．ゲル上の pH と位置との関係が既知であればバンドの位置から等電点別にタンパク質を分離回収することができる．

2 枚のガラス板に挟まれた板状ゲルの上端および下端に適当な緩衝溶液を満たし，ゲルの上部にタンパク質などを含む試料溶液を加え，一定の電圧をかけるとタンパク質はその電荷とは反対電荷の極に向かって泳動する．ゲル素材としてはポリアクリルアミドが多く用いられる．これはアクリルアミドモノマーを，架橋剤であるビスアクリルアミドとともに，フリーラジカルを発生する触媒を加えて重合させたものである．アクリルアミドの濃度に応じた適切な網目構造を形成できるため，分子の電荷や，溶液中を移動する際の流体力学的な摩擦係数に，分子ふるい効果を加えた形で分離することができる．網目構造によって大きな分子の電気泳動が抑制され，移動度の違いが

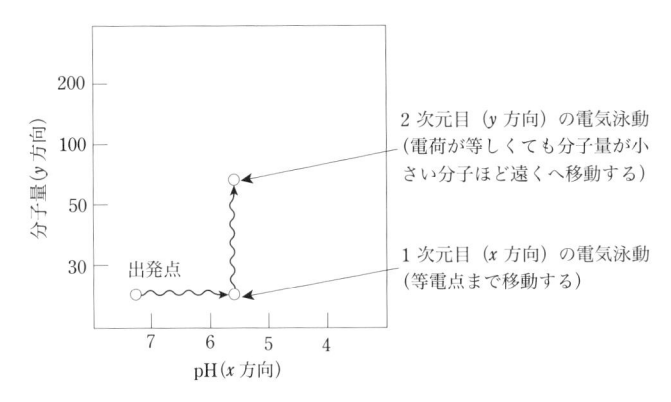

図 5.18 2 次元電気泳動の原理
[古崎新太郎, バイオセパレーション, コロナ社 (1993), 図 4.49]

顕著となる.

　分子の大きさと電荷量を原動力とする 2 次元電気泳動が試みられることもある. 図 5.18 に示すように, pH 勾配をつけて x 方向に等電点まで移動させ, 次いでこれに直交する y 方向に電位勾配を与え, 分子量に応じて注目成分を移動させる. 電荷が同じ分子であっても分子量が小さい分子ほど泳動速度は速いので, 同じ泳動時間でも長距離の移動が達成されるため, より精密に分離することができる.

　電気泳動による物質分離においては, 溶液本体が流動せず, 静止していることが望ましい. 通電加熱によって液相中に密度差が生じ, その結果生じる自然対流によって物質が輸送されることがある. 泳動の経路を狭く仕切り, 自然対流に対する流動抵抗を増やすことによって, これはある程度抑制することができる. また, 物質透過性をもつ膜によって経路全体をいくつかのレーンに仕切ることも試みられている.

　また, 電気泳動によって物質が電極近傍に局所的に集中すると, 高濃度側から低濃度側に物質の拡散が生じて, 濃縮効果が損なわれる. 膜分離における濃度分極と類似の現象である. 電極近傍の高濃度領域を連続的に取り出すような装置面での工夫が必要である.

■ 演 習 問 題 ■

【1】円筒型連続式遠心分離機でクロレラ細胞を分離している．遠心分離機の高さ h は 1.2 m，回転軸から円筒壁までの距離 r_2 は 5 cm，回転軸から液面までの距離 r_1 を 4.99 cm とする．回転速度を $6000\ \text{min}^{-1}$ とした場合の 10 μm 以上のクロレラ細胞を捕集可能とする懸濁液の供給速度を求めよ．ただし，溶媒の密度は $1010\ \text{kg}\cdot\text{m}^{-3}$，粘度は $1.02\times10^{-3}\ \text{Pa}\cdot\text{s}$ である．クロレラ細胞の密度は $1030\ \text{kg}\cdot\text{m}^{-3}$ とする．

なお，捕集可能な供給液流量 F_c は下式で与えられるとする．

$$F_c = \frac{\pi(r_2^2-r_1^2)h\omega^2 u_t}{g\ln(r_2/r_1)}$$

【2】*E. coli* ファージ T7 DNA を $33000\ \text{min}^{-1}$ で超遠心分離して，下表のような沈降データを得た．これより，DNA の沈降係数を求めよ．

遠心時間 [min]	回転軸からの距離 r [cm]
2	6.225
10	6.310
14	6.358
18	6.400
22	6.445
26	6.491

【3】培養液から細胞を分離するために吸引器付きブフナーロートでろ過操作を行った．ろ過面は直径 5 cm の円であり，$1.0\times10^{-4}\ \text{m}^3$ のろ液を得るのに 24 分要した．ケークには圧縮性はないものと仮定する（$m=0$）．ろ過面 $10\ \text{m}^2$ の同じフィルターを用いて，$3\ \text{m}^3$ のろ液を得るのに要するろ過時間を求めよ．ただし，ろ液本体溶媒の粘度 μ は $1.02\times10^{-3}\ \text{Pa}\cdot\text{s}$，不溶性物質の密度 ρ_0 は $4020\ \text{kg}-乾燥重量\cdot\text{m}^{-3}$ とする．また，圧力条件は $3\times10^5\ \text{Pa}$ で共通とする．

【4】エタノールを注目成分 A とし，水を原溶媒 B としてエチルエーテルを抽出溶媒 C とする溶解度曲線とタイラインを三角図表に記せ．なお，液液平衡関係（25℃）は下表に与えた．

水相（質量分率）		エーテル相（質量分率）	
エタノール	エチルエーテル	エタノール	エチルエーテル
0.000	0.060	0.000	0.987
0.067	0.062	0.029	0.950
0.125	0.069	0.067	0.900
0.159	0.078	0.102	0.850
0.186	0.088	0.136	0.800
0.204	0.096	0.168	0.750
0.219	0.106	0.198	0.700
0.242	0.133	0.241	0.600
0.265	0.183	0.269	0.500
0.280	0.250	0.282	0.400
0.285	0.319	0.285	0.319

【5】25℃ の 40% のエタノール水溶液 30 kg にエチルエーテル 70 kg を加えてエタノールの抽出を行った．抽出液・抽残液の組成と質量を求めよ．また，原溶媒中のエタノールの抽出率を求めよ．

第6章 バイオプロセスの実際

> これまでの章では，バイオプロセスにおける重要な要素について個々に見てきた．序章においてもバイオプロセスの具体例についていくつか紹介したが，本章では，より先進的なバイオプロセスの展開例を見ていくことによって，生物化学工学の知見がバイオプロセスにおいてどのように生かされているのかについて学ぶ．

6.1 ■ バイオプロセスの実用化

　バイオプロセスの実用化に際しては，物質生産のためのバイオリアクターの設計や最適な反応条件の探索など上流プロセスばかりでなく，物質の分離回収，さらには精製過程といった下流プロセスに至るまで，個別のプロセスごとに最適な条件を求める必要がある．なぜなら序章でも述べたように，たとえば食品科学の分野では，多品種・少量生産によって多様化する需要に対応する必要があり，人々の嗜好が多様化するほど個別のプロセスを新規に検討する必要に迫られる．また，反応の基幹を担っている酵素や菌体も多種多様な生物化学的物性を有している．バイオプロセスは一般には温和な温度，圧力，pHなどの物理化学的な条件のもとで，安全な操業により行われる必要があり，さらに製品の安全性に最大限配慮しなければならない．

　これまでバイオプロセスの既往の研究成果や実用実績の中から，化学工学の体系の中で確立した各分野の基本事項を述べてきたが，本章では最近注目されている実用上の留意点やプロセス開発を概説し，今後の生物化学工学として進むべき方向性を展望していきたい．

6.2 ■ 動物細胞利用プロセス

　バイオ医薬品の多くはヒト由来のタンパク質であり，大腸菌では生産できないものも多い．大腸菌と比較して動物細胞は増殖速度が遅く，培地も高価であり，微生物によるコンタミネーションのリスクも高いことから，高度な培養技術が必要となっている．

　現在，研究や実際のバイオプロセスにおいて用いられている動物細胞用バイオリア

表6.1 動物細胞培養用バイオリアクターの概略

形式	撹拌懸濁式	エアリフト式	ホローファイバー式	セラミックマトリックス式	セルリフト式	重力沈降式	水平円筒回転式
装置概略							
スケールアップ性能	○	○	×	×	×	×	△
付着性細胞	○	○	○	○	○	×	○
浮遊性細胞	○	○	○	○	○	○	○
ずり応力	△	×	○	○	△	△	○
培地交換	△	×	○	○	○	○	△
酸素供給	△	○	○	○	○	○	△
サンプリング	○	○	×	×	○	○	○

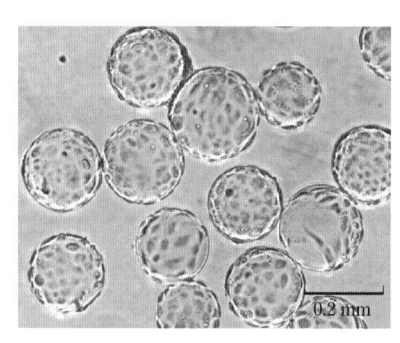

図6.1 マイクロキャリアー表面上で増殖するVero細胞［化学及血清療法研究所 提供］

クターの概略を表6.1に示す．力学的に脆弱な動物細胞の特性を考慮して，バイオリアクターの内部には細胞どうしの衝突を回避したり，ずり応力を小さくしたりするような工夫が種々加えられている．培養液を混合する撹拌羽根には，穏やかな流れができるプロペラ型が一般的に利用される．また，通気は培養液上部の空間に空気を循環させる上面通気法が一般には行われるが，気泡径がきわめて小さくなるようにして，ガス分散器（gas sparger）でバイオリアクターの底部から吹き込む場合もある．

また，タンパク質生産に用いられる細胞の多くは足場依存性をもつので，マイクロキャリアー（microcarrier）やホローファイバー（hollow fiber）などを利用することにより，バイオリアクター単位体積あたりの広い接触面積を確保できるようにしてい

表6.2 市販されているマイクロキャリアー

商品名	メーカー	材質	比重	サイズ [μm]	表面積 [$cm^2 \cdot g^{-1}$]	製品状態
Cytodex 1	GEヘルスケア	DEAE	1.03	160〜230	6000	未滅菌粉末
Cytodex 2	GEヘルスケア	DEAE	1.04	115〜200	5500	未滅菌粉末
Cytodex 3	GEヘルスケア	コラーゲン	1.04	130〜210	4600	未滅菌粉末
Superbeads	フローラボ	DEAE	1.03	150〜200	6000	滅菌済溶液
Biocarrier	バイオ・ラッド	ポリアクリルアミド	1.04	120〜180	5000	未滅菌粉末
Biosilon	ヌンク	ポリスチレン	1.05	160〜300	255	滅菌済溶液
Cytosphere	ラックス	ポリスチレン	4.04	160〜230	250	滅菌済溶液
Gelibead	KCバイオロジカル	ゼラチン	1.04	115〜235	3800	未滅菌粉末

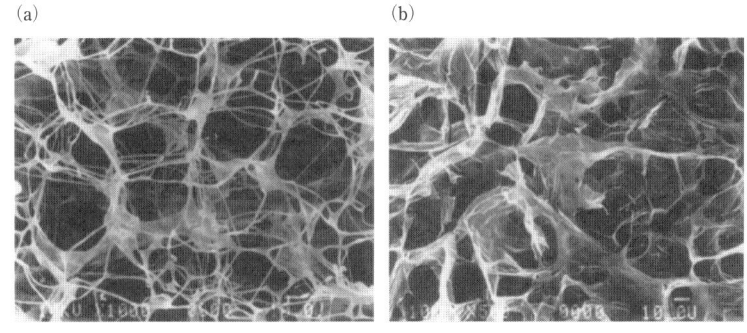

図6.2 多孔質マイクロキャリアーの内部, (a) ワイヤー状マトリックス, (b) 葉状マトリックス, [R. C. Dean et al., Continuous cell culture wit flidized sponge beads, in Large Scale Cell Culture Technology, Hanser Publisher (1987)]

る．図6.1にマイクロキャリアー表面上で増殖する動物細胞の写真を，表6.2に市販されているマイクロキャリアーの特性を示す．現在多くのタンパク質医薬品はマイクロキャリアーを用いた培養により生産されている．マイクロキャリアー単位体積あたりの接触面積を増やし，培養装置内の培地流れの影響を少なくする目的で，多孔質マイクロキャリアーなども開発されている．図6.2に多孔質マイクロキャリアーの内部構造を，表6.3に代表的な多孔質マイクロキャリアーの性質を示す．

マイクロキャリアー法以外の足場依存的細胞の培養技術としてローラーボトル法がある．ローラーボトル法とは，培養細胞と培養液の接触と分離を一定の間隔で繰り返すために，横にした培養ボトルを回転させる培養法である．この方法では，細胞が空気と接触でき，細胞数に対して培養液を少なくできる．この方法は，実験室での小スケールでの培養に適していると考えられていたが，エリスロポエチンの大量生産技術

表 6.3　代表的な多孔質マイクロキャリアー

名称	メーカー	素材	粒子径 [μm]	孔径 [μm]	空隙率 [%]
Cultispher-G, S, GL	Percell Biolytica	ゼラチン	170〜500	〜50	50
Siran	Scjptt G ; aswerke	ガラス	300〜5000	10〜400	60
Microporous MC	Solo Hill Labs	ポリスチレン	250〜3000	20〜150	90
Cytopore 1, 2	GEヘルスケア	セルロース	180〜210	30	95
Cytoline 1, 2	GEヘルスケア	ポリエチレン	2000〜2500	10〜400	65

図 6.3　ローラーボトルシステム [キリンホールディングス(株)提供]

として実用化されている．また，ビールのボトルを扱う技術やノウハウを活用し，多数のローラーボトルへの培地の注入，恒温室への移動・回転，エリスロポエチンを含む培養液の回収などのラインによる処理というまったく新しい完全自動化システムが構築され，生理活性物質の高品質で安定的な生産に加え，究極的な省力化が達成されている（図 6.3, 図 6.4）．培養液からのエリスロポエチンの精製には，図 6.5のようなカラム精製法が用いられている．

　現在最も注目されているバイオ医薬品が抗体医薬である．抗体医薬とは，がん細胞などの特異的なターゲットを認識する抗体を利用した医薬品である．従来の医薬品は，

図 6.4　動物細胞の大型培養槽［協和発酵キリン(株)提供］

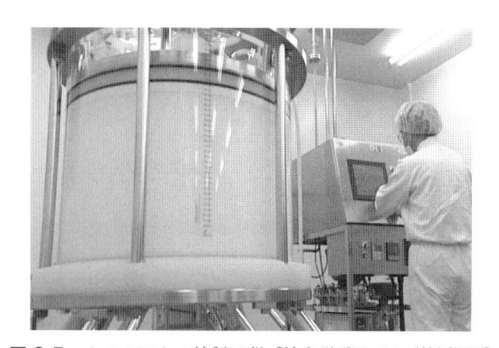

図 6.5　カラムによる精製工程［協和発酵キリン(株)提供］

表 6.4　現在実用化されている代表的な抗体医薬

抗体名	医薬品名	対象とする病気
ヒト化抗 EGF 受容体抗体	トラスツズマブ	乳がん
キメラ型抗 CD20 抗体	リツキシマブ	B 細胞性非ホジキンリンパ腫
キメラ型抗 TNFα 抗体	インフリキシマブ	関節リウマチなど
ヒト化抗 IL6 受容体抗体	トシリズマブ	関節リウマチなど
ヒト化抗 VEGF 抗体	ベバシズマブ	結腸・直腸がんなど
ヒト抗 TNFα 抗体	アダリムマブ	関節リウマチなど

ある標的を狙って作ったつもりが，標的以外にも作用してしまうことがしばしばあり，時として思わぬ副作用が出ることがある．一方，抗体医薬は，標的を狙って作ると，標的以外に作用することがほとんどないため，想定外の副作用が出ることが少ないという利点がある．表 6.4 は，現在実用化されている代表的な抗体医薬のリストである．

抗体医薬で用いられる抗体はモノクローナル抗体であり，一般的にはマウスを用い

て作製される．しかし，マウスの抗体をヒトに投与すると異物として認識され，排除するための抗体が産生するため，長期投与することができないという問題がある．そのため，マウスで作製したモノクローナル抗体をヒト抗体と類似なものとすることを目的に，キメラ化やヒト化抗体化が行われている．キメラ抗体とは，マウス抗体の可変部だけを取ってきて，ヒト抗体の定常部に導入した抗体である．つまり可変部はマウス由来，定常部はヒト由来の抗体となる．マウス抗体とヒト抗体の割合はそれぞれ約30％，約70％である．ヒト化抗体とは，抗原と直接結合する超可変部だけをマウス型にした抗体である．ヒト化抗体では，マウス由来は全体の約10％になる．また最近では，マウス免疫グロブリン遺伝子をノックアウトし，ヒト免疫グロブリン遺伝子を導入したマウスを用いることで，ヒト化抗体を作製する技術が開発されている．このマウスからは100％ヒト化抗体が作られる．

　抗体医薬開発において最も大きな問題は，その生産方法である．従来のバイオ医薬品のほとんどはホルモンなどであり，微量で効果があるものであった．それに対し，抗体医薬は比較的多量に投与する必要があり，1回の処方で数十mg以上の抗体が必要である．さらに，抗体はそれぞれ2つのH鎖とL鎖がジスルフィド結合で結合した複雑な構造をしているので，大腸菌での生産が困難であることから，動物細胞を用いた大量生産技術と高純度精製技術が求められている．現在，CHO細胞を用いた大量培養技術が開発されており，$10 m^3$以上の大型培養装置で培養が行われている（図6.6）．

　また，新型インフルエンザなどのワクチンの生産技術も注目されている．インフルエンザワクチンの大半は，年間何億個もの孵化鶏卵を用いて製造されている．鳥類から発生したパンデミックウイルスにより，雌鳥や胚が死亡した場合や雌鳥の処分が必

図6.6　CHO細胞を用いた抗体の大型培養装置　［中外製薬(株)提供］

要となった場合，鶏卵の調達が困難となる可能性がある．また，鶏卵を用いたワクチン製造の場合，胚を破壊することなく確実にウイルスを鶏卵内で増殖させるために，ウイルスの修飾，すなわち弱毒化が必要となる．しかし，ウイルスの修飾には時間を要し，この方法では少量のワクチンしか製造することができない．それに対して，細胞培養によるワクチン製造においては，ウイルスを弱毒化する必要がなく，約12週間でワクチンを出荷することが可能となる．約24週間かかる鶏卵を用いたワクチン製造に比べると，製造期間が著しく短縮される．細胞としては，アフリカミドリザルの腎臓上皮細胞由来のベロ細胞やイヌの腎臓尿細管上皮細胞由来のMDCK細胞が用いられている．

　動物細胞を培養するには，2章で説明したように基礎培地に5〜20%のウシ胎児血清（FBS）を添加した血清培地が用いられている．血清としては，FBSの他に新生ウシ血清，仔ウシ血清，馬血清なども用いられることがある．動物細胞培養における血清の役割は，

（1）アミノ酸，ビタミン，その他の栄養源や微量金属イオンの供給
（2）リポタンパク質のような水に不溶な成分の担体（アルブミンなど），トランスフェリンのような結合輸送担体の供給
（3）線維芽細胞増殖因子やインスリンのようなホルモンの供給
（4）SH剤やプロテアーゼ阻害剤の供給
（5）pHや浸透圧の緩衝作用のような物理環境の整備
（6）細胞付着高分子の供給

などである．

　FBSは各種動物細胞の培養において最も一般的に用いられるが，血清には原因不明のロット差の問題や，プリオンの感染の危険性などの問題がある．そのため，現在では無血清培地の開発が進められている．たとえば，インスリン，トランスフェリン，エタノールアミンおよび亜セレン酸を添加した無血清培地がハイブリドーマの培養に用いられている．

　無血清培地に繁用されるタンパク質成分についても，種々の問題が残っている．鉄供与体のトランスフェリンは高価であるだけでなく，目的物精製の妨げになる場合がある．また，すべての細胞に対して血清添加時と同等の性能を示す無血清培地は実現できていない．

　目的タンパク質の構造遺伝子を有するヒトあるいは動物細胞を培養して，そのタンパク質を医薬品とするには，その品質を保証しなければならない．その場合，医薬品製造の観点から，

（1）生体を利用していることにより生じる不確定性
（2）原料，培養・精製条件の変動による目的物質や不純物の量的・質的な変動
（3）宿主由来 DNA，ウイルスなどの混入の危険性
（4）製造中における保存条件による組換え体の変化の危険性
（5）高次構造や糖タンパク質の糖鎖構造のわずかな修飾，変性などの検出の困難さ
などの留意点があげられる．

　製品の規格試験の他に，細胞を含む原料と製造方法が常に一定であることを確認することによって，製品の質が保証されている．このための基本ルールに「GMP（Good Manufacturing Practice）」がある．GMP は医薬品を商業生産する際の許可要件であり，事前の査察により適合確認されないと生産を開始できない．また，人為的な怠りを最小限にし，汚染及び品質低下を防止するためのソフトとハードの確立が求められている．これとは別に「生物学的製剤等 GMP」がある．これには，原料・材料として使用する生体成分の規格の明確化，交差汚染防止，設備汚染防止，行程モニタリング，作業員の健康管理などが含まれる．

6.3 ■ ファインケミカル製品の生産プロセス——ジルチアゼムの製造プロセス

　有機化合物は炭素を骨格とするため，炭素の数に応じて立体異性体が存在する．特に，複雑な構造を有する有機化合物であるファインケミカル製品では数多くの異性体が存在することになる．有機合成化学の発展により，化学合成法で複雑な構造を有する化合物のほとんどが合成可能といってよいが，光学活性をもつ（キラルな）物質を作り分ける不斉合成を行うことは容易ではなく，多くの場合，目的の構造とは異なる異性体が同時に合成される．目的の構造ではない光学異性体の分離は容易ではなく，また，異性体を同時に合成することは，多くの原料を無駄に使用していることになる．

　一方，酵素は常温，常圧で高い触媒活性を示し，決まった基質のみを認識する基質特異性が高く，決まった生産物を生成する反応選択性が高いという特徴を有している．したがって，酵素は有機合成プロセスの触媒として理想的な触媒である．しかしながら，目的の反応に対して高い触媒活性をもち長期間の使用に耐える酵素を見つけ出すこと，酵素工学的あるいはタンパク質工学的に耐久性の高い酵素を調整することや作製することが必要とされる．以下に，ファインケミカル製品中間体の合成にバイオプロセスを採用した一例として，高血圧の治療薬である冠血管拡張剤ジルチアゼム（ヘルベッサー®）の製造プロセスの開発をあげる．

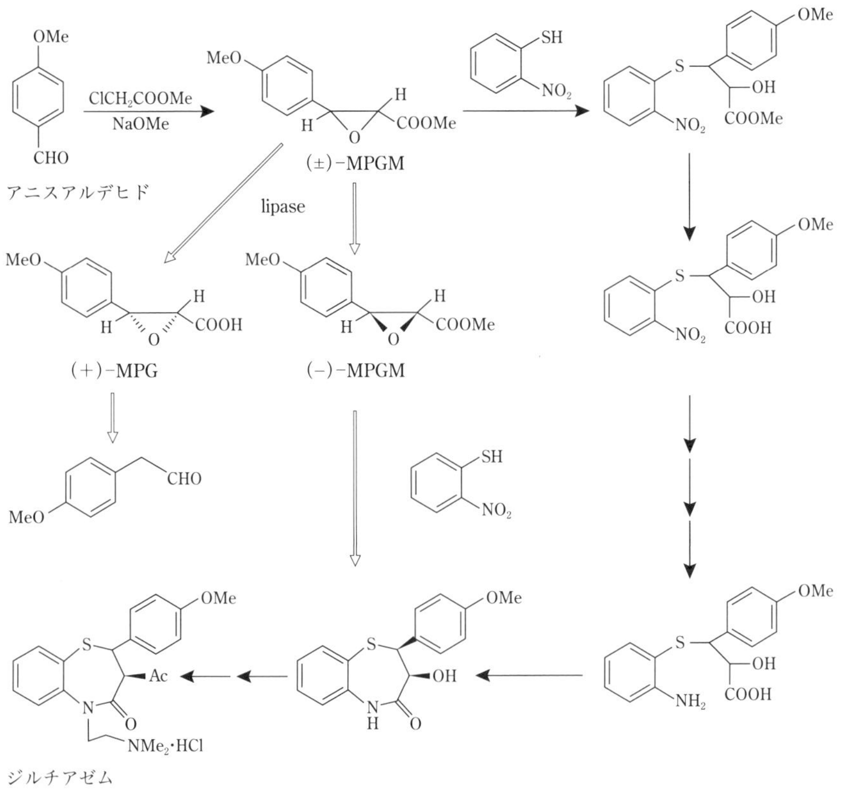

6.3 ファインケミカル製品の生産プロセス——ジルチアゼムの製造プロセス

図6.7 ジルチアゼムの合成経路
[H. Matsumae *et al.*, *J. Ferment. Bioeng.*, **75**, 93 (1993)]
図中→は従来の化学合成法での9工程，⇒は酵素を用いた光学分割を行った場合の工程（原料から製品までは5工程となる）．

高血圧の治療薬である冠血管拡張剤ジルチアゼムは従来，図6.7に示すように，アニスアルデヒドとクロロ酢酸メチルを原料として用い，化学的光学分割を含む9工程の化学合成法により製造されていた．最終生産物であるジルチアゼムには2つの不斉炭素が存在するため4つの光学異性体が存在することになるが，冠血管拡張剤としての薬理効果を示すのはそのうちの1つの異性体だけであり，他の異性体は副作用を生じる．目的の薬理効果を示す構造を有する唯一の化合物を合成するために多段階の反応工程を必要とし，その過程で多量の副生成物が生成してしまうという欠点があった．この製造工程の初期段階で生成する *trans*-3-(4-methoxyphenyl) glycidic acid methyl ester ((±)-MPGM) のうち，(−)-MPGM のみを得ることができれば，工程を5つ

にすることができる．以下では，ジルチアゼムの製造プロセスについて，プロセスが確立されるまでを順を追って見ていく．

(1) 最適な酵素を生産する微生物の探索

（±）-MPGM のうち（+）-MPGM の methyl ester にのみ作用する酵素が存在すれば，（+）-MPGM の methyl ester が加水分解によって取り除かれる．この加水分解により生成される（+）-MPG は（−）-MPGM との分離が容易であり，（−）-MPGM のみを容易に取得できる．そこで，（±）-MPGM のうち（+）-MPGM の methyl ester にのみ作用する加水分解酵素リパーゼの探索が行われた．市販の酵素や種々の微生物が産生する酵素，約 700 種類以上を検討した結果，グラム陰性の通性嫌気性細菌の一つである *Serratia marcescens* Sr40 8000 株が産生するリパーゼは（+）-MPGM の methyl ester にのみ作用し，その活性も比較的高いことがわかった．

(2) 酵素の高生産法の確立

目的の酵素が選択されると，その酵素を多量かつ安価に得る方法の確立が必要となる．酵素の高生産手法としては，

　(1) 培地成分や培養操作条件の検討
　(2) 突然変異誘発による高生産株の作製
　(3) 遺伝子工学的手法を用いた高生産系の構築

が検討される．*S. marcescens* のリパーゼに対してもこれらの手法が検討され，培養液あたりの酵素の生産性は，培地成分の最適化により 10 倍，突然変異誘発による高生産株の選択によりさらに 2.5 倍，流加培養法（流加操作）の採用によりさらに 5.3 倍，遺伝子工学的手法を用いることによりさらに 2 倍程度の向上が達成されている．

(3) 酵素の反応条件の最適化

ファインケミカル製品やその中間体の多くは難水溶性であることが多い．難水溶性の化合物を基質とする酵素反応を水溶液中で行う場合，基質濃度が低く，反応速度も遅くなる．酵素反応の溶媒として有機溶媒を用いることにより，基質濃度を高めることが可能となるが，酵素は基本的に水溶性であり，有機溶媒存在下での高い安定性を保持できる特別な酵素を使用しない限り，有機溶媒存在下では酵素は容易に変性し，触媒機能を喪失する．このような場合，難水溶性の有機溶媒を酵素溶液に添加し，水相には酵素を溶解し，有機溶媒相には基質を溶解する水−有機溶媒の 2 相系を用いることも検討される．ただし，水−有機溶媒界面での物質移動抵抗により全体的な反応速度が低下する．乳化することで水−有機溶媒界面の面積の増加と界面での物質移動の増加が見込めるが，乳化させるための強い撹拌による酵素の失活が懸念される．また，乳化した状態では生成物の分離が困難になることもある．ファインケミカル製品

やその中間体の中には，水中では不安定なものもあり，難水溶性の化合物を基質とする酵素反応では，溶媒の選択や反応操作条件，酵素の安定化などに細心の注意を払う必要がある．(±)-MPGM を基質とする反応系においても，基質の溶解度，生成物の分解抑制，酵素の安定性などが慎重に検討され，水-トルエン 2 相系が採用された．

(4) バイオリアクターの開発

酵素を触媒とするバイオプロセスを構築する際に，しばしば，酵素のコストが問題となる．酵素のコストを低減するには，酵素の安定性を高め，繰り返し使用できる方法を確立することが求められる．(±)-MPGM を基質とする反応系においては，酵素を膜に固定化した膜バイオリアクターが採用されている．「5.5.1　膜分離の特徴」でも解説されているが，図 6.8 のような緻密なスキン層と多孔質のスポンジ層で構成される非対称の中空糸膜が用いられている．酵素の大きさより小さい孔径を有するスキン層と酵素の大きさより大きな孔径を有するスポンジ層で構成される膜を用い，スポンジ層側から酵素を流せば，酵素はスポンジ層に固定されることになる．また，スポンジ層側に基質である (±)-MPGM を含む溶液を流せば，スポンジ層側の溶液の圧力がスキン層側の溶液の圧力より高くなり，溶液はスポンジ層側からスキン層に流れることになり，酵素は常にスポンジ層に固定される．酵素反応はスポンジ層でのみ行われるので，膜面積を広くすることが必要であり，分画分子量 50,000，内径 0.21 mm の中空糸膜が装着されたモジュール（図 6.9）をバイオリアクターとして採用している．なお，酵素の活性が低下した際には，スキン層側の溶液の圧力（図 6.10 の 2）をスポンジ層の圧力（図 6.10 の 1）より高めることにより，酵素をスポンジ層から容易に取り除くことが可能となる．

なお，水-トルエン 2 相系で乳化した状態での酵素活性の半減期は約 4 時間であったが，酵素を膜に固定化した状態での酵素活性の半減期は約 140 時間である．酵素の固定化により半減期が約 30 倍向上している．

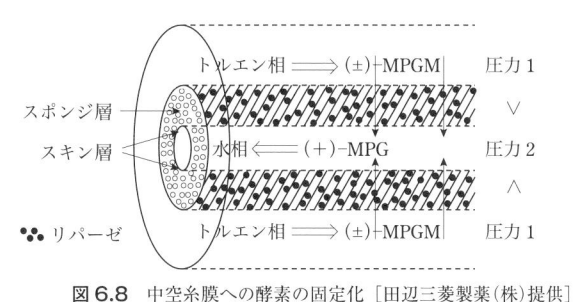

図 6.8　中空糸膜への酵素の固定化［田辺三菱製薬(株)提供］

第6章 バイオプロセスの実際

図6.9 ジルチアゼム中間体（±）-MPGMの光学分割に用いられている膜バイオリアクター［田辺三菱製薬(株)提供］

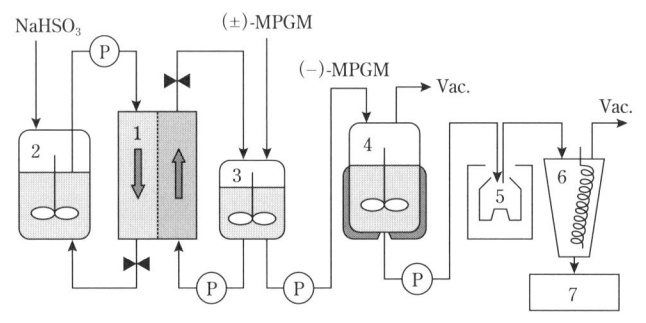

図6.10 ジルチアゼム中間体（−）-MPGMの生産に用いられているバイオプロセスの概要［田辺三菱製薬(株)提供］
1：膜バイオリアクター，2：中和槽，3：原料供給槽，4：晶析槽，5：分離器，6：乾燥機，7：製品，P：ポンプ，Vac.：減圧

　（±）-MPGMから（−）-MPGMのみを得るバイオプロセスの概要を図6.10に示す．図6.7では1つの工程であるが，本工程は膜バイオリアクターだけではなく，（+）-MPGの中和槽，未反応原料をリサイクルして膜バイオリアクターに供給する槽，生成物である（−）-MPGMを結晶化させる晶析槽，（−）-MPGMの結晶を連続的に回収する分離器，および乾燥機で構成されている．本バイオプロセスを採用することにより，副生成物の量が大幅に減少している．このように化学プロセスの触媒として生体触媒を用いることにより，反応工程数が減少し，副生成物の量を大幅に低減することが可能となる．副生成物の低減は使用する原料，使用する溶媒量，設備の低減につながり，最終的に生産コストや環境負荷を低減することができる．

6.4 ■ バイオリアクターの改良——気泡を使ったバイオプロセス

4章で紹介したように，好気条件で微生物を培養する際は通気型バイオリアクターが使用される．バイオリアクターにはいろいろな形式があり，さまざまな改良が加えられている．図6.11に示したのは通気型バイオリアクターの代表例で，標準型，エアーリフト型，二重管型などがある．これらのリアクターは機械的駆動部をもたないために構造が簡単であり，撹拌に必要な所用動力が少ない，培養細胞に加わるずり応力が少ない，気泡による均一な混合が行われるなどの特徴を有する．通気型バイオリアクターは反応槽の底部からガス分散器を通し，空気を培養槽に連続的に供給する．培養液の流動状態は空気の流速，培養液の物性，培養槽の径や深さによって変化する．供給空気流量が小さい場合は，分散器で発生した気泡は分裂も合体もせず，培養槽を上昇する．これを均一気泡流動状態と呼ぶ．空気の流速を増すと，気泡は合一，分裂を繰り返しながら分散器で発生したばかりの気泡径と異なる径となり，塔頂へ達する．これを不均一気泡流動状態とよぶ．

通気型バイオリアクターの操作時に培養槽内に存在するガスの容積比をガスホールドアップといい，気泡を含む培養液単位体積あたりの容積 $[m^3 \cdot m^{-3}]$ で表される．二重管型とエアーリフト型では培養槽内部に培養液の上昇部と下降部が分かれて設置される．上昇部にガスが供給されると，上昇部のガスホールドアップが下降管のガスホールドアップより大きくなり，見かけの密度差に基づく上昇流と下降流がそれぞれの管に形成され，安定な液循環流が生じる．二重管型バイオリアクターは円筒形のリ

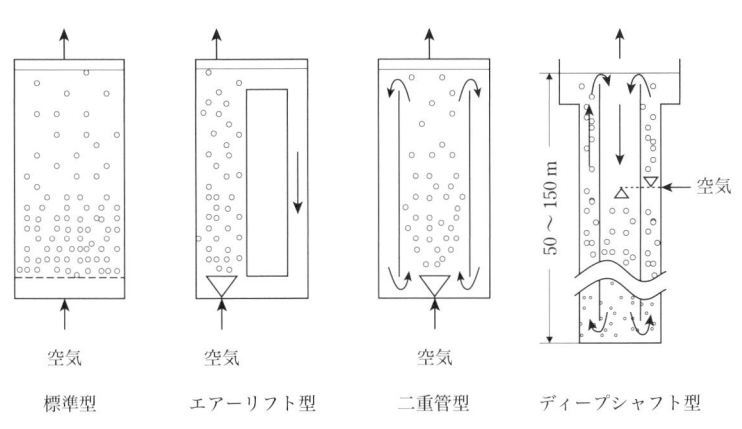

図6.11 通気型バイオリアクター

アクター本体（外筒）に小さな径の内筒（ドラフトチューブ）を内装した形式をとる．一般に，上昇流と下降流の流速を同じくするために，内筒の断面積と内筒と外筒に挟まれた空間の断面積は同一とする．

　二重管型バイオリアクターの実用例の一つにディープシャフト（深層ばっ気槽）がある．深層ばっ気槽は，直径 $1 \sim 6\,\mathrm{m}$，深さ $50 \sim 150\,\mathrm{m}$ であり，深い縦穴を掘り設置する．設置面積が小さくて済むことから都市部の廃水処理場などで用いられている．空気の供給口は内筒と外筒の2箇所に設置されている．スタートアップの際は外筒部のガス分散器に空気が供給される．外筒から内筒へ向かう液の循環流が生じてから外筒への空気の供給を止め，代わって内筒へ空気の供給を開始する．内筒へ供給された空気は下降流に沿ってリアクター底部へ移動する．下へ移動するほど圧力が増し，溶解酸素濃度が上昇する．ディープシャフトは気液の接触時間が長く，空気中に含まれる酸素を高効率で液相へ溶解させることができる．

　一般に用いられているガス分散器から放出される気体の径は mm のオーダーをもつミリバブルである．一方，特殊な分散器を用いることで $10 \sim 100\,\mathrm{\mu m}$ の微細な気泡を生成させることができ，そのような気泡群をマイクロバブルとよぶ．マイクロバブルは食塩水や洗剤を含む水を激しく振とうすることで容易に生成することができる．工業的にマイクロバブルを生成するには図6.12に示すような特殊な装置を用いる．筒状の容器の円周に沿ってポンプで加圧した液体を高速で供給する．供給された液体は円筒の外周に沿って高速旋回流を生じ，中央部の圧力が減少することで液体に溶けていた気体が溶出する．さらに外部から空気が円筒の中心線に向かって吸引される．

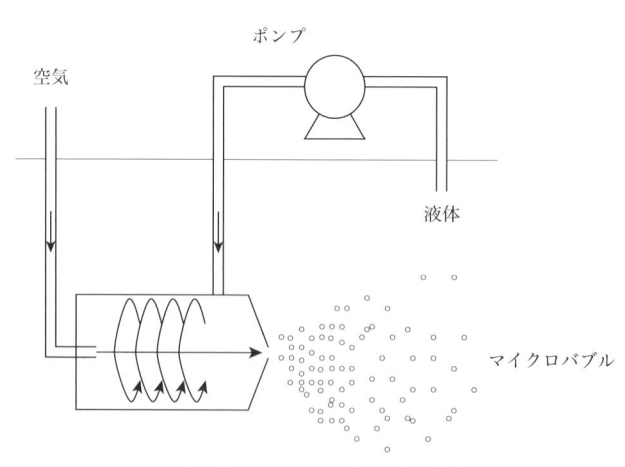

図6.12 マイクロバブルの発生装置

円筒の先端は円錐状に絞られており,旋回流のずり応力により空気塊が引きちぎられ,マイクロバブルが形成される.

マイクロバブルには以下に示すようなミリバブルにはないさまざまな特徴がある.

(1) 気泡の比表面積が増える

気泡の比表面積は気泡が球形の場合はその直径に反比例する.もし,気泡の内圧が気泡の大きさによって変化しないと仮定した場合,1 L の空気すべてを直径 1 mm の気泡に変換するとその全表面積は 6 m² である.一方,同じ量の空気を 10 μm のマイクロバブルに変換すると全表面積は 600 m² に達する.したがって,4.4.3 項で説明した $k_L a$ において比接触面積 a の値が大きくなる.

(2) 気泡の内圧が高くなる

気泡が 1 mm 以下の場合,球形となる.球形の気泡界面には界面張力 σ が働き,気泡の内圧とつりあい,次式が成立する.

$$\frac{\pi}{4} d_b p = \pi d_b \sigma \tag{6.1}$$

ここで,d_b は気泡の直径,p は内圧である.式 (6.1) を整理すると,

$$p = \frac{4\sigma}{d_b} \tag{6.2}$$

となる.式 (6.2) で示されるように,気泡径が小さいほど内圧は高くなり,気体の溶解に有利となる.水の表面張力は 0.073 N·m⁻¹ であるから,直径 10 μm の内圧は 2.92×10^4 Pa (約 0.3 気圧) となる.

(3) 気泡の上昇速度が遅くなる

1.3.3 項で液体中を落下する球状粒子の終末速度を定義したが,液体を上昇する気泡も浮力と抵抗力のつりあいから一定速度で上昇する終末速度 u_b が定義できる.u_b の値は気泡が 1 mm 以下の場合は,式 (1.32) で示される終末速度 u_t の約 1.5 倍となることが経験的に知られている.u_t の値は気泡粒径の二乗に比例することから,気泡径が小さくなると気泡の上昇速度は著しく減少する.たとえば,10 μm の気泡ではその上昇速度が 1 分間で数 mm 程度となる.

(4) ガスホールドアップの上昇

(3) と関連して,上昇速度が減少することにより個々の気泡が液体に滞留する時間が増すため,ガスホールドアップが増加する.

マイクロバブルには上記以外にもさまざまな応用例が報告されている.たとえば船底にマイクロバブルを連続的に供給すると,船体と水との間に発生する摩擦抵抗を減少させ,船の燃費を向上させることができる.マイクロバブルによる摩擦低減のメカ

ニズムはまだ完全に解明されていないが，流体粘度の減少や，密度の小さい気泡が船底に集まることにより，船底と流体とのつながりが弱まる効果などが考えられている．また，オゾンをマイクロバブルとして供給することにより，水環境に存在する細菌やウイルスの殺菌，難分解性有機物の酸化分解などが報告されている．マイクロバブルは日本で生まれた技術である．小さな気泡を作るといった単純ともいえる単位操作の開発が，工業や家庭生活にさまざまな恩恵をもたらしてくれた好例である．

6.5 ■ 超臨界流体を用いたプロセス

5章で記したように，超臨界流体とは臨界圧力・臨界温度以上に達した流体であり，粘性が液体よりも小さいため，輸送抵抗が小さく，注目成分が存在している動植物の組織内部への浸透性にすぐれている．また，注目成分の拡散係数が気体中と同程度に大きいため，同じ濃度勾配の下であっても物質移動の流束が大きいことが期待できる．この特徴から抽出や反応の媒体として古くから利用されている．なかでも二酸化炭素は，臨界温度（31.1℃）が常温に近く，臨界圧力（7.4 MPa）も水の臨界点と比べて低く，また残留毒性の懸念もないため，コーヒー豆からのカフェイン除去を端緒として，食品・医薬品成分の抽出分離の媒体として工業的規模で利用されている．

表6.5は超臨界流体によって抽出される薬理効果が期待できる機能性成分である．表中の成分はすべて超臨界二酸化炭素抽出技術が適用可能なものであり，医薬品成分の抽出に多くの期待が集まっていることが明らかである．すでに工業規模のプロセスとして稼働しているものもある．

6.5.1 ■ 超臨界流体を用いた抽出

天然物からの機能性成分の抽出は，古くは漢方薬の煎じ薬のように，お湯で煮出す一種の固液抽出に頼っていた．この場合，高温下での揮発性の芳香成分の回収分離が困難である．生理活性を有する医薬成分として，あるいは食品の風味成分として，揮発性成分は重要であり，超臨界流体による抽出分離が特に期待されている．

身近な食品製造の例として，ゴマ油の抽出分離を取り上げる．図6.13は韓国で行われている超臨界二酸化炭素によるゴマ油の抽出プラントの写真である．従来法によるゴマ油の製造は煎りゴマを粉砕し，硬い種皮を破壊した後に圧縮する必要があった．粉砕時に発生する熱によって，芳香成分が揮発して風味が損なわれるとともに，油脂中の不飽和結合の酸化が進み，味覚も損なわれる懸念があった．韓国の食文化においてゴマ油は高い需要があり，超臨界二酸化炭素抽出によって，雑味のない良質のゴマ

表 6.5 超臨界二酸化炭素によって抽出される機能性成分
[福里隆一, 後藤元信, 化学工学, **75**, 437 (2011), 表 1]

機能性補助食品素材	機能	超臨界流体の適用
のこぎりやし	前立腺	◎
カバカバ	抗不安薬	
ハーソーン	強心薬	
朝鮮ニンジン	強壮剤	◎
ニンニク	循環器系	◎
銀杏	認知症	
西洋おとぎり草	うつ病	
カモミール	皮膚病	◎
エキナセア	風邪／インフルエンザ	◎
ブラックコホッシュ	婦人病	
ルテイン	白内障, 加齢黄斑変性	◎
フラボノイド	抗がん	
イソフラボン	更年期障害, 循環系	
魚油脂肪酸	循環系	◎
月見草	抗炎症	◎
フィトステロール	循環系	◎
トコフェロール	抗酸化	◎
リン脂質	認知症	◎

◎はすでに実生産されているものである.

図 6.13 ゴマ油の抽出のための超臨界二酸化炭素抽出プラント (韓国) 抽出槽の大きさは 2400 L × 2.
[福里隆一, 後藤元信, 化学工学, **75**, 437 (2011), 写真 1]

第6章 バイオプロセスの実際

図 6.14 トコフェロール濃縮のための超臨界向流接触装置（中国）
大きさは 350 L×2.
［福里隆一，後藤元信，化学工学，**75**, 437 (2011)，写真 2］

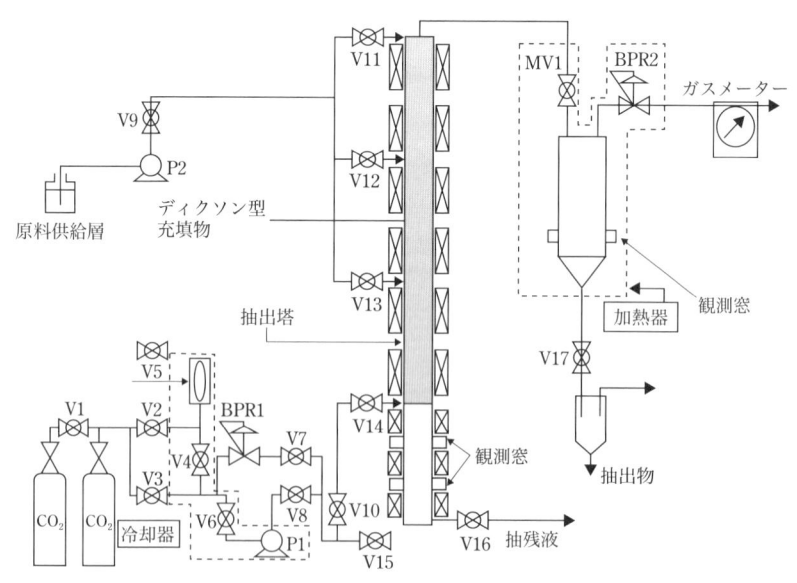

図 6.15 図 6.14 の装置のプロセスフロー
［福里隆一，後藤元信，化学工学，**75**, 437 (2011)，図 2 を改変］

油が安全性の高いプロセスで製造できるようになり広く市販されている．

また，図 6.14 は中国にあるトコフェロール濃縮のための超臨界向流接触装置の写真である．図 6.15 はその装置のプロセスフローである．この場合，単に超臨界二酸化炭素によって抽出分離を行うだけでなく，蒸留（精留）操作と同様に，抽出液の一部を再び段塔に還流させて，抽出液と向流接触させることにより，抽出濃度を高めることに成功している．従来の蒸留操作で蓄積された化学工学の操作論が超臨界二酸化炭素抽出に巧みに活かされている．

6.5.2 ■ 超臨界流体を用いた滅菌

食品加工において，一般に広く普及している滅菌法は加熱滅菌法である．低コストかつ簡易な操作であることなどから，さまざまな食品に対して用いられている．しかしながら，加熱処理は，食品の不可逆的変質や，食品中の機能性物質の失活や劣化を引き起こすおそれがあるため，食品の品位を損なうことのない，安全性の高い非加熱による滅菌法の開発が期待されている．

非加熱滅菌法の一つとして，古くから加圧ガスによる滅菌法の研究が行われている．アルゴンや窒素，一酸化窒素などの気体も検討されており，二酸化炭素の滅菌も高い効果が認められている．二酸化炭素による滅菌効果の要因として，水に対する溶解度が高く，溶液の pH が酸性にシフトすることが指摘されているが，そこに高圧の効果が加わることによって殺菌が加速されると考えられている．繰り返し述べているように，二酸化炭素は臨界温度が常温に近く，熱変性の懸念や残留毒性の心配もない．また，加熱殺菌は温度分布の影響を受けるが，圧力は瞬間的に対象物の全領域に及ぶため，均一な効果が期待できる点で優れている．食品の殺菌について法令的な安全基準の多くが加熱殺菌に基づいて決められているので，実際のプロセスでの応用例が少ないようであるが，今後は政策的にも支援して広く普及が望まれる方法である．

6.6 ■ 新しい乾燥・脱水プロセス──食品および廃棄物に対して

食品の質量はほぼ水分由来であることは自明であり，食品の乾燥や脱水，あるいは製造中や廃棄物の水分を除去することは，輸送コストの著しい低減につながり，焼却処分の際の燃料節約にも大いに貢献する．食品の乾燥は保存食の開発においても重要であり，食に関係するバイオプロセスにとって水分の取り扱いは古くて新しいテーマである．食品の乾燥については食品工学関係の成書に詳細な記述があるので，これらを参照いただきたい．ここでは，新しい脱水装置の一例を紹介しておく．

第6章 バイオプロセスの実際

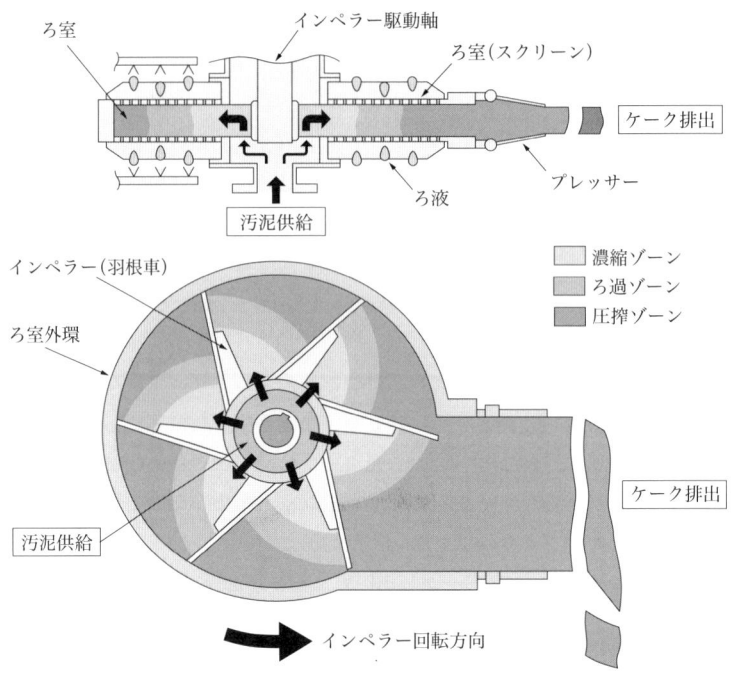

図6.16 インペラープレスの構造 [(株)石垣 提供]

　図6.16 に示すインペラープレス方式はおもに廃水処理の用途に開発された連続式ろ過装置である．凝集装置によってフロック化された原液を本体内に蓄積されているケーク層に送り，そこで脱水を行うという機構である．また，本体内に設置された回転する羽根車でケークを出口方向に送り，同時に金属ろ材の付着物を除去し，連続的に脱水を継続することができる．一定時間脱水を継続した時点で，金属ろ材は水によって洗浄され，再び利用される．連続脱水，および，ろ材が長寿命で運転・維持管理が容易である．

6.7 ■ まとめ

6章ではバイオプロセスの具体例について，最近の展開を中心に紹介した．こうした実際のバイオプロセスにおける基盤は，本書の各章において説明してきた内容と密接に関係していることに気づくだろう．

特に，培養装置やバイオリアクター内においては熱および物質の拡散，移動現象に関する，新しいろ過装置においては流体の運動状態に関する化学工学の基盤が重要な役割を果たしている．マイクロバブルやマイクロエマルションでは界面科学の役割も大きく，界面を著しく増大させることによって，溶媒は単なる媒体に留まらず，機能性を帯びた媒体に進化している．また，超臨界流体を抽出溶媒として用いる技術はすでに実用されており，日常的な食品製造にまで波及している．

生物化学工学の知見は，今や食品，化粧品，医薬品の安定した工業規模の製造に欠かせない技術的基盤である．今後の生物化学工学は生命科学との知的融合がいっそう進展し，環境や生体への適合性にすぐれた化学プロセスの誕生をもたらす原動力として発展していくことが期待される．

演習問題の略解

■ 1章
- 【1】 $1.107 \times 10^6 \, \text{kg} \cdot \text{m}^{-1} \cdot \text{s}^{-2}$, $1.107 \, \text{MPa}$
- 【2】 $92.0 \, \text{mol}$
- 【3】 $1.27 \, \text{m} \cdot \text{s}^{-1}$, $Re = 25400$（乱流）
- 【4】 $7.1 \, \text{m} \cdot \text{s}^{-1}$
- 【5】 $540 \, \text{J} \cdot \text{kg}^{-1}$
- 【6】 $6.8 \times 10^{-7} \, \text{m} \cdot \text{s}^{-1}$
- 【7】 $0.19 \, \text{kg} \cdot \text{m}^{-1} \cdot \text{s}^{-1}$

■ 2章
- 【1】 表現型の形質では，適用できない生物も多い．また系統樹上の上下関係を説明することはできない．

  リボソームという生物の本質にかかわる機能をもったRNAなので配列の保存性が高く，きわめて関係の遠い生物どうしでも配列の比較が可能である．真核生物，原核生物問わずすべての種に存在し，機能変化に伴う遺伝子の変異がこれからも起きる可能性がきわめて少ない．遺伝子の長さが適当に長く（1600 dp程度），系統解析に十分な情報量をもつ．比較的変異しやすい部位も存在し，近縁な種でも比較が可能である．
- 【2】 $6 \, \text{ng}$，$2.34 \times 10^{-15} \, \text{m}$
- 【3】 $30 \, \text{mol}$，約 $15 \, \text{kg}$
- 【4】 化学浸透圧説では膜の内外のプロトンの駆動力によりATPが合成される．好アルカリ性菌では外のpHが高く細胞内のpHが低いため，ATP合成のための駆動力は膜の内外の膜電位差による寄与が大きい．この大きな膜電位差を形成するためにNa$^+$が必要である．
- 【5】 （例）5′-ATG-GCT-CAA-CTT-TCT-GAA-TGT-AAT-GAT-CGT-AAA-TGG-ATT-3′

  複数のコドンが対応するアミノ酸では，tRNAの量の違いにより翻訳の効率が変化し，発現量が変化する．
- 【6】 アルコール脱水素酵素の活性が高く，アセトアルデヒド脱水素酵素の活性が低い人．
- 【7】 D体のアミノ酸はアミノ酸ラセマーゼによりL体のアミノ酸から合成される．

D体のアミノ酸を含んでいることにより，プロテアーゼによる分解を免れることができる．

【8】35 サイクル

【9】RNA は，リボースの 2′ 炭素にヒドロキシ基が付加しているために加水分解されやすい．一方，同じ位置にヒドロキシ基をもたない DNA は加水分解反応を受けにくい．DNA は細胞内に安定に存在する必要があるが，RNA は必要に応じて転写→翻訳によりタンパク質合成に関与した後，速やかに分解し，別の RNA 合成用の原料として細胞内でリサイクルされる．

【10】（ヒント）生成物を含まない培養液はニュートン液体であるが，細胞が懸濁質として加わると見かけ上粘度が変化する．高濃度になると非ニュートン液体となる．細胞濃度が高くなると，細胞 1 個あたりに利用可能な培養液量が減少すること，細胞どうしの相互作用が顕著になること，培養細胞が細胞外に生産する物質などに注意する．

【11】（ヒント）G_1 期：DNA 合成の準備期間．RNA が合成され，必要なタンパク質が合成される．培養条件によって長さが変化する．S 期：DNA 合成期間．細胞種によりほぼ一定の長さである．G_2 期：細胞分裂の準備期間．M 期：細胞分裂が観察される期間．

【12】（ヒント）共通の機能と個別の機能に留意する．

【13】（ヒント）藻類の種類, 至適 pH, 細胞の大きさ, エネルギー獲得形式とエネルギー供給方式などに注意する．

【14】（ヒント）細胞壁の有無，集塊の形成，増殖に必要な条件，酸素や栄養の供給などに注意する．

【15】遺伝子組換え大腸菌のタンパク質生産性は，一般に他の発現系よりも高い．しかし，発現されたタンパク質は，封入体とよばれる不溶性物質として細胞に蓄積される場合がある．封入体を形成したタンパク質は正しい高次構造を形成しないため，分離回収したのちに変性し，再び活性化（refolding）させる必要がある．一方，培養の際に平常温度より 5～10℃ 程度高い温度変化を急激に与えると，熱ショックタンパク質が発現される．大腸菌では GroEL とよばれる熱ショックタンパク質が生産され，熱変性したタンパク質の再活性化に働く．42℃ の培養で GroEL を菌体内に生産させ，低温培養（25～30℃）で徐々に目的タンパク質を発現させると，発現タンパク質が GroEL の作用で正しい高次構造を形成し，活性型のタンパク質生産が期待できる．

【16】0.969

【17】インターロイキン-1 の場合：
(1) 化学構造：153 個のアミノ酸からなる単純タンパク質
   薬効：抗体産生の向上，腫瘍免疫の増強，T 細胞・B 細胞の活性化など
(2) リンパ芽球，線維芽細胞，大腸菌
(3) 組換え大腸菌を使用する際の製造手順の例：
   （ヒント）以下の項目をフローチャートにまとめる．
   ・製造用細胞の融解：　・試験管培養（l–broth，37°C，15〜20 時間）
   ・フラスコ培養（l–broth，37°C，8〜10 時間）
   ・生産培養（200 L ジャーファーメンター，14 時間）
   ・遠心分離　・菌体破砕　・ろ過　・カチオンクロマトグラフィー
   ・カチオン交換 HPLC　・ゲルろ過 HPLC
   ・緩衝液（20 mM リン酸，pH 7）交換　・濃度調整・除菌

■3 章

【1】(1) $Y_{X/S} = 0.59 \times (CH_{1.74}N_{0.2}O_{0.45}$ の分子量$)/C_6H_{12}O_6$ の分子量は
   7.8×10^{-2} g–cell·g^{-1}–substrate
(2) $Y_{C2H5OH/S} = 0.33$ g–C_2H_5OH·g^{-1}–substrate
   $Y_{CO2/S} = 0.38$ g–CO_2·g^{-1}–substrate
   $Y_{C3H8O3/S} = 0.22$ g–$C_3H_8O_3$·g^{-1}–substrate
(3) 窒素の収支より
   $\alpha = 0.59 \times 0.2 = 0.118$

【2】$a = 2.92$，$b = 0.011$，$c = 0.075$，$d = 1.93$，$e = 2.95$
   $Y_{X/S} = 0.036$ g–cell·g^{-1}–substrate
   $Y_{X/O} = 0.018$ g–cell·g^{-1}–O_2

【3】(1) ヘキサデカン使用時：$a = 11.8$，$b = 2.19$，$c = 2.54$，$d = 11.0$，$e = 4.80$
   グルコース使用時：$a = 1.27$，$b = 0.82$，$c = 0.95$，$d = 3.76$，$e = 1.82$
(2) ヘキサデカン使用時：$Y_{X/S} = 1.03$，$Y_{X/O} = 0.61$
   グルコース使用時：$Y_{X/S} = 0.48$，$Y_{X/O} = 2.14$
(3) （ヒント）基質として，グルコースはアルカンより酸化度（酸素結合量）が多いことに着目する．

【4】$Y_{kJ} = 0.0082$ g–cell·kJ^{-1}

【5】燃焼熱量から求める場合：$Y_{kJ} = 0.027$ g–cell·kJ^{-1}
   酸素消費量から求める場合：$Y_{kJ} = 0.029$ g–cell·kJ^{-1}

【6】(1) 61 min　(2) 3 倍　(3) 2.6 倍
【7】大腸菌：69 min, BHK 細胞：553 min

■ 4 章

【1】(ヒント) 6 章を参照.
【2】回分バイオリアクター・一次反応

$$t = \int_{C_{S0}}^{C_S} \frac{dC_S}{r_S} = \int_{C_S}^{C_{S0}} \frac{dC_S}{-r_S} = \int_{C_S}^{C_{S0}} \frac{dC_S}{k_1 C_S} = \frac{1}{k_1} \left[\ln C_S \right]_{C_S}^{C_{S0}} = \frac{1}{k_1} \ln \frac{C_{S0}}{C_S}$$

回分バイオリアクター・二次反応

$$t = \int_{C_{S0}}^{C_S} \frac{dC_S}{r_S} = \int_{C_S}^{C_{S0}} \frac{dC_S}{-r_S} = \int_{C_S}^{C_{S0}} \frac{dC_S}{k_2 C_S^2} = \frac{1}{k_2} \left[-\frac{1}{C_S} \right]_{C_S}^{C_{S0}} = \frac{1}{k_2} \left(\frac{1}{C_S} - \frac{1}{C_{S0}} \right)$$

回分バイオリアクター・Michaelis—Menten の式に従う酵素反応

式 (4.14)

連続槽型バイオリアクター・一次反応

$$\tau = \frac{C_{S0} - C_S}{-r_S} = \frac{C_{S0} - C_S}{k_1 C_S}$$

連続槽型バイオリアクター・二次反応

$$\tau = \frac{C_{S0} - C_S}{-r_S} = \frac{C_{S0} - C_S}{k_2 C_S^2}$$

連続槽型バイオリアクター・Michaelis–Menten の式に従う酵素反応

$$\tau = \frac{C_{S0} - C_S}{-r_S} = \frac{(C_{S0} - C_S)(K_m + C_S)}{V_{max} C_S}$$

管型バイオリアクター・一次反応

$$\tau = \int_{C_{S0}}^{C_S} \frac{dC_S}{r_S} = \int_{C_S}^{C_{S0}} \frac{dC_S}{-r_S} = \int_{C_S}^{C_{S0}} \frac{dC_S}{k_1 C_S} = \frac{1}{k_1} \left[\ln C_S \right]_{C_S}^{C_{S0}} = \frac{1}{k_1} \ln \frac{C_{S0}}{C_S}$$

管型バイオリアクター・二次反応

$$\tau = \int_{C_{S0}}^{C_S} \frac{dC_S}{r_S} = \int_{C_S}^{C_{S0}} \frac{dC_S}{-r_S} = \int_{C_S}^{C_{S0}} \frac{dC_S}{k_2 C_S^2} = \frac{1}{k_2} \left[-\frac{1}{C_S} \right]_{C_S}^{C_{S0}} = \frac{1}{k_2} \left(\frac{1}{C_S} - \frac{1}{C_{S0}} \right)$$

管型バイオリアクター・Michaelis–Menten の式に従う酵素反応

$$\tau = \frac{K_m}{V_{max}} \ln \frac{C_{S0}}{C_S} + \frac{C_{S0} - C_S}{V_{max}}$$

【3】$K_m = 40$ mM, $V_{max} = 6$ mM min^{-1}
【4】基質阻害を生じている酵素反応では,反応速度が最大となる基質濃度が存在する.

よって，図4.8に示したグラフでは下に凸の曲線になる．空間時間を最小にするには，反応速度が最大となる基質濃度までは連続槽型バイオリアクターを用いて反応し，それ以降は管型バイオリアクターを用いて反応させる．

【5】(1) 0.53　(2) 0.10 h^{-1}　(3) 0.050 g·L^{-1}·h^{-1}　(4) 0.50 h^{-1}
　　(5) 1.4 h　(6) 0.050 h^{-1}　(7) 0.42 h^{-1}

【6】K_m = 0.10 mol·m^{-3}, V_{max} = 0.012 mol·m^{-3}·s^{-1}

【7】K_m = 0.90 mol·m^{-3}, V_{max} = 0.022 mol·m^{-3}·s^{-1}

【8】440 h^{-1}

■ 5章

【1】2.91 m^3·h^{-1}

【2】24.4 S

【3】13.9 h

【4】下図のように，軸 $\overline{AB}$ 上に点 F(x_A = 0.4) をとり，点 C と結び，$\overline{FM}:\overline{MC}$ = 70 : 30 になるように点 M を決める．点 M に最も近いタイラインを平行移動して点 M 上にとり，溶解度曲線との交点をそれぞれ点 E, R とし，それぞれの座標を読む．x_A は直角二等辺三角形の縦軸 $\overline{AB}$ より，x_C は横軸 $\overline{BC}$ より容易に読み取ることができる．x_B はすでに記したように $x_B = 1.0 - x_A - x_C$ より求めると便利である．抽残液を示す点 R は (0.18, 0.74, 0.08)，抽出液を示す点 E は (0.12, 0.04, 0.84) である．

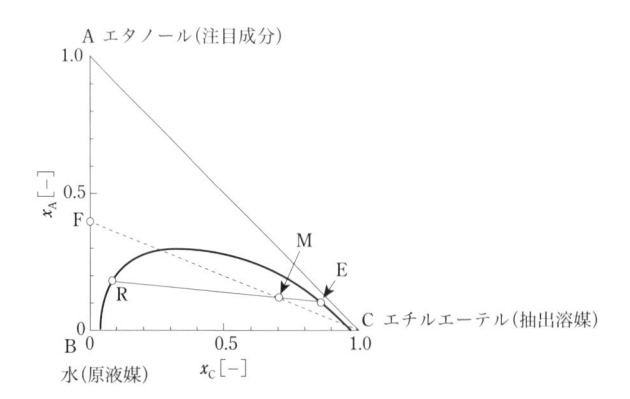

【5】抽出液の質量：82 kg，抽残液の質量：18 kg，抽出率 82%

参　考　書

　「初級」は生物化学工学の分野への入門書，「中級」は本書と同等の難易度の書籍，「専門的」は各論に関してより詳細に学びたい方向けの書籍である．

［全般に関連する参考書］

初級
- 一島英治，酵素——ライフサイエンスとバイオテクノロジーの基礎，東海大学出版会（2001）
- 小林　猛，バイオプロセスの魅力，培風館（1996）
- 今中忠行，バイオテクノロジー Q&A，科学技術社（1989）

中級
- 山根恒夫，生物反応工学　第3版，産業図書（2002）
- 小林　猛，本多裕之，生物化学工学，東京化学同人（2002）
- 矢野俊正，食品工学・生物化学工学，丸善（1999）
- 松野隆一，東稔節治，菅　健一，宮脇長人，松本幹治，生物化学工学，朝倉書店（1996）
- 吉田敏臣，培養工学，コロナ社（1998）
- 合葉修一，A. E. Humphrey，N. F. Millis 著，永谷正治　訳，生物化学工学　第2版，東京大学出版会（1986）
- 合葉修一，永井史郎，生物化学工学，科学技術社（1975）
- M. L. Shuler, F. Kargi, *Bioprocess Engineering : Basic Concepts, 2nd Edition,* Prentice Hall（2001）
- D. S. Clark, H. W. Blanch, *Biochemical Engineering,* CRC Press（1997）
- J. E. Bailey, D. F. Ollis, *Biochemical Engineering Fundamentals, 2nd Edition,* McGraw-Hill（1986）

専門的
- 駒嶺　穆　監修，植物細胞培養と有用物質（普及版），シーエムシー（2000）
- 日本動物細胞工学会　編，動物細胞工学ハンドブック，朝倉書店（2000）

参 考 書

[化学工学全般に関する参考書]

中級

- 山下福志，香川詔士，小島紀徳，最新の化学工学，産業図書（2010）
- 鈴木善孝，化学工学の基礎，東京電機大学出版局（2010）
- 松本道明，三浦孝一，福田秀樹，薄井洋基，標準化学工学，化学同人（2006）
- 橋本健治，ベーシック化学工学，培風館（2006）
- 竹内 雍，松岡正邦，越智健二，茅原一之，解説 化学工学 改訂版，培風館（2001）
- 橋本健治，荻野文丸 編，現代化学工学，産業図書（2001）
- 柘植秀樹，上ノ山 周，佐藤正之，国眼孝雄，佐藤智司，化学工学の基礎，朝倉書店（2000）
- 海野 肇，白神直弘，「化学の原理を応用するための工学的アプローチ」入門，信山社サイテック（1999）
- 化学工学会 編，基礎化学工学，培風館（1999）
- 小島和夫，越智健二，本郷 尤，加藤昌弘，鈴木 功，栃木勝己，入門化学工学 改訂版，培風館（1996）
- 大竹伝雄，中尾勝實，化学工学演習，丸善（1994）
- 高松武一郎，化学工学への招待，朝倉書店（1995）
- 大竹伝雄，化学工学概論，丸善（1988）
- 化学工学教育研究会 編，新しい化学工学，産業図書（1991）
- 化学工学教育研究会 編，新しい化学工学演習，産業図書（1991）
- 疋田晴夫，改訂新版 化学工学通論 I，朝倉書店（1982）
- 井伊谷鋼一，三輪茂雄，改訂新版 化学工学通論 II，朝倉書店（1982）

専門的

- 化学工学会 編，改訂七版 化学工学便覧，丸善（2011）
- 橋本健治，改訂版 反応工学，培風館（1993）
- H. Scott Fogler, *Elements of Chemical Reaction Engineering, 4th Edition,* Prentice Hall（2005）
- O. Levenspiel, *Chemical Reaction Engineering, 3rd Editon,* John Wiley & Sons（1999）
- J. M. Coulson, J. F. Richardson, *Chemical Engineering Vol. 3, 3rd Editon,* DA Information Services（1994）

［生物化学に関連する参考書］

中級

- B. Alberts ほか著，中村桂子，松原謙一 監訳，Essential 細胞生物学 原書第 3 版，南江堂（2011）
- J. L. Tymoczko，J. M. Berg，L. Stryer 著，入村達郎，岡山博人，清水孝雄 監訳，ストライヤー 基礎生化学，東京化学同人（2010）
- J. L. Tymoczko，J. M. Berg，L. Stryer 著，入村達郎，岡山博人，清水孝雄監訳，ストライヤー生化学 第 6 版，東京化学同人（2008）
- D. Voet，J. G. Voet 著，田宮信雄，八木達彦，遠藤斗志也，村松正実，吉田 浩 訳，ヴォート生化学第 3 版（上・下），東京化学同人（2005）
- 永井和夫，虎谷哲夫，中森 茂，掘越弘毅，微生物工学，講談社（1996）
- 新家 龍，今中忠行，微生物工学入門，朝倉書店（1991）

専門的

- G. N. Stephanopoulos, J. Nielsen, A. A. Aristidou 著，清水 浩，塩谷捨明 訳，代謝工学——原理と方法論，東京電機大学出版局（2002）
- 日本生化学会 編，細胞機能と代謝マップ，東京化学同人（1997）
- 上木勝司，永井史郎，嫌気微生物，養賢堂（1993）
- B. Alberts, A. Johnson, J. Lewis, M. Raff, K. Roberts, P. Walter, *Molecular Biology of the Cell, 5th Edition,* Garland Science（2008）

［生物化学量論・速度論に関連する参考書］

中級

- 大西正健，生物化学実験法 21 酵素反応速度論実験入門，学会出版センター（2000）
- 田中渥夫，松野隆一，酵素工学概論，コロナ社（1995）
- 掘越弘毅，北爪智也，虎谷哲夫，青野力三，酵素——科学と工学，講談社（1992）
- 合葉修一，永井史郎，生物化学工学——反応速度論，科学技術社（1988）
- 山中健生，微生物のエネルギー代謝，学会出版センター（1986）
- 日本醱酵工学会 編，微生物工学——基礎と応用，産業図書（1983）
- G. P. Royer 著，大西正健 訳，酵素科学の基礎，Wiley Japan（1982）

専門的

- I. H. Segel, *Enzyme Kinetics-Behavior and Analysis of Rapid Equilibrium and Steady-State Enzyme Systems,* John Wiley & Sons（1993）

参 考 書

[バイオセパレーションに関連する参考書]
中級
- 化学工学会 分離プロセス部会 編，分離プロセスの基礎，朝倉書店（2009）
- 古崎新太郎，今井正直，バイオ生産物の分離工学，培風館（1999）
- 化学工学会 生物分離工学特別研究会 編，バイオセパレーションプロセス便覧，共立出版（1996）
- 林 弘通，堀内 孝，和仁皓明，基礎食品工学，建帛社（1996）
- 古崎新太郎，バイオセパレーション，コロナ社（1993）
- 矢野俊正，食品工学基礎講座1：食品工学の基礎，光琳（1992）
- 中村厚三，佐々木洋吉，山本修一，豊倉 賢，食品工学基礎講座8：分別と精製，光琳（1991）
- 古崎新太郎，分離精製工学入門，学会出版センター（1989）
- 福井三郎 監修，佐田栄三 編，バイオ生産物の分離・精製，講談社（1988）

[その他]（【 】内の「序」および数字は関連する章を示す）
- 海野 肇，松村正利，藤江幸一，片山新太，丹治保典，環境生物工学，講談社（2002）【序】
- 中村和憲，環境と微生物——環境浄化と微生物共存のメカニズム，産業図書（1998）【序】
- 林 弘通，堀内 孝，和仁皓明，基礎食品工学，建帛社（1996）【序, 4, 5】
- 化学工学会監修，小川浩平，吉川史郎，黒田千秋，ケミカルエンジニアの流れ学，培風館（2002）【1】
- 宝沢光紀，菊地賢一，塚田隆夫，都田昌之，米本年邦，拡散と移動現象，培風館（1996）【1】
- 日本化学会 編，化学便覧応用化学編第6版，丸善（2003）【1, 3, 4】
- 山田秀明，上野民夫，土佐哲也 編，ハイブリッドプロセスによる有用物質生産——生化学反応と有機合成反応の組合せ（化学増刊119），化学同人（1991）【2, 3】
- 千畑一郎，土佐哲也，松野隆一，佐藤忠司，森 孝夫，固定化酵素，講談社（1975）【2, 3, 4】
- 藤井建夫，微生物制御の基礎知識，中央法規出版（1997）【4】
- 芝崎 勲，改訂新版・新・食品殺菌工学，光琳（1998）【4, 5】
- 山根恒夫，塩谷捨明 編，バイオプロセスの知的制御，共立出版（1997）【4, 5】
- 清水和幸，バイオプロセス解析法——システム解析原理とその応用，コロナ社（1997）【4, 5】
- 海野 肇，岸本通雅，清水和幸，バイオプロセス工学——計測と制御，講談社（1996）【4, 9】
- 竹内 雍，吸着分離，培風館（2000）【5】
- 日経バイオテク編集部，日経バイオ年鑑，日経BP社（毎年）【6】

索　引

■ 数字・欧文

0.7 乗則　5
3R　8
ATP　47
ATP 合成酵素複合体　59
CFU　116
Cornish-Eisenthal-Bowden プロット　108
CSTB → 連続槽型バイオリアクター
DNA ポリメラーゼ　51
DNA リガーゼ　79
Eadie-Hofstee プロット　106
EC 番号　62
Fanning の式　34
Fick の第 1 法則　27, 147
Fourier の式　28
Freundlich 型の吸着等温式　186
Gaden の分類　123
G-CSF　10
Hagen-Poiseuille の式　33
Hanes-Woolf プロット　106
Henry 型の吸着平衡　185
Henry 定数　157
Henry の法則　157
Hill 係数　112
Langmuir 型の吸着等温式　186
Lineweaver-Burk プロット　106, 187
Luedeking-Piret の式　123
Michaelis 定数　105
Michaelis-Menten の式　105, 134
Monod の式　118, 137
Nernst の分配則　201
PCR　77
PFB → 管型バイオリアクター
Prandtl-Karman の 1/7 乗則　33
RNA　48

RNA ポリメラーゼ　52
Ruth の式　181
Stokes の式　178
tRNA　54

■ 和文

ア

アクリルアミド　17
足場依存性細胞　71
アフィニティー　174
　──吸着　185
　バイオ──法　144
アポ酵素　63
アポトーシス　41
アミノ酸　44
アロステリック酵素　112
アンフィンセンのドグマ　55
イオン結合法　144
異化代謝　93
育種　2
イーグル最少必須培地　71
維持定数　119
遺伝子組換え
イントロン　53
インペラープレス　228
ウォッシュアウト　141
牛胎児血清　71
液境膜　147
　──物質移動係数　157
エキソン　52
液胞　42
エリスロポエチン　10
塩基　47
遠心効果　179

索　引

エンドサイトーシス　42
エンドソーム　42
エントレーナー　202
オーキシン　72
押し出し流れ　129
オートファゴソーム　42
オートファジー　42, 57
オリバー型ろ過器　184

カ

解糖系　58
回分操作　127
回分バイオリアクター　128, 132
　　──を用いた酵素反応　134, 137
回分滅菌操作　162
解離速度定数　104
解離定数　105
解離平衡定数　112
化学浸透圧説　58
架橋法　146
核　41
核酸　47
拡散係数　27, 147
拡散のフラックス　26
ガス吸収　156
ガス境膜　157
　　──物質移動係数　157
カタール　62
活性汚泥　19
活性化エネルギー　61
下流プロセス　6, 171
カルス　72
カルタヘナ法　86
管型バイオリアクター　129, 133
管型モジュール　194
干渉沈降　178
完全混合　128, 129
基質　94
　　──消費速度　121
　　──阻害　111, 137
　　──の飽和定数　118

酵素-──複合体　103
　　制限──　118, 138
希釈率　133, 140
擬塑性流体　31
拮抗型の阻害形式　108
擬定常状態　146
逆洗　194
逆ミセル　146
キャビテーション　177
吸着　184
吸着等温式　185
境膜　147
　　液──　147
　　ガス──　157
　　──物質移動係数　148
共役線　200
共有結合法　143
共溶点　200
空間時間　129, 133, 134, 136, 140
空間速度　140
空時収量　141
クエン酸回路　58
グラム陰性菌　64
グラム陽性菌　64
グリコシド結合　42
クロマチン　50
群分離　174
経時変化　103
ケーク　181
　　──層　181
結合速度定数　104
ゲノム　50
ケモスタット　141
限外ろ過膜　146
原核生物　39
減速期　119
高圧ホモジナイザー　177
高圧滅菌　168
光合成　60
合成培地　68
構造モデル　117

索引

酵素　61, 102
　　アポ――　63
　　アロステリック――　112
　　固定化――　142, 151
　　――活性　62
　　――基質複合体　103
　　制限――　79
　　多重部位型――　112
　　補――　49, 62
　　ホロ――　63
抗体医薬　212
酵母　65, 82
固液抽出　196
呼吸商　97, 121
呼吸速度　121
国際単位系　24
黒体放射　29
枯草菌　82
コッホの四原則　3
固定化　142
　　――酵素　142, 151
　　――細胞　152
　　――静止細胞　153
　　――生体触媒　142
　　――増殖細胞　153
コドン　54
混合型の阻害形式　110
昆虫細胞　84
コントロールドリリース　176
コンピテントセル　75

サ

細菌　64
最大速度　105
最大比増殖速度　118
サイトカイニン　72
再分化　73
細胞株　69
細胞質　40
細胞収率　94, 121, 139
細胞破砕　176

細胞膜　40
殺菌　161
三角図表　199
酸化的リン酸化　58
酸素摂取速度　158
シークエンス法　80
シグナル配列　56
脂質　44
自触媒反応　138
指数増殖期　119
失活速度　113
ジデオキシ法　80
死滅期　119
ジャーファーメンター　158
収支　25
収支式　26
従属栄養微生物　66
終末速度　35
収率因子　101
小胞体　41
上流プロセス　6
除菌　162
触媒有効係数　146
初速度　103
初代培養　69
ジルチアゼム　216
真核生物　39
浸出　196
迅速平衡法　104
真の阻止率　190
スクリーニング　5, 73
スケールアップ　5, 158
スケールダウン　159
スケールメリット　5
ステロイド　17, 44
ステロール誘導体　17
スパイラル型モジュール　194
ずり応力　30
ずり速度　30
制限基質　118, 138
制限酵素　79

索　引

静止期　119
生成速度定数　104
生体触媒　7
正の協同性　112
生物化学工学　1
生物学的封じ込め　86
生物分離工学　171
設計方程式　131
摂動実験　89
ゼロエミッション　8
染色体　40, 50
セントラルドグマ　52
選別シグナル　56
総括膜物質移動係数　158
増殖曲線　119
増殖非連動型　122
増殖連動型　122
層流　31
阻害剤　108
速度論的パラメーター　106
阻止率　190
疎水結合法　144
ソックスレー抽出装置　196
粗分離　174, 196

タ

代謝回転　101
代謝工学　87
代謝産物収率　139
代謝制御解析　87
対数増殖期　119
大腸菌　65, 80
タイライン　200
ダイラタント流体　31
対流　28
対流のフラックス　26
多角体　84
多重部位型酵素　112
脱分化　73
タービッドスタット　142
ダムケラー数　166

単位操作　5
ターンオーバー数　62, 106
担体　142
担体結合法　143
タンパク質　44
蓄積速度　131
チクソトロピー　31
窒素代謝　60
チャネリング　194
中空糸型モジュール　194
抽出　196
　固液――　196
　ソックスレー――装置　196
　超臨界――　201, 224
中流プロセス　6
超臨界抽出　201, 224
超臨界流体を用いた滅菌　227
チーレ数　149
沈降係数　179
通気　156
通性嫌気性菌　67
抵抗係数　34
定常状態　26, 132
　――法　104
電気泳動　202
電気穿孔法　75
電気二重層　203
天然培地　68
糖　42
同化代謝　93
統括細胞収率　95
動物細胞　83
動力学定数　106, 135
独立栄養微生物　66
トランスフェクション　75

ナ

二重境膜説　156
ニュートリスタット　142
ニュートン流体　30
尿素サイクル　61

索　引

ヌクレオシド　47
ヌクレオチド　47
熱失活　112
熱ショックタンパク質　55
熱伝導率　28
熱量のフラックス　28
濃度分極　190

ハ

バイオアフィニティー法　144
バイオセパレーション　171
バイオプロセス　4, 160
バイオプロダクト　7
バイオリアクター　6, 127, 134
　　──の制御　160
倍加時間　118
培地　68
ハイブリドーマ　70
培養　68
バキュロウイルス　84
破砕　176
ばっ気槽　19
発現ベクター　80
発酵　57
半回分操作　127, 130
半減期　113
反応器　5
反応熱量　98
比活性　62
非拮抗型　109
非構造モデル　117
比消費速度　121
ビーズミル法　177
比生成速度　121
微生物反応　153
比増殖速度　117, 140
ビタミン　49
比抵抗　181
非ニュートン流体　31
微分細胞収率　95
ビンガム塑性流体　31

ファージ　75
フィードバック制御　142
フィルタープレス型ろ過器　184
フィルター滅菌　167
封入体　81
フォールディング　46
不拮抗型　108
複合培地　68
物質移動のフラックス　27
物質収支式　131
物理吸着法　145
物理的封じ込め　86
負の協同性　112
浮遊性細胞　71
フラックス　26, 147
　　拡散の──　26
　　対流の──　26
　　熱量の──　28
　　物質移動の──　27
　　放射の──　29
プリコート法　184
プレイトポイント　200
プロセスフローシート　4
フロック　19
分化全能性　72
分子育種　2
分子シャペロン　55
分配係数　148, 201
分離効率　7
平均世代時間　118
平均滞留時間　129
平衡定数　61
平膜型モジュール　194
ベクター　75
ベクレ数　165
ペニシリン　9
ペリプラズム　65
ペルオキシソーム　42
偏性嫌気性菌　67
偏性好気性菌　67
偏流　194

243

索　引

補因子　62
包括法　145
放射のフラックス　29
放線菌　65
補欠因子　63
補酵素　49, 62
ボディーフィード　183
ホロ酵素　63
ホローファイバー　212

マ

マイクロカプセル　146
マイクロキャリアー　210
マイクロバブル　222
膜分離　187
　　──のモジュール　192
摩擦係数　34
見かけの阻止率　190
ミキサー・セトラー方式　198
ミトコンドリア　41
ミリバブル　222
滅菌　161

ヤ

有効拡散係数　148
有効係数　149
有効数字　24
誘導期　119
ユビキチン–プロテアソーム系　57
溶解度曲線　200
容量係数　158

葉緑体　41
余剰汚泥　19

ラ

ライゲーション　79
乱流　31
リサイクル　153
リソソーム　42
リフォールディング　82
リボソーム　40
リポソーム　146
流加操作　127, 130
流加バイオリアクター　130, 134
　　──を用いた酵素反応　137
流通操作　127
流通バイオリアクター　130
　　──を用いた酵素反応　136
臨界希釈率　141
レイノルズ数　32, 165
レオペクシー　31
レオロジー　29
連続式遠心分離機　180
連続槽型バイオリアクター　129, 132, 153
　　──を用いた酵素反応　139
連続操作　127, 128
連続培養操作　153
連続滅菌操作　164
ろ過　181
ロートセル法　198
ローラーボトル法　212

監修者紹介

海野　肇　工学博士
1966 年　名古屋大学大学院工学研究科修士課程修了
現　在　東京工業大学名誉教授

中西　一弘　工学博士
1970 年　京都大学大学院工学研究科修士課程修了
現　在　岡山大学名誉教授

著者紹介

丹治　保典　工学博士
1981 年　東京工業大学大学院総合理工学研究科修士課程修了
現　在　東京工業大学名誉教授

今井　正直　工学博士
1985 年　東京大学大学院工学系研究科博士課程単位取得
現　在　日本大学生物資源科学部教授

養王田正文　工学博士
1987 年　東京大学大学院工学系研究科博士課程修了
現　在　東京農工大学大学院工学研究院教授

荻野　博康　博士（工学）
1991 年　東京工業大学大学院理工学研究科修士課程修了
現　在　大阪公立大学大学院工学研究科教授

NDC 571　254 p　21cm

生物化学工学　第 3 版

2011 年 9 月 20 日　第 1 刷発行
2024 年 7 月 22 日　第 11 刷発行

監修者　海野　肇・中西一弘
著　者　丹治保典・今井正直・養王田正文・荻野博康
発行者　森田浩章
発行所　株式会社　講談社　KODANSHA
　　　　〒112-8001　東京都文京区音羽 2-12-21
　　　　　販　売　(03) 5395-4415
　　　　　業　務　(03) 5395-3615
編　集　株式会社　講談社サイエンティフィク
　　　　代表　堀越俊一
　　　　〒162-0825　東京都新宿区神楽坂 2-14　ノービィビル
　　　　　編　集　(03) 3235-3701
印刷所　株式会社双文社印刷
製本所　株式会社国宝社

落丁本・乱丁本は，購入書店名を明記のうえ，講談社業務宛にお送り下さい．送料小社負担にてお取替えします．なお，この本の内容についてのお問い合わせは講談社サイエンティフィク宛にお願いいたします．定価はカバーに表示してあります．
© H. Unno, K. Nakanishi, Y. Tanji, M. Imai, M. Yohda, H. Ogino, 2011

JCOPY 〈(社)出版者著作権管理機構 委託出版物〉
複写される場合は，その都度事前に(社)出版者著作権管理機構(電話 03-5244-5088，FAX 03-5244-5089，e-mail : info@jcopy.or.jp)の許諾を得て下さい．

本書のコピー，スキャン，デジタル化等の無断複製は著作権法上での例外を除き禁じられています．本書を代行業者等の第三者に依頼してスキャンやデジタル化することはたとえ個人や家庭内の利用でも著作権法違反です．

Printed in Japan

ISBN 978-4-06-139831-3

講談社の自然科学書

エッセンシャル タンパク質工学

老川 典夫／大島 敏久／保川 清／三原 久明／
宮原 郁子・著

B5・224頁・定価3,520円

エッセンシャル 構造生物学

河合 剛太／坂本 泰一／根本 直樹・著

B5・144頁・定価3,520円

エッセンシャル 食品化学

中村 宜督／榊原 啓之／室田 佳恵子・編著

B5・256頁・定価3,520円

京大発！ フロンティア生命科学

京都大学大学院生命科学研究科・編

B5・336頁・定価4,180円

生物工学系テキストシリーズ

バイオ系の学部3～4年生向けの教科書シリーズ。バイオの分野における学問の基礎、実験手法、応用までを幅広く学ぶことができる。企業の技術者や研究者にとっても最新の情報を得る好個の参考書。

新版 ビギナーのための 微生物実験ラボガイド

中村 聡／中島 春紫／伊藤 政博／道久 則之／
八波 利恵・著

A5・224頁・定価2,970円

改訂 酵素 科学と工学

虎谷 哲夫／北爪 智哉／吉村 徹／
世良 貴史／蒲池 利章・著

A5・304頁・定価4,290円

改訂 細胞工学

永井 和夫／大森 斉／町田 千代子／
金山 直樹・著

A5・244頁・定価4,180円

バイオ機器分析入門

相澤 益男／山田 秀徳・編

A5・184頁・定価3,190円

生物有機化学入門

奥 忠武／北爪 智哉／中村 聡／西尾 俊幸／
河内 隆／廣田 才之・著

A5・208頁・定価3,520円

表示価格は消費税（10%）込みの価格です。「2024年6月現在」

講談社サイエンティフィク　https://www.kspub.co.jp/

年	生物化学技術関連項目	関連項目
BC		
5000	酢の製造（バビロニア） パンの製造（酵母菌の利用，エジプト） ビール様飲料の製造（麦芽の利用，メソポタミア）	
3000	ワイン製造（エジプト）	
2000	ワインのろ過・熟成（エジプト）	
1000		
AD		
500	日本での酢の製造（中国より伝来）	
700	しょうゆ製造（大宝律令，日）	
1000	酒用種コウジの製造（日） 蒸留酒の製造（シェリー酒，スペイン）	
		ボローニャ大学（1158，最古の総合大学，伊）
1500	下面発酵ビールの生産（ミュンヘン，独）	
1600	オルレアン法（酢の半連続醸造法）	
		細胞の発見（フック，英） 顕微鏡の作製（レーウェンフック，蘭）
1700	カビの培養技術（ミケリ）	
		二命名法（リンネ，スウェーデン）
1800	循環式食酢製造装置（欧） 綿栓の使用（シュレーダー，ダッシュ）	
		進化論（ダーウィン，英） 遺伝法則の発見（メンデル，オーストリア）
	パスツール（仏）による微生物培養手法（嫌気発酵，好気発酵，低温殺菌法，乾熱滅菌法など）の確立 コッホ（独）による細菌実験法（寒天培地の使用，斜面培地，平面場培養法）の確立	
		明治元年（1868） 日本での学校制度の確立（1873）
	近代発酵（ハンセン，デンマーク） 培地殺菌法の確立（チンダル，英） オートクレーブ滅菌法（シャンベラン）	
		グラム染色法（グラム，蘭） 大腸菌の発見（エッシェリッヒ，独）
	集積培養法（ウィノグラツキー，仏） 酵素工業の先駆け（タカジアスターゼ，高峰譲吉，日） アルコール発酵の工業化（アミロ法，ボアダン，仏）	
		酵素の確認（ブフナー兄弟，独）
	通気培養槽によるパン酵母菌の製造（最初の大規模好気操作）	
1900	散水ろ床法と活性汚泥の実用化（最初の実用化連続培養，英）	
		最初の抗生物質の試用（ピオシアナーゼ，エンメリッヒ，独） クロマトグラフィーの発明（ツウェット，露）